Atención multidisciplinaria en terapia intensiva obstétrica

Dr. Hugo Mendieta Zerón

(compilador/editor)

La medicina es una ciencia con avances vertiginosos, los conceptos aquí vertidos pudieron haber sufrido actualizaciones desde el mismo instante en el que se terminó cada capítulo. Invitamos a los lectores de este texto a consultar la página de Facebook donde se han subido guías actuales de las patologías tratadas en nuestra unidad: Nombre del Grupo: Medicina Critica Obstetrica.

1ª edición, marzo 2014. 100 ejemplares.

Registro del Instituto Nacional de Derechos de Autor (INDAUTOR), México: 03-2013-010909583300-01.

ISBN: 978-607-00-7911-5

Dedicatoria

A todo el personal médico y paramédico del Hospital Materno Perinatal "Mónica Pretelini", por todo su esfuerzo en brindar una atención médica destacada que ha beneficiado a miles de personas, incluyendo a mi familia.

Gracias

Autores por orden alfabético por apellido

Lic. en Enf. Liliana Alarcón Ramírez
Unidad de Cuidados Intensivos Obstétricos (UCIO), Hospital Materno Perinatal "Mónica Pretelini Sáenz" (HMPMPS), Toluca, Estado de México.

Dra. María de Jesús Ángeles Vázquez
Médico Especialista en Ginecología y Obstetricia. Diplomado en Medicina Crítica Obstétrica. Jefa de la Unidad de Cuidados Intensivos Obstétricos (UCIO), Hospital Materno Perinatal "Mónica Pretelini Sáenz" (HMPMPS) y adscrita a la UCIO, Hospital Materno Infantil ISSEMyM, Toluca, Estado de México.

Dr. César Humberto Aparicio Albarrán
Médico Especialista en Anestesiología. Sub-especialidad en Terapia Intensiva. Adscrito a la Unidad de Cuidados Intensivos Obstétricos (UCIO), Hospital Materno Perinatal "Mónica Pretelini Sáenz" (HMPMPS), Toluca, Estado de México. Adscrito a la Terapia Intensiva, Clínica Hospital del ISSSTE, Metepec, Estado de México.

Dra. Lourdes Abdhanary Blanco Esquivel
Médico Especialista en Ginecología y Obstetricia. Sub-especialista en Medicina Crítica Obstétrica, Toluca, Estado de México.

Dr. Eduardo Bonifaz Ancheyta
Médico Especialista en Medicina Interna. Adscrito a la Unidad de Cuidados Intensivos Obstétricos (UCIO), Hospital Materno Perinatal "Mónica Pretelini Sáenz" (HMPMPS), Toluca, Estado de México. Adscrito al Servicio de Urgencias, Centro Médico ISSEMYM, Metepec, Estado de México.

Dr. Rubén Castorena de Ávila
Médico Especialista en Medicina Interna. Jefe de la División de Medicina Aguda, Hospital Materno Perinatal "Mónica Pretelini Sáenz" (HMPMPS), Toluca, Estado de México.

Dr. Marco Aurelio Espero Cárdenas
Médico Especialista en Ginecología y Obstetricia. Práctica privada en Sinaloa, México.

Lic. en Enf. Odette Areli Farfan Villanueva
Unidad de Cuidados Intensivos Obstétricos (UCIO), Hospital Materno Perinatal "Mónica Pretelini Sáenz" (HMPMPS), Toluca, Estado de México.

Dra. Erika Karina Fuentes Gutiérrez
Médico Especialista en Ginecología y Obstetricia. Sub-especialista en Medicina Crítica Obstétrica. Adscrita a la Unidad de Cuidados Intensivos Obstétricos (UCIO), Hospital Materno Perinatal "Mónica Pretelini Sáenz" (HMPMPS), Toluca, Estado de México.

Dr. Sergio Antonio García Barrios
Médico Especialista en Neurocirugía. Adscrito a la Unidad de Cuidados Intensivos Obstétricos (UCIO), Hospital Materno Perinatal "Mónica Pretelini Sáenz" (HMPMPS), Toluca, Estado de México.

T.R. Israel García Gómez
Servicio de Imagenología, Hospital Materno Perinatal "Mónica Pretelini Sáenz" (HMPMPS), Toluca, Estado de México.

Dr. Oscar Perfecto González Vargas
Médico Especialista en Neurología. Adscrito a la Unidad de Cuidados Intensivos Obstétricos (UCIO), Hospital Materno Perinatal "Mónica Pretelini Sáenz" (HMPMPS), Toluca, Estado de México.

Dra. Claudia González León
Médico Especialista en Anestesiología. Sub-especialidad en Terapia Intensiva. Adscrito a la Unidad de Cuidados Intensivos Obstétricos (UCIO), Hospital Materno Perinatal "Mónica Pretelini Sáenz" (HMPMPS), Toluca, Estado de México.

Dr. Ricardo Mauricio Malagón Reyes
Médico Especialista en Cirugía. Adscrito a la Unidad de Cuidados Intensivos Obstétricos (UCIO), Hospital Materno Perinatal "Mónica Pretelini Sáenz" (HMPMPS), Toluca, Estado de México. Adscrito al Servicio de Cirugía Hospital del ISSSTE, Metepec, Estado de México.

Dra. Claudia Angélica Martínez Mejía
Médico Especialista en Ginecología y Obstetricia. Diplomado en Medicina Crítica Obstétrica. Adscrita a la Unidad de Cuidados Intensivos Obstétricos (UCIO), Hospital Materno Perinatal "Mónica Pretelini Sáenz" (HMPMPS) y adscrita a la UCIO, Instituto Materno Infantil del Estado de México (IMIEM), Toluca, Estado de México.

Dr. Hugo Mendieta Zerón
Médico Especialista en Medicina Interna, MSc, Doctorado en Endocrinología. Adscrito a la Unidad de Cuidados Intensivos Obstétricos (UCIO), Hospital Materno Perinatal "Mónica Pretelini Sáenz" (HMPMPS) (2008-2013); Responsable del Laboratorio de Biología Molecular, Centro de Investigación en Ciencias Médicas (CICMED), Universidad Autónoma del Estado de México (UAEMex), Toluca, Estado de México.

Dra. Araceli Elideth Sevilla Muñoz de Cano
Médico Especialista en Ginecología y Obstetricia. Diplomado en Medicina Crítica Obstétrica. Adscrita a la Unidad de Cuidados Intensivos Obstétricos (UCIO), Hospital Materno Perinatal "Mónica Pretelini Sáenz" (HMPMPS), Toluca, Estado de México.

Dra. Paola Cristhiane Pavón García
Médico Especialista en Ginecología y Obstetricia. Integrante de Médicos sin Fronteras (MSF).

Dr. Leonardo Ramírez Arreola
Médico Especialista en Ginecología y Obstetricia. Sub-especialista en Medicina Crítica Obstétrica. Hospital Materno Infantil Reynosa y Matamoros Medical District, Tamaulipas.

Lic. en Enf. Fabiola Remigio Torres
Unidad de Cuidados Intensivos Obstétricos (UCIO), Hospital Materno Perinatal "Mónica Pretelini Sáenz" (HMPMPS), Toluca, Estado de México.

Dr. Luis Emilio Reyes Mendoza
Médico Especialista en Ginecología y Obstetricia. Sub-especialista en Medicina Crítica Obstétrica, adscrito a la Unidad de Cuidados Intensivos Obstétricos (UCIO), Hospital Materno Perinatal "Mónica Pretelini Sáenz" (HMPMPS), Toluca, Estado de México.

Dr. José Luis Rodríguez Chávez
Médico Especialista en Ginecología y Obstetricia. Sub-especialista en Medicina Crítica Obstétrica. Adscrito a la Unidad de Cuidados Intensivos Obstétricos (UCIO), Hospital Materno Perinatal "Mónica Pretelini Sáenz" (HMPMPS), Toluca, Estado de México. Adscrito al IMSS, Jalisco.

Abreviaturas[1]

Ac: anticuerpo.
ACOG: Colegio Americano de Ginecología y Obstetricia.
ACLS: *Advanced Cardiac Life Support.*
ACP: angiopatía cerebral postparto.
ACTH: corticotropina.
ADH: hormona antidiurética.
AECC: Reunión de Consenso Americana-Europea.
Ag: antígeno.
Anti-GAD: anti-ácido glutámico descarboxilasa.
APACHE: *Acute Physiology and Chronic Health Evaluation.*
APCR: resistencia a la proteína C activada.
APO: (*adverse pregnancy outcomes*): eventos adversos del embarazo.
APRV: Ventilación con liberación de presión.
ARE: antagonista de los receptores de endotelina.
ASC: área de superficie corporal.
ASV: Ventilación asistida adaptable.
ATLS: *Advanced Trauma Life Support.*
AVM: apoyo ventilatorio mecánico.
BUN: nitrógeno ureico en sangre.
CaO_2: concentración arterial de oxígeno.
CAVH: hemofiltración arteriovenosa continua.
CCD: Cateterismo cardíaco derecho.
CICMED: Centro de Investigación en Ciencias Médicas.
CID: coagulación intravascular diseminada.
CMV: *Continous Mandatory Ventilation.*
COFEPRIS: Comisión Federal de Protección y Riesgos Sanitarios.
CPAP: Presión positiva continua en la vía aérea.
CPPD: cefalea postpunción dural.
CPRE: colagiopancreatografía retrógrada endoscópica.
CRRT: terapia renal de reemplazo continuo.
CvO_2: concentración venosa de oxígeno.
CVVH: hemofiltración vena-vena continua.
CVVHDF: hemodiafiltración vena-vena continua.
Da-vO_2: diferencia arteriovenosa de oxígeno.
DHL: deshidrogenasa láctica.
DIT: di-yodo-tironina.
DLCO: capacidad de difusión del monóxido de carbono.
DO_2: disponibilidad de oxígeno.
DpCr: depuración de creatinina.
DPP: desprendimiento prematuro de placenta.
EAPC: Edema Agudo Pulmonar Cardiogénico.
EAPC: Edema Agudo Pulmonar no Cardiogénico.
ECG: electrocardiograma.
ECMO: circulación extracorpórea con oxigenador de membrana.
EO_2: extracción de oxígeno.
ETT: ecocardiografía transtorácica.

[1] Para las demás abreviaturas se ha manejado el Sistema Internacional de medidas

ETS: sensibilidad de disparo espiratorio.
EVC: evento vascular cerebral.
FC: frecuencia cardíaca.
FCF: frecuencia cardíaca fetal.
FDA: *Federal Drug Administration.*
FECN: factor estimulante de colonias de neutrófilos.
FeK: fracción excretada de potasio.
FENa: fracción excretada de sodio.
FiO_2: fracción inspirada de O_2.
FMR: Fundación Mexicana del Riñón A.C.
FR: frecuencia respiratoria.
GC: gasto cardiaco.
GGT: gamma-glutamil-transpeptidasa.
GR: glóbulos rojos.
HAP: hipertensión arterial pulmonar.
Hb: hemoglobina.
HBPM: heparina de bajo peso molecular.
HELLP: hemólisis, elevación de enzimas hepáticas, trombocitopenia.
HFV: ventilación de alta frecuencia.
hGC: gonadotropina corionica humana.
HIC: hemorragia intracerebral.
HMPMPS: Hospital Materno Perinatal "Mónica Pretelini Sáenz".
HNF: heparina no fraccionada.
HPP: hemorragia post-parto.
HSC: hiperplasia suprarrenal congénita.
Hto: hematocrito.
IB: índice de Briones.
IC: índice cardíaco.
IFR: índice de falla renal.
IKK: inhibidor del factor nuclear Kappa-B.
IL: interleuquina.
IMC: índice de masa corporal.
IMIEM: Instituto Materno Infantil del Estado de México.
IMSS: Instituto Mexicano del Seguro Social.
INR: *international randomized ratio.*
IRA: insuficiencia renal aguda.
IRC: insuficiencia renal crónica.
IRV: Ventilación con relación I:E invertida.
IRVS: índice de resistencias vasculares sistémicas.
IS: índice sistólico.
ISEM: Instituto de Salud del Estado de México.
ISSEMyM: Instituto de Seguridad Social del Estado de México y Municipios.
ITP: Intercambio terapéutico de plasma.
IV: intravenosa.
LBA: Lavado broncoalveolar.
LCHAD: 3-hidroxiacil-CoA deshidrogenasa de cadena larga.
LPA: lesión pulmonar aguda.
lpm: latidos por minuto.
LT: leucotrieno.
MALA: mayor absorción de líquido abdominal.
MAV: malformación arterio-venosa.
MDR: *Modification of Diet in Renal Disease.*
MIT: mono-yodo-tironina.
MODS: Síndrome de Disfunción Orgánica Múltiple.
MPM II-0: *Mortality Probability Model* II.
NFKB: factor nuclear Kappa-B.

NIH: Institutos Nacionales de Salud.
NIV: ventilación no invasiva.
NO: óxido nítrico.
NTA: necrosis tubular aguda.
NUU = nitrógeno ureico urinario.
OMS: Organización Mundial de la Salud.
ONU: Organización de las Naciones Unidas.
PAD: presión arterial diastólica.
PAI-1: inhibidor tipo 1 del activador del plasminógeno.
$PaCO_2$: presión arterial de bióxido de carbono.
PAF: factor activador plaquetario.
PAM: presión arterial media.
PaO_2: presión arterial de oxígeno.
PAPm: presión media en la arteria pulmonar.
PAS: presión arterial sistólica.
Paw: Presión media de la vía aérea.
PCFSS: prueba de condición fetal sin estrés.
PCOc: presión coloidosmótica calculada.
PCPC: presión capilar pulmonar en cuña.
PDE-5: fosfodiesterasa-5.
PFC: plasma fresco congelado.
PGE2: prostaglandina E2.
PGM: mutación en el gen de protrombina.
PIOPED: *Prospective Investigation of Pulmonary Embolism Diagnosis.*
POP: *Pancreatitis Outcome Prediction Score.*
PPARγ: receptor proliferador peroxisomal activado gamma.
P.rampa: tiempo de subida de presión.
PSAP: presión sistólica arterial pulmonar.
PSV: Ventilación con presión soporte.
PSVD: presión sistólica del ventrículo derecho.
PTT: púrpura trombótica trombocitopénica.
PTU: propiltiouracilo.
PVC: presión venosa central.
PvO_2: presión venosa de oxígeno.
RCIU: restricción del crecimiento intrauterino.
RCP: reanimación cardiopulmonar.
RIFLE: *risk of renal dysfunction, injury of the kidney, failure of kidney function, loss of kidney function and end stage kidney disease.*
RMN: resonancia magnética nuclear.
RQ: cociente respiratorio.
RQnp: cociente respiratorio no proteico.
RSBI: *rapid-shallow-breathing index.*
rTF: factor tisular recombinante.
RT-PCR: Reacción en cadena de la polimerasa en tiempo real.
rT3: triyodotironina reversa.
RVP: resistencia vascular pulmonar.
RVS: resistencias vasculares sistémicas.
Rx: radiografía.
SAAF: síndrome de anticuerpos antifosfolípidos.
SaO_2: saturación arterial de oxígeno.
SAPS: Escala Fisiológica Simplificada Aguda.
SC: subcutáneo.
SCUF: ultrafiltración lenta

continua.
SDG: semanas de gestación.
SDRA: síndrome de dificultad respiratoria aguda.
SIMV: Ventilación mandatoria intermitente sincronizada.
SIRS: síndrome de respuesta inflamatoria sistémica.
SL: Sublingual.
SOFA: *Sepsis-related Organ Failure Assessment.*
SUH: síndrome urémico hemolítico.
SvO_2: saturación venosa de oxígeno.
TAC: tomografía axial computada.
TAF: Termogénesis de Actividad Física.
TBG: globulina fijadora de tiroxina.
TD: Termogénesis Dietaria.
TEB: bioimpedancia eléctrica transtorácica.
TEP: tromboembolia pulmonar.
Tespont: tiempo espontáneo.
TEV: tromboembolia venosa.
TFG: tasa de filtrado glomerular.
TFPI: inhibidor de la vía del factor tisular.
TGO: transaminasa glutámico-oxalacética.
TGP: transaminasa glutámico-pirúvica.
TI: Termogénesis por Injuria.
T insp: tiempo inspiratorio.
Tmand: tiempo mandatorio.
TMB: Tasa Metabólica Basal.
TNF-α: factor de necrosis tumoral alfa.
TP: tiempo de protrombina.
tPA: activador tisular del plasminógeno.
TPT: tiempo parcial de tromboplastina.
TSH: hormona estimulante de tiroides.
TT: tiempo de trombina.
TVMS: taquicardia ventricular monomórfica sostenida.
TVMnS: taquicardia ventricular monomórfica no sostenida.
TVP: trombosis venosa profunda.
TxA2: tromboxano A2.
T3L: T3 libre.
T4L: T4 libre.
UAEMex: Universidad Autónoma del Estado de México.
UCIO: Unidad de Cuidados Intensivos Obstétricos.
UK: Reino Unido.
ULVWF: multímeros ultra largos del factor de Von Willebrand.
USA: Estados Unidos de América
USG: ultrasonido.
VIH: vírus de inmunodeficiencia humana.
VMC: Ventilación Mecánica. Convencional.
VO: vía oral.
Vol Min: Volumen Minuto.
VO_2: consumo de oxígeno.
V/Q: ventilación/perfusión.
Vt: volumen tidal.

Prefacio

Es un hecho que la morbi-mortalidad materna que aqueja a México está lejos aún de las recomendaciones de la Organización Mundial de la Salud (OMS), y no está de demás contar con nuevas obras que se esfuercen por divulgar el conocimiento enfocado a mejores prácticas en obstetricia.

El afán por escribir manuales que faciliten la estandarización de criterios y la dinámica de un servicio es práctica común en el ámbito médico. Es así que este texto pretende recabar información de las patologías agudas más comunes atendidas en la Unidad de Cuidados Intensivos Obstétricos (UCIO), del Hospital Materno Perinatal "Mónica Pretelini Sáenz" (HMPMPS), Instituto de Salud del Estado de México (ISEM), al mismo tiempo que se plantean estrategias de cómo tratar a las pacientes con nuestros recursos.

Si dunda alguna las acciones más contundentes para abatir un problema de salud es la prevención, no obstante, esta prevención en el ámbito gineco-obstétrico significa cobertura universal en salud, cobertura universal en educación universal y alto nivel científico-académico en la formación y ejercicio profesional de los gineco-obstetras en nuestro país. Estos tres puntos aún tardarán en satisfacerse en estándares de primer mundo, pero no se puede flaquear en el intento y con este libro estamos aportando nuestro mejor esfuerzo para mejorar el tercer rubro. Queda en las nuevas generaciones de especialistas en medicina crítica obstétrica, el compromiso moral de mejorar y ampliar futuras obras de esta área; tienen los conocimientos y tienen el recurso más importante, el contacto diario con las pacientes que acuden al hospital con la esperanza de recibir la mejor atención posible.

Hugo Mendieta Zerón

Prólogo

Reducir la elevada morbi-mortalidad materna en Latinoamérica constituye un desafío que exige organización, aptitud intelectual, energía y decisión.

El Dr. Hugo Mendieta Zerón y sus colaboradores asumen el compromiso de contribuir a ese objetivo mediante la redacción de este documento inédito, indispensable para coordinar el accionar en el Hospital Materno Perinatal "Mónica Pretelini Sáenz", pero cuyo alcance excederá el ámbito donde se gestó.

En su carácter de compilador-editor, otorga al manuscrito una estructura uniforme, conforme a los lineamientos propios de la institución.

Se desarrolla el índice de temas acorde con las demandas actuales de la Obstetricia Crítica en nuestra región. La objetividad en la exposición facilita asimilar los conocimientos y la forma ágil de presentarlos hace su lectura agradable.

La labor del equipo, tomada como base la experiencia asistencial de los autores, se transmite en la concepción práctica en la que se orienta el manual. Permite al lector razonar, decidir y protagonizar una experiencia única como es la asistencia de la embarazada gravemente enferma.

Luego de apreciar la calidad científica del contenido de esta obra, puedo afirmar que, ser elegido para prologarla constituye para mí un honor, al tiempo que obliga al reconocimiento de todos sus pares.

Los futuros beneficios reflejados en las estadísticas y el agradecimiento personal de las pacientes, constituirán el mejor premio al esfuerzo realizado por los autores.

Eduardo Malvino

Índice

Capítulo 1. Generalidades

Dr. Hugo Mendieta Zerón

La Terapia Intensiva Obstétrica surge como una necesidad para atender a las complicaciones del embarazo y puerperio que representan una de las principales causas de mortalidad en México. Existe evidencia de la asignación de espacio físico dedicado exclusivamente a los cuidados críticos de pacientes obstétricas desde mediados del siglo XX.

La tasa de muerte materna puede estar subestimada porque la fuente son los certificados de defunción; en general en USA es de 7.1/100,000. En América Latina, las estadísticas muestran las siguientes cifras: Bolivia 390/100,000, Colombia 91.7/100,000, Chile 22.7/100000, Brasil 55.8/100,000, Uruguay 11.1/100,000. México presentó en el 2005 una tasa de 62.6/100,000.

Las principales causas de mortalidad materna en el ámbito mundial son: hemorragias (24%), causas indirectas (20%), aborto (13%), preeclampsia (12%), parto obstruido (8%), otras (8%).

El Estado de México por ser la entidad federativa más poblada del país enfrenta el problema de una alta tasa de morbi-mortalidad materna que no ha logrado ser abatida aún. Una estrategia para abatir la mortalidad ha sido el establecimiento de unidades especializadas en terapia intensiva obstétrica y la capacitación de personal que permita atender con alto nivel a las pacientes que presenten alguna complicación.

Derivado de la visión del Dr. Jesús Carlos Briones Garduño, la Universidad Autónoma del Estado de México (UAEMex), ofertó desde el año 2007 la subespecialidad en Medicina Crítica Obstétrica, siendo sede el Hospital Materno Perinatal del Estado de México "Josefa Ortiz de Domínguez", ahora denominado Hospital Materno Perinatal "Mónica Pretelini Sáenz" (HMPMPS), del Instituto de Salud del Estado de México (ISEM).

La UCIO del HMPMPS ha tenido una brillante conducción a cargo del Dr. José Meneses Calderón, Dr. Martin Rodríguez Roldán y actualmente de la Dra. María de Jesús Angeles Vázquez.

Actualmente los lugares donde se puede cursar la subespecialidad de terapia intensiva obstétrica son: el HMPMPS, el Instituto Materno Infantil del Estado de México (IMIEM) y el Hospital

Materno Infantil del Instituto de Seguridad Social del Estado de México y Municipios (ISSEMyM). A la fecha han egresado del HMPMPS cinco generaciones de sub-especialistas en Medicina Crítica en Obstetricia y están dos más en proceso formativo.

Los criterios de ingreso a la UCIO son: a) paciente embarazada: pérdida del bienestar materno-fetal, daño a órgano blanco, riesgo inminente de muerte para la madre, cualquier patología que requiera interrupción del embarazo y que aún así exista el riesgo de permanecer como enfermedad activa y grave en la madre, b) paciente puérpera con daño a órgano blanco derivado de una complicación obstétrica

En la experiencia de la UCIO del HMPMPS, las principales causas de hospitalización son choque hipovolémico, preeclampsia/eclampsia, síndrome de HELLP (H = hemólisis, EL = enzimas hepáticas elevadas, LP = trombocitopenia), disfunción renal, sepsis y las principales causas de muerte han sido evento vascular cerebral (EVC) asociado a preeclampsia/eclampsia, tromboembolia pulmonar (TEP) y choque séptico.

Los criterios para dar de alta a una paciente de la UCIO han sido: reversión de cuadro agudo, avance en la ventilación mecánica y extubación o en su defecto la realización de traqueostomía por intubación prolongada que requiere terapéutica a largo plazo, alta por máximo beneficio.

Bibliografía

1. Briones GJC, Castañón GJA, Díaz de León PM, et al. La unidad de cuidados intensivos multidisciplinaria y la medicina crítica en gineco-obstetricia. Rev Asoc Mex Med Crit y Ter Int 1996;6;276.
2. Díaz de León PM, Briones GJC, Kably AA, et al. Medicina crítica en obstetricia. Rev Asoc Mex Med Crit y Ter Int 1997;2:36-40.
3. Hernández Pacheco JA, Estrada Altamirano A. Introducción a la Medicina Crítica en Obstetricia. En: Hernández Pacheco JA, Estrada Altamirano A. Medicina crítica y terapia intensiva en obstetricia. México. Intersistemas S.A. de C.V. 2007. pp. 3-8.

Capítulo 2. Cambios fisiológicos durante el embarazo

Dra. María de Jesús Ángeles Vázquez

Generalidades

Durante el embarazo se producen cambios fisiológicos que repercuten prácticamente en todos los órganos y sistemas y que permiten que la madre se acomode a la demanda metabólica de la unidad fetoplacentaria y resista la hemorragia del parto. El conocimiento pleno de dichos cambios es trascendental pues pueden simular una enfermedad y alterar la respuesta de la paciente al estrés de los traumatismos o de la cirugía.

Cambios hemodinámicos

El corazón y la circulación presentan adaptaciones fisiológicas importantes desde las primeras semanas del embarazo. Las adaptaciones fisiológicas cardiovasculares facilitan un aporte óptimo de oxígeno (O_2) a los tejidos maternos y fetales. El corazón se desplaza cranealmente y rota a la izquierda por el aumento de tamaño del útero y la elevación del diafragma. Además, se presentan cambios intrínsecos miocárdicos durante el embarazo pues las cuatro cavidades aumentan de tamaño, sobre todo la aurícula izquierda. La distensión auricular y el aumento en la producción de estrógenos durante el embarazo reducen el umbral de las arritmias. El diámetro de los anillos valvulares aumenta, al igual que el volumen y el espesor parietal del ventricular izquierdo. Más del 90% de las gestantes sanas tiene una ligera insuficiencia pulmonar y tricúspide y más de un tercio, una insuficiencia mitral sin relevancia clínica. El volumen y la masa cardiacos se elevan simultáneamente de modo que la función y la fracción de eyección del ventrículo izquierdo permanecen intactas. El espesor de la pared ventricular izquierda retorna a las medidas previas al embarazo unos 6 meses después del parto.

Gasto cardíaco

El gasto cardíaco (GC) es el volumen de sangre bombeada por el corazón en un minuto y equivale a multiplicar el volumen latido por la frecuencia cardíaca (FC). El GC depende directamente de la presión arterial media (PAM) e inversamente de las resistencias vasculares sistémicas (RVS). Así mismo, es igual al consumo de O_2 (VO_2) dividido por la diferencia arteriovenosa sistémica de O_2 (Da-vO_2). El comportamiento de dichas variables se modifica durante la gestación en grado notable. Otros métodos para calcularlo son: Doppler pulsado o continuo, termodilución, cateterización pulmonar invasiva, cardioimpedancia o taller gasométrico (ver capítulo 3).

El GC aumenta a partir de la quinta semana de gestación y continúa en ascenso a lo largo del embarazo hasta alcanzar sus valores máximos alrededor del final del segundo trimestre (aumenta de un 30 a un 50%, de 4 a 6 L/min), estabilizándose hasta el final de la gestación, principalmente por el incremento del volumen sistólico de entre el 20 y el 50%. Los incrementos de los receptores miocárdicos alfa mediados por los estrógenos determinan un aumento de la FC de entre 10 y 20 lpm. El GC empieza a aumentar gradualmente hacia las 8-10 semanas de gestación (SDG) y alcanza un máximo hacia las 25-30 semanas. En el caso de un embarazo gemelar, el incremento del GC a lo largo de la gestación es 15% superior al que se registra en el embarazo único; dicho incremento se vincula con una mayor elevación de la FC y el diámetro auricular izquierdo, lo que resulta en una mayor sobrecarga de volumen, típica del embarazo gemelar. La posición del cuerpo induce modificaciones importantes en el GC, con incremento de éste en posición lateral y disminución en la supina, debido a la compresión de la vena cava por el útero grávido, que reduce el retorno venoso al corazón.

El aumento del GC hace que se eleve la perfusión del útero, los riñones, las extremidades, las glándulas mamarias y la piel maternas, a expensas de la perfusión del lecho esplácnico y de la musculatura esquelética. El flujo sanguíneo uterino se acerca a los 450-650 ml/min a término y da cuenta del 20-25% del GC materno. La perfusión uteroplacentaria no está autorregulada y, por eso, la perfusión de estos órganos depende de la PAM materna. Por lo tanto cuando se aplique anestesia regional se extremará la cautela, ya que el bloqueo simpático puede inducir hipotensión y mermar, en consecuencia, la perfusión uterina y fetal. Hay que hidratar enérgicamente a las pacientes con una solución de Ringer lactato antes de la anestesia de conducción. El flujo sanguíneo renal justifica el 20% del GC materno. El incremento del flujo sanguíneo por la piel materna facilita la disipación del calor generado por el feto.

El aumento del GC acelera la liberación de medicamentos por vía intravenosa, como los preparados de inducción, por el contrario, cuando la gestante se coloca en decúbito supino, el GC disminuye por el descenso del volumen sistólico. El síndrome de hipotensión materna en decúbito supino ocurre cuando la mujer grávida adopta esta postura, en la que el útero comprime la vena cava y la aorta abdominal. El retorno venoso al corazón se reduce. La menor precarga disminuye el volumen sistólico y determina un descenso del GC de entre el 25 y el 30%. Los síntomas maternos consisten en palidez, sudoración, náuseas, vómitos, hipotensión, taquicardia y alteraciones de conciencia. Estos síntomas parecen más acusados en el tercer trimestre por la expansión del útero y se alivian con el decúbito lateral y desplazando lateralmente el útero. Durante las intervenciones quirúrgicas hay que mantener a la paciente en decúbito lateral izquierdo para preservar el GC. Esta posición se logra colocando una cuña a bajo la cadera derecha de la paciente.

Las alteraciones hemodinámicas durante el trabajo de parto pueden ser más evidentes. El GC se incrementa en un 50% durante el parto y se aprecian aumentos de la volemia de 300 ml a 500 ml con cada contracción uterina, debido a las demandas elevadas del O_2 necesario para la contracción uterina como consecuencia del dolor y la ansiedad. Por medio de la ecocardiografía Doppler se ha correlacionado la dilatación del cérvix y el porcentaje de incremento del GC: dilatación menor o igual a 3 cm (17%), 4 a 7 cm (23%) y más de 8 cm (>34%). El GC aumenta de 15 a 20 min después del parto como consecuencia de que la sangre ya no se dirige al feto y a la placenta. Esta redirección de unos 500 ml de sangre a la circulación materna se conoce como "autotransfusión". La autotransfusión y la desaparición de la compresión aortocava por la evacuación del útero explican el incremento del GC del 60-80%. El GC se mantiene elevado durante 48 horas después del parto y luego retorna paulatinamente a las cifras anteriores a la gestación a lo largo de 2 a 12 semanas.

Volumen sanguíneo

La volemia materna se expande durante el embarazo para que los órganos vitales, entre ellos la unidad uteroplacentaria y el feto, puedan perfundirse adecuadamente, y para prepararse frente a las pérdidas de sangre asociadas al parto. El volumen sanguíneo aumenta de manera considerable a partir de la sexta semana de la gestación y alcanza un volumen máximo a la semana 32 (4,700 a 5,700 ml), con un incremento de 40 a 50% (1,200 a 1,600 ml). El grado de expansión del volumen se estima en 50% del volumen basal en promedio, este incremento se relaciona con el peso del feto, la masa placentaria y el peso materno; apreciando un incremento mayor en embarazos múltiples.

El agua corporal total pasa de 6.5 L a 8.5 L al final de la gestación. Los cambios en la osmorregulación y en el sistema renina-angiotensina determinan una reabsorción activa de sodio en los túbulos renales y retención de agua. El contenido de agua del feto, de la placenta y del líquido amniótico se estima aproximadamente en 3.5 L de agua corporal total. El resto del agua corporal total se compone de la expansión de la volemia materna de 1,500 ml a 1,600 ml, del volumen plasmático de 1,200 ml a 1,300 ml, y de un aumento del 20 al 30% en el volumen eritrocítico de 300 ml a 400 ml. La paciente gestante puede sangrar hasta 2,000 ml antes de experimentar cambios secundarios a la pérdida hemática aguda tales como la FC o en la presión arterial. La rápida expansión del volumen sanguíneo comienza entre la 6a y la 8a SDG y alcanza una meseta hacia las 32-34 semanas. El volumen extracelular expandido supone entre 6 kg y 8 kg de incremento de peso. El mayor aumento del volumen plasmático, en torno a 1,000–1,500 ml, con relación al volumen eritrocítico, explica la hemodilución y la anemia fisiológica. La máxima hemodilución ocurre a la mitad del tercer trimestre. Esto puede tener una función protectora al disminuir la viscosidad de la sangre, lo cual evita fenómenos trombóticos y podría ser benéfica para la perfusión intervellosa.

Frecuencia cardíaca

Durante el embarazo, la frecuencia cardíaca (FC) se eleva a partir de la quinta semana de gestación hasta en 20% por arriba de sus valores previos al embarazo y se sostiene durante la gestación; alcanza su punto máximo durante el tercer trimestre, cuando la FC se incrementa de 10 a 20 latidos/min, aunque puede incrementarse aún más, como en el embarazo múltiple. El aumento de la FC quizá se deba a un mayor volumen sanguíneo y acción hormonal, por efecto de la gonadotropina coriónica humana (hGC) o por la hormona tiroidea. La posición del cuerpo induce cambios sobre la FC observándose una disminución en decúbito lateral, comparada con la posición supina.

Durante el trabajo de parto hay variaciones notables de la FC como resultado de las contracciones uterinas, dolor, ansiedad, descarga adrenérgica entre otros factores. En el puerperio mediato hay una disminución notable de la FC hasta del 20%, la cual contribuye a la reducción del GC.

Resistencias vasculares y presión arterial

La progesterona produce una vasodilatación que, asociada a la menor resistencia del lecho placentario, hace que las RVS disminuyan en un 15% y que también lo haga la presión arterial. Las RVS disminuyen en promedio 900 a 980 dinas/s/cm^{-5}. Comienzan a descender durante el primer trimestre, alcanza su máximo a la mitad del embarazo y regresa a sus valores basales pregestacionales antes del término del embarazo, alrededor de las semanas 37 a 39.

Las presiones arteriales sistólica y diastólica disminuyen entre 5 mmHg y 15 mmHg y alcanzan el nadir a las 28 semanas de la gestación. Luego, la presión arterial retorna durante el tercer trimestre a los valores previos al embarazo. Las resistencias vasculares pulmonares descienden pero la presión arterial pulmonar no cambia durante la gestación. Estos descensos de las RVS y pulmonares mantienen la presión venosa central (PVC) dentro de la normalidad. La PVC disminuye ligeramente de 9 mmHg a 4 mmHg, a término. Este estado de baja resistencia permite que los vasos acomoden volúmenes mayores manteniendo presiones compatibles con un estado no gestante.

La presión venosa se eleva paulatinamente durante el embarazo, sobre todo en los miembros inferiores. El aumento de la progesterona eleva la distensibilidad venosa. Estos factores, además de las dificultades de retorno venoso de la vena cava inferior, explican el edema en las partes declive, las venas varicosas, las hemorroides, la varicosidades labiales y el mayor riesgo de tromboembolia venosa. La ingurgitación de las venas epidurales estrecha los espacios epidural e intratecal, reduciendo el volumen necesario de la medicación para la anestesia regional.

La concentración de las proteínas plasmáticas, como la albúmina, disminuye durante la gestación, haciendo que descienda la presión oncótica coloidal. Además, se reduce la diferencia entre la presión oncótica coloidal y la presión de enclavamiento capilar pulmonar, lo que predispone a la mujer embarazada al edema de pulmón si aumenta la precarga cardíaca o se altera la permeabilidad capilar. La administración de líquidos a las pacientes quirúrgicas exige mucha prudencia, ya que una reposición intensiva puede determinar una extravasación del líquido a los espacios extracelulares.

Los datos de la exploración física asociados a los cambios cardiovasculares maternos son el edema periférico, la taquicardia ligera, la distensión venosa yugular y el desplazamiento lateral de la punta del ventrículo izquierdo. La gestación puede modificar los ruidos cardiacos normales (S1 y S2) y favorecer la aparición de ruidos infrecuentes, como S3 y S4. Durante el embarazo normal, los componentes del primer tono se acentúan en el segundo trimestre del embarazo y puede haber un desdoblamiento exagerado, a menudo hay un aumento de S2 al final del embarazo, con desdoblamiento espiratorio. Asimismo, en la mayoría de las gestantes se ausculta un tercer tono (3T). Más del 90% de las mujeres grávidas presentan un soplo sistólico en el borde esternal izquierdo como consecuencia del aumento del flujo sanguíneo por las válvulas pulmonar y aórtica. Este soplo desaparece poco después del parto. La auscultación de S3 y S4 es rara en el embarazo normal y su presencia justifica estudios adicionales para reconocer posible enfermedad cardíaca subyacente.

Existen dos tipos de soplos continuos benignos durante la gestación: el soplo venoso cervical que se ausculta sobre la fosa supraclavicular derecha y el soplo de la arteria mamaria, que se ausculta del segundo al cuarto espacios intercostales, se auscultan en la fase final del embarazo y se conocen como "soplo mamario".

Los cambios observados en la radiografía (Rx) de tórax en el embarazo normal pueden simular enfermedad cardíaca, por lo tanto debe interpretarse con cautela y considerar los cambios esperaos durante la gestación. Los signos radiológicos consisten en cardiomegalia y enderezamiento del lado izquierdo del corazón. Puede haber cierto grado de derrame pericárdico benigno, lo que favorece el aumento de la silueta cardíaca. El aumento de la trama pulmonar semeja redistribución del flujo sanguíneo y se observa cuando hay mayor presión pulmonar por insuficiencia ventricular izquierda o valvulopatía mitral. Debido a la prominencia del cono de la pulmonar, es frecuente el enderezamiento del borde cardiaco superior izquierdo y es similar al crecimiento de la aurícula izquierda, relacionado muchas veces con valvulopatía reumática mitral. Estas situaciones dificultan la identificación de grados moderados de cardiomegalia en los estudios radiográficos simples.

Los cambios electrocardiográficos (ECG) asociados al embarazo abarcan taquicardia sinusal y desviación del eje a la izquierda (en virtud de la elevación del diafragma durante el embarazo, desplazándose el corazón hacia la izquierda y hacia arriba). En nuestra experiencia es claro que disminuye la impresión usual del primer vector con reducción del voltaje de R en V1, V2 y de S en V5, V6. El cambio más común que podemos detectar es la hipertensión pulmonar pasajera por el propio embarazo. También puede haber depresión leve del segmento ST que simula isquemia miocárdica y ondas T aplanadas e incluso invertidas en DIII, onda Q pequeña y P invertida en esta misma derivación. Cabe mencionar que durante el embarazo hay mayor incidencia de arritmias, en particular extrasístoles auriculares y ventriculares, que son casi siempre de carácter benigno.

Cambios respiratorios

El sistema respiratorio en la mujer embarazada experimenta cambios significativos pero que son tolerados al presentarse de manera progresiva, sin embargo en condiciones de comorbilidad pueden condicionar a una incapacidad para mantener la mecánica ventilatoria. Entre los cambios anatómicos más importantes se encuentran los siguientes:
Ganancia de peso y del agua corporal total, el útero sobrepasa el área pélvica penetrando en la cavidad abdominal y alterando la mecánica respiratoria, el diafragma se desplaza 4 cm y la parte inferior del tórax se ensancha 5-7 cm hacia el término.

Otros cambios que se presentan son: aumento del 48-50% del VM por aumento del metabolismo materno y demanda fetal, así como cambios en la mecánica respiratoria e incremento de los niveles de progesterona, la cual provoca cambios en el punto de ajuste del CO_2. La mecánica respiratoria presenta como principal variación hiperventilación que predispone a discreta alcalosis respiratoria crónica con acidosis metabólica compensadora por aumento en la excreción renal de HCO_3. El VO_2 aumenta 21-35% por incremento del tamaño uterino y fetal y se presenta aumento en el trabajo cardíaco y respiratorio.

La hiperventilación materna produce un efecto perjudicial sobre la oxigenación del feto a través de varios mecanismos: disminución del flujo sanguíneo uterino asociado con el efecto mecánico de la hiperventilación, como respuesta compensatoria al menor rendimiento cardiaco y menor retorno venoso. También se produce un desplazamiento a la izquierda en la curva de disociación de Hb, resultando en mayor afinidad de la Hb materna para el O_2 y menor transferencia de O_2 de madre a feto.

Estos cambios en conjunto disminuyen las reservas de O_2 de la gestante lo cual es de vital importancia en la interpretación de la intolerancia a la hipoxemia que presentan estas pacientes.

Cambios hematológicos

Durante el embarazo hay aumento de 120 a 300% de la cantidad circulante de los factores de coagulación. Los niveles de los factores II, VII, y X también están aumentados. El nivel de la proteína S está disminuido, pero la de proteína C permanece inalterada. Estos cambios, junto con un sistema fibrinolítico inhibido, causan un aumento marcado de fibrina durante el embarazo y puerperio. Este estado hipercoagulable, aunado a condiciones que causan la deshidratación puede ser responsable de complicaciones trombóticas en el embarazo, incluyendo trombosis venosa cerebral.

Bibliografía

1. Rodríguez Cruz S, Estada Altamirano A. Cambios hemodinámicos durante el embarazo. En: En: Hernández Pacheco JA, Estrada Altamirano A. Medicina crítica y terapia intensiva en obstetricia. México. Intersistemas S.A. de C.V. 2007. pp:31-5.
2. Samuel CS, Mathew S, Jack MC, et al. Prospective multicenter study of pregnancy outcomes in women with heart disease. Circulation. 2001;104:515-21.
3. Clark SL, Cotton DB, Pivarnik JM, et al. Position change and central hemodynamic profile during normal third-trimester pregnancy and postpartum. Am J Obstet Gynecol. 1991;164:883-7.
4. Kinsella SM, Lohmann G. Supine hypotensive syndrome. Obstet Gynecol. 1994;83:774-88.

Capítulo 3. Monitorización

Dr. Hugo Mendieta Zerón

Monitoreo materno

En una UCIO es imprescindible contar con monitores que permitan la vigilancia continua de los signos vitales de las pacientes. La dinámica en el servicio de UCIO del HMPMPS es que cada una de las ocho camas cuentan con monitores Infinity Vista XL (Dräger Medical Systems, Inc. USA), con la posibilidad de tener en la central de enfermería la pantalla con los registros de todos los monitores (Figura 3.1.A). A su vez, el registro de los monitores de todas las camas está conectado en tiempo real a la computadora de la Jefatura de esta misma terapia intensiva (Figura 3.1.B).

Figura 3.1.A

Figura 3.1.B

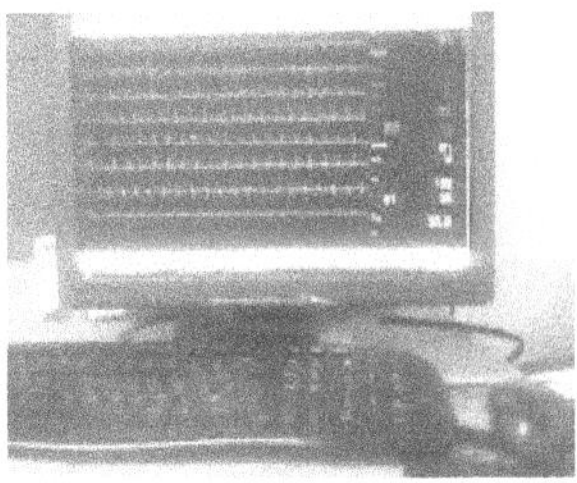

Figuras 3.1.A y 3.1.B. Computadoras de la Jefatura de Enfermería y de la División de Medicina Aguda con la monitorización de las pacientes de UCIO

Como se verá posteriormente en el capítulo de hemodinamia, es imprescindible en gran número de pacientes el contar con una línea arterial, pulsioxímetro y catéter central para medición de la PVC.

La preeclampsia es una de las complicaciones más comunes del embarazo que pueden amenazar la supervivencia de la madre y el feto. En general, se define como una nueva hipertensión y proteinuria y el progreso hasta la eclampsia se caracteriza por la aparición de convulsiones. Las mujeres con preeclampsia tienen un mayor riesgo significativo a largo plazo de desarrollar enfermedades cardiovasculares.

Durante el embarazo normal, el GC y el volumen plasmático se incrementan ($1L/min/m^2$) y (600 ml), respectivamente. Aunque estos cambios pueden elevar la presión arterial en la mujer no embarazada, los factores hemodinámicos adaptativos como la elevación de los sistemas vasodilatadores (calicreína cininas, prostaglandinas y el óxido de L-arginina-nitroso) preservan el buen funcionamiento de este corazón hiperquinético nuevo. Por otro lado, las arterias espirales placentarias sufren una remodelación a fin de permitir un suministro de sangre correcta y el intercambio nutricional. En la preeclampsia, las mujeres carecen de esta remodelación, resultando como consecuencia, una reducción del GC, con hemoconcentración. Hay acuerdo general en que el volumen plasmático se reduce en estas pacientes.

La correcta interpretación de los datos hemodinámicos se basa en el conocimiento de los valores normales durante el embarazo y el posparto inmediato. Alternativas a la monitorización de la función cardíaca, tales como la saturación de oxígeno (SO_2) de la sangre venosa mixta, se han reevaluado, y según varios estudios correlacionan bien con los valores de GC.

La bioimpedancia eléctrica transtorácica (TEB) es un procedimiento no invasivo para medir GC. Este sistema evalúa los parámetros hemodinámicos utilizando métodos de impedancia-cardiografía (ICG) y pletismografía de impedancia (IPG). Los cambios en el volumen y la velocidad de la sangre en la aorta con cada latido del corazón, producen un cambio en la resistencia eléctrica (impedancia) del tórax a la corriente eléctrica alterna.

A pesar de que TEB es una herramienta útil, cuando la fisiopatología de las pacientes obstétricas en estado crítico no puede ser explicado por la monitorización hemodinámica no invasiva y la paciente no responde al tratamiento médico conservador, la monitorización hemodinámica invasiva puede ser útil para guiar el tratamiento. La cateterización de la arteria pulmonar se ha utilizado en la población obstétrica, especialmente en pacientes con preeclampsia severa asociados con edema pulmonar y falla renal.

Fórmulas hemodinámicas: A partir de gasometrías arterial y venosa se pueden emplear fórmulas para obtener parámetros hemodinámicos. Las fórmulas que solemos usar en nuestra unidad son: 1) gasto cardíaco (GC) (L/min) = $[(FC \times ASC)/ Da\text{-}vO_2]/10$. FC: frecuencia cardíaca en latidos/min, ASC: área de superficie corporal =

$\sqrt{((Peso * Talla)/3600)}$, Dif a-$vO_2$: diferencia arterio-venosa de O_2 = CaO_2-CvO_2. CaO_2: concentración arterial de O_2 = [(1.34 x Hb x SaO_2) + (0.0031 x PaO_2)] /100, CvO_2: concentración venosa de O_2 = [(1.34 x Hb x SvO_2) + (0.0031 x PvO_2)] /100. SaO_2: concentración arterial de O_2, PaO_2: presión arterial de O_2, SvO_2: concentración venosa de O_2, PvO_2: presión venosa de O_2, Hb: hemoglobina (g/dl). El valor 1.39 representa la cantidad de O_2 en ml que se puede enviar por un g de Hb, y 0.0031 es la solubilidad del O_2 en el plasma, 2) índice cardíaco (IC) (L/min/m^2) = GC/ASC, 3) disponibilidad de O_2 (DO_2) (ml O_2/min) = GC x CaO_2 x 10, 4) resistencias vasculares sistémicas (RVS) (dinas x s/cm^5) = [(PAM-PVC)/GC] x 80. 5) índice de resistencias vasculares (IRVS) (dinas x s/cm^5/m^2) = [(PAM-PVC)/IC] x 80, 6) Índice sistólico (IS) (ml/m^2/latido) = [(GC x 1000)/FC]/ASC. El la página de Facebook del grupo de Medicina Critica Obstetrica se ha subido el archivo de Excel con estas fórmulas.

En nuestra unidad hemos llevado a cabo un estudio para comparar los tres métodos de monitoreo 1) monitorización no invasiva con equipo Niccomo™ (Medis, Ilmenou GmbH, Alemania), 2) invasivo con catéter de Swan Ganz (Arrow International, Inc., USA), colocándolo en la arteria pulmonar con el uso de un fluoroscopio C-arm (BV Pulsera, VP) y 3) fórmulas gasométricas, midiendo sus valores al mismo tiempo en pacientes críticas. Seis pacientes requirieron monitorización hemodinámica invasiva, sus características antropométricas (media, rango) fueron: edad de 33 años (18-39), peso 62.7 (58.2-82.6) kg, índice de masa corporal (IMC) 25.4 (23.1 a 33.9) kg/m^2. El diagnóstico de las pacientes, todos en el puerperio inmediato fueron: Caso 1: traumatismo cráneo-encefálico grave, hemorragia parenquimatosa parieto-occipital, caso 2: eclampsia, caso 3: hipertiroidismo, caso 4: insuficiencia cardiaca congestiva, valvulopatía reumática, preeclampsia severa-eclampsia, edema agudo de pulmón, caso 5: choque séptico, perforación uterina, y caso 6: sepsis, neumonía, hipertiroidismo, preeclampsia sobreagregada en hipertensión crónica.

En el estudio previamente señalado, el GC por fórmulas gasométricas fue más aproximado al determinado con Swan-Ganz que el del método TEB, en este último los valores se subestimaron por un factor de aproximadamente 2.5. Podemos concluir entonces que, las fórmulas basadas en gasometrías siguen siendo útiles para evaluar el estado hemodinámico de las puérperas, siendo una herramienta valiosa para la toma de decisiones terapéuticas y cuando se utiliza equipo de bioimpedancia debemos tener en cuenta un ajuste debido a la retención de agua en estas pacientes. Es importante tener en cuenta que cuanto más estrecha la diferencia de SO_2 entre las gasometrías arterial y venosa, la precisión de los parámetros hemodinámicos por las fórmulas gasométricos es más pobre.

Un fenómeno a tomar en cuenta en la fisiopatogenia de las mujeres obstétricas es la deshidratación que puede enmascarar la evolución de patologías graves tales como preeclampsia o choque hipovolémico. Por ejemplo, en los casos de preeclampsia con baja presión oncótica, se puede pensar que una paciente está normotensa o ligeramente hipertensa, no obstante, al hidratarle conforme se requiere, habrá intensa fuga capilar que ocasionará complicaciones tales como edema agudo pulmonar, preeclampsia severa, etc.

En el caso de choque hipovolémico, un error frecuente en su atención consiste en pensar que una vez que se hace un procedimiento quirúrgico como histerectomía o laparotomía y no ver sangrado se concluye que el problema ha sido resuelto, pero una vez que la paciente recibe soluciones IV aumenta la presión y los vasos sanguíneos que estaban colapsados por hipovolemia comienzan a sangrar siendo necesario, en muchos casos, reintervenir a la paciente y quizás empaquetarla.

Monitoreo fetal

Cuando llega a la UCIO una paciente aún embarazada, es necesario establecer el grado de vitalidad fetal con ultrasonido (USG) y mantener vigilando con tocógrafo la frecuencia fetal para normar la conducta a seguir en caso de compromiso. Pese a la más estrecha vigilancia, una realidad inexorable es que las complicaciones fetales pueden ser súbitas y producir un óbito, por lo tanto, la identificación de las patologías maternas y fetales debe ser precisa.

Cuando se presentan patologías crónicas como hipertensión o diabetes la viabilidad fetal puede ser aceptable, no así si son neoplasias pues tiene preferencia que la madre alcance opción terapéutica. En patologías con fisiopatogenia autoinmune como enfermedad de Guillain-Barré o Esclerosis Lateral Amiotrófica (ELA) estrictamente no hay indicación para interrupir la gestación y se debe dar el mejor tratamiento del cual se disponga, dejando a libre evolución el embarazo a menos que haya compromiso fetal.

En el HMPMPS se han dado casos extremos de cesárea en gestante que llegó clínicamente muerta pero el feto aún con bradicardia o cesárea en paciente con influenza A H1N1 con altos parámetros ventilatorios y lesión pulmonar irreversible.

Lo ideal en toda unidad hospitalaria con ginecología y obstetricia sería contar con sub-especialistas en Medicina Materno Fetal para vigilancia óptima del binomio madre-bebé.

Bibliografía

1. Rath W, Fischer T. The diagnosis and treatment of hypertensive disorders of pregnancy: new findings for antenatal and inpatient care. Dtsch Arztebl Int. 2009;106:733-8.
2. Hays PM, Cruikshank DP, Dunn LJ. Plasma volume determination in normal and preeclamptic pregnancies. Am J Obstet Gynecol. 1985;151:958-66.
3. Krauss XH, Verdouw PD, Hughenholtz PG, et al. On-line monitoring of mixed venous oxygen saturation after cardiothoracic surgery. Thorax. 1975;30:636-43.
4. Perner A, Haase N, Wiis J, et al. Central venous oxygen saturation for the diagnosis of low cardiac output in septic shock patients. Acta Anaesthesiol Scand. 2010;54:98-102.
5. Duarte JJ, Pontes JC, Gomes OM, et al. Correlation between right atrial venous blood gasometry and cardiac index in cardiac surgery postoperative period. Rev Bras Cir Cardiovasc. 2010;25:160-5.
6. Huerta-Torrijos J, Lázaro C JL, Domínguez GLR, et al. Comparación entre el gasto cardiaco (GC) medido por los métodos de termodilución (TD) bioimpedancia eléctrica torácica. Rev Asoc Mex Med Crit y Ter Int. 1996;10:214-7.
7. Fujitani S, Baldisseri MR. Hemodynamic assessment in a pregnant and peripartum patient. Crit Care Med. 2005;33:S354-S361.
8. Hjertberg R, Belfrage P, Hagnevik K. Hemodynamic measurements with Swan-Ganz catheter in women with severe proteinuric gestational hypertension (pre-eclampsia). Acta Obstet Gynecol Scand. 1991;70:193-8.
9. Rodríguez Conzuelo G, Aparicio Albarrán CH, Mendieta Zerón H. Hemodynamic evaluation and anti-hypertensive schemes used in puerperal women following pre-eclampsia. Mymensingh Med J. 2012;21:327-32

Capítulo 4. Desequilibrio ácido-base

Dr. Hugo Mendieta Zerón

Generalidades

En condiciones fisiológicas usuales, la sangre tiene gran capacidad buffer. Esta capacidad buffer depende de la concentración de HCO_3^-, de la masa eritrocitaria y otras variables. Alrededor del 95% de CO_2 de la sangre es transportado dentro de los glóbulos rojos que por medio de la anhidrasa carbónica forman H_2CO_3, dejando mínima cantidad de CO_2.

El equilibrio ácido-base respiratorio depende de la capacidad de los sistemas homeostáticos de mantener un equilibrio entre la producción y la excreción de CO_2. La tasa metabólica determina la cantidad de CO_2 que ingresa en la sangre y la función pulmonar determina la cantidad de CO_2 que es excretada de la sangre.

La respuesta renal al desequilibrio ácido-base es un factor esencial para comprender el estado ácido-base.

Relación $PaCO_2$-pH y relación $PaCO_2$-HCO_3^- plasmático

Por cada aumento de 20 mmHg en la $PaCO_2$, el pH descenderá 0.1 unidades.

Por cada disminución de 10 mmHg en la $PaCO_2$, el pH aumentará en 0.1 unidades.

Un aumento agudo de la $PaCO_2$ de 10 mmHg aumentará el HCO_3^- plasmático en 1 mmol/L.

Un descenso agudo de la $PaCO_2$ de 10 mmHg disminuirá el valor del HCO_3^- plasmático en 2 mmol/l (Cuadro 4.1)

Cuadro 4.1. Relación $PaCO_2$-pH y relación $PaCO_2$- HCO_3^-

$PaCO_2$ (mmHg)	pH	HCO_3^- (mmol/L)
80	7.2	28
60	7.3	26
40	7.4	24
30	7.5	22
20	7.6	20

Acidemia metabólica

La disminución del HCO_3^- plasmático determina menor disponibilidad del mismo en el líquido tubular para la excreción de hidrogeniones. Para optimizar la excreción de estos últimos se utilizan los buffers fosfato y amonio (se requieren niveles adecuados de Na y fosfato). Este estado metabólico se caracteriza por: pH < 7.35, $PaCO_2$: 35-45 mmHg, déficit de base: > 3 mmol/L o HCO_3^- < 22 mmol/L.

Acidosis metabólica completamente compensada: pH: 7.35-7.40, $PaCO_2$: < 35 mmHg, déficit de base: > 3 mmol/L o HCO_3^- < 22 mmol/L.

Acidosis metabólica parcialmente compensada: pH < 7.35, $PaCO_2$: < 35 mmHg, déficit de base: > 5 mmol/L o HCO_3^- < 18 mmol/L.

El tratamiento de este estado patogénico será primero la hidratación (el déficit de base es orientativo). Cuando esto no es suficiente y el pH continúa en descenso se deberá tomar en cuenta la reposición de HCO_3^-.

Reposición de bicarbonato

El bicarbonato se repone con la siguiente fórmula:

Déficit de HCO_3^- (mmol/L) = (Déficit de base X Peso (Kg))/4

Una vez hecho el cálculo se administra la mitad de la dosis en bolo y se reevalúa con nueva gasometría arterial a los 5 min.

No se debe reponer HCO_3^- de rutina con pH mayor de 7.2 a menos que haya inestabilidad hemodinámica.

Acidosis respiratoria

El incremento sérico en pCO_2 aumenta su nivel en las células tubulares, aumentando la concentración intracelular de hidrogeniones y estimulando los mecanismos de excreción. El resultado es una mayor excreción de H^+ y mayor adición de HCO_3^- a la sangre (se requieren niveles plasmáticos adecuados de Na y fosfato).

Acidosis respiratoria aguda: pH < 7.35, $PaCO_2$: > 45 mmHg, exceso de base: < 3 mmol/L o HCO_3^- > 22 mmol/L.

Acidosis respiratoria crónica: pH < 7.35-7.45, $PaCO_2$: > 45 mmHg, exceso de base: > 5 mmol/L o HCO_3^- > 18 mmol/L.

Indudablemente el tratamiento debe ser con apoyo respiratorio, primero resolviendo la causa y después considerar incluso el uso de ventiladores cuando las medidas iniciales hayan fracasado.

Acidosis mixta

En caso de acidosis mixta con hipercapnia se puede administrar acetazolamida para disminuir la producción de CO_2. Cuando hay acidosis mixta pese a frecuencias respiratorias bajas en modo ventilatorio controlado habrá que considerar mantener dosis de furosemide que de alguna manera pude contribuir a incrementar el pH.

Alcalemia metabólica

La hiponatremia provoca aumento de la reabsorción renal de Na, lo que requiere mayor excreción de H^+ y retención de HCO_3^-. Se caracteriza por pH > 7.45, $PaCO_2$: 35-45 mmHg, exceso de base: > 3 mmol/L o HCO_3^- > 26 mmol/L.

Alcalosis metabólica parcialmente compensada: pH > 7.45, $PaCO_2$: > 45 mmHg, exceso de base: > 5 mmol/L o HCO_3^- > 26 mmol/L.

El tratamiento es revertir o evitar la causa precipitante (por ej. nutrición parenteral, diurético de asa). En casos de alcalemia potencialmente fatal (pH > 7.7) se puede considerar la admistración IV central de HCl 0.1 N (100 mmol/L H^+). El cloruro de amonio es una segunda opción pero disminuye el K.

Alcalosis respiratoria

Los menores niveles de pCO_2 en los túbulos renales disminuyen la producción de H^+ por la anhidrasa carbónica, lo que reduce la recuperación de HCO_3^- y la excreción de H^+.

Alcalosis respiratoria aguda: pH > 7.45, $PaCO_2$: < 35 mmHg, déficit de base: < 3 mmol/L o HCO_3^- > 22 mmol/L.

Alcalosis respiratoria subaguda: pH > 7.46-7.50, $PaCO_2$: < 35 mmHg, déficit de base: > 3 mmol/L o HCO_3^- < 22 mmol/L.

Alcalosis respiratoria crónica: pH = 7.40-7.45, $PaCO_2$: < 35 mmHg.

El tratamiento de esta anomalía consiste en tranquilizar a la paciente y que respire en bolsa o en mascarilla para retener CO_2. En casos de elección se debe sedar a la paciente.

Nomograma para interpretar gasometría

Para conseguir una interpretación ágil antes de familiarizarse con la interpretación de las gasometrías se puede consultar la gráfica de la Figura 4.2.

Figura 4.2. Nomograma para interpretar gasometría*

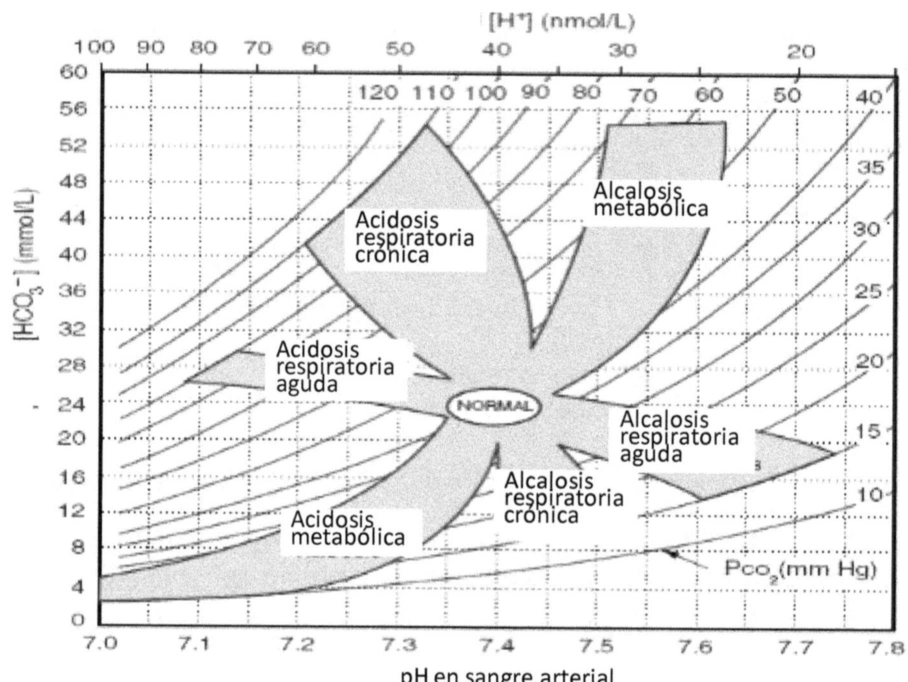

*Modificada de: DuBose TD. Acid-Base Disorders. In: Brenner BM, ed. Brenner & Rector's The Kidney. 7th ed. 2004:Chapter 20.

Bibliografía

1. Shapiro BA, Peruzzi WT, Kozlowski-Templin R. Manejo clínico de los gases sanguíneos. 5ª ed. México. Panamericana. 1994.
2. Goldberg M, Green SB, Moss ML, et al. Computer-Based Instruction and Diagnosis of Acid-Base DisordersA Systematic Approach. JAMA. 1973;223:269-75.

Capítulo 5. Hemorragia obstétrica

Dra. María de Jesús Ángeles Vázquez

Generalidades

La Organización Mundial de la Salud (OMS) reporta que existen en el mundo 529,000 muertes maternas al año, de las cuales 166,000 son originadas por hemorragia obstétrica, lo que representa el 25% del total de las muertes maternas y por tanto se calcula que ocurre una muerte cada cuatro min. De manera crítica, más del 50% de estas muertes se presentan en las primeras 4 h posparto y la inmensa mayoría de los decesos maternos ocurren en países no industrializados, estimándose una mortalidad del 1/1,000 partos, considerándose que del 75-90% de los casos corresponden a atonías uterinas. Mientras que en USA las muertes por hemorragias obstétricas representan el 4% del total de los decesos en nuestro país ocupa uno de los tres primeros lugares de mortalidad materna.

El problema particular de la hemorragia obstétrica, independiente de la repercusión social que representa la pérdida materna, es la dificultad para identificar a la paciente que presentará este evento, ya que dos terceras partes de las pacientes con hemorragia posparto no tienen factores de riesgo identificables. Es tal su relevancia, que la Organización de las Naciones Unidades (ONU) ha establecido dentro de las 15 metas del milenio, la reducción de la mortalidad materna en tres cuartas partes, entre los años 1990 al 2015.

En México, la tasa de mortalidad materna en los años 1990, 1995, 2000 y 2005, fue de 89, 83.2, 72 y 62.4 defunciones por cada 1,000 nacimientos y la hemorragia obstétrica fue causa directa o asociada entre 18 y 26% de todas las causas de muerte materna reportadas entre 1990 y 2007. En este sentido, un problema vigente en todas las sociedades es la amplia diferencia en la ocurrencia de la hemorragia obstétrica y su impacto en la mortalidad materna, aún en países desarrollados donde los procedimientos inmediatos para el manejo de la hemorragia posparto no son uniformes.

Debemos tener en cuenta que 2/3 de los casos no tienen factores de riesgo identificables y podemos afirmar que la hemorragia obstétrica podrá ocurrir a cualquier mujer en cualquier parto. Existen factores propios de cada paciente (estado nutricional, condición médica previa, acceso a determinados niveles de atención médica, estrato social, casta religiosa, región que habita, etc.), los cuales al menos en países subdesarrollados, podríamos considerarlos inevitables o inmodificables en la mayoría de los casos, y también se presenta el triple retraso: retraso en el diagnóstico, retraso en la búsqueda de asistencia apropiada, y retraso en la aplicación del tratamiento adecuado.

Ante la propuesta internacional de reducir la mortalidad materna, estamos obligados a involucrarnos y por tanto tomar las medidas necesarias para establecer una metodología que establezca una conducta estándar de acuerdo a los siguientes lineamientos: 1) identificación de factores de riesgo en todos los casos que sea posible, 2) reconocimiento precoz de la hemorragia establecida y 3) aplicación de un protocolo para el tratamiento de la misma.

La única manera válida de abordar con éxito un problema multifacético como la hemorragia obstétrica, es a través de un equipo multidisciplinario, integrado por obstetras, anestesistas, radiólogos intervencionistas, hematólogos, urólogos, cirujanos e intensivistas con el apoyo de Banco de Sangre.

Definición

La OMS define la hemorragia obstetrica como la pérdida sanguínea que puede presentarse durante el periodo grávido o puerperal (superior a 500 ml de sangrado transvaginal en las primeras 24 h del puerperio posparto, o mayor a 1,000 ml de sangrado posquirúrgico en cesárea) proveniente de genitales internos o externos. Como una medida de alto impacto médico social, se estima que el 1.7% de todas las mujeres con parto vaginal o cesárea presentarán hemorragia obstétrica con volumen de pérdida > 1,000 ml de sangre. Cifras que exceden esos valores se consideran patológicos.

Existen diversos criterios para evaluar la gravedad, destacándose aquellos que se basan en la cuantificación de las pérdidas sanguíneas y el volumen de reposición de la volemia. Tomando en cuenta dichos criterios, podemos decir que hemorragia obstétrica grave es aquella que reúne uno o más de los siguientes criterios:

1. Pérdida del 25% de la volemia, siendo la volemia normal en la no gestante del orden del 7% del peso corporal, y al final embarazo 8.5-9% del peso corporal.
2. Caída del hematocrito (Hto) mayor de 10 puntos.
3. Toda pérdida sanguínea asociada a cambios hemodinámicos.
4. Pérdida mayor de 150 ml/min.
5. Caída de la concentración de hemoglobina (Hb) mayor de 4 g/dl.
6. Requerimiento transfusional mayor de 4 U de glóbulos rojos (GR).
7. Hemorragia que conduce a la muerte materna

Por otro lado, deben considerarse otros factores que intervienen como agravantes de la morbilidad causada por la hemorragia, por ejemplo menor volemia en casos de talla pequeña, anemia, deshidratación previa, o bien enfermedades crónicas, hipertensión arterial, edad gestacional, etc. Reportes hospitalarios de nuestro medio señalan una tasa de mortalidad materna de 47.3 muertes por cada 100,000 nacidos vivos, y la principal causa de muerte materna es la hemorragia obstétrica (30.9%), preeclampsia-eclampsia (28.2%) y el choque séptico (10.9%).

Etiología

Las hemorragias se dividen tomando en cuenta la etapa del embarazo. En la primera mitad del mismo puede ser causada por: a) aborto, b) embarazo ectópico, c) enfermedad trofoblástica gestacional. La hemorragia en la segunda mitad del embarazo puede ser causada por: a) desprendimiento prematuro de placenta normo inserta, con una incidencia de 1/200 embarazos y responsable del 15% de las muertes fetales. Se presenta como una metrorragia de comienzo súbito, que puede acompañarse de dolor abdominal y aumento del tono uterino, y no siempre es detectado por los métodos habituales para el diagnóstico como la ecografía o el monitoreo. Entre los factores de riesgo se reconocen los siguientes: desprendimiento placentario en el embarazo anterior (riesgo 10%), hipertensión arterial (riesgo 1%), ruptura prematura de membranas (riesgo 1-2%), tabaquismo (riesgo 1%), consumo de cocaína (riesgo 15%), trauma abdominal (riesgo 1%), b) placenta previa, c) ruptura uterina.

La hemorragia durante el trabajo de parto y puerperio puede ser causada por: a) atonía uterina, b) desgarros del canal del parto, c) inversión uterina, d) acretismo placentario, e) retención de restos placentarios. Los factores predisponentes que se han correlacionado fuertemente con hemorragia periparto son:

1. Factores predisponentes para la retención de restos y/o trastornos adherenciales placentarios (acretismo placentario): a) alumbramiento incompleto, b) placenta previa, c) cirugías uterinas (cesárea, miomectomía, miometrectomia, legrados).

2. Lesiones del canal del parto: dilatación cervical manual, parto instrumentado (fórceps), parto en avalancha, ventosa extractora, macrosomía fetal, infecciones vaginales. Dentro de los diferentes tipos de lesiones tenemos: desgarros cérvico-vaginales, desgarros complejos, hematoma de la fosa isquio-rectal, hematoma del ligamento ancho, rotura segmentaria, roturas complejas, inversión uterina, desgarros perineales, hematomas vulvo-perineales, hematomas peri-uterinos, ruptura uterina cervical, ruptura corporal, dehiscencia en cicatriz uterina previa.

3. Coagulopatías hereditarias o adquiridas, y tratamientos anticoagulantes o antiagregantes plaquetarios: síndrome de HELLP, desprendimiento placentario, muerte fetal de larga evolución, sepsis, embolia de líquido amniótico, coagulopatía por consumo, coagulopatía dilucional

4. Factores asociados con riesgo de alteraciones de la contractilidad uterina: polihidramnios, embarazo múltiple, trabajo de parto prolongado, corioamnionitis, miomatosis uterina, alteraciones anatómicas uterinas, polisistolia, macrosomía, gran multípara.

Los principales factores de riesgo relacionados con la hemorragia obstétrica son: edad menor de 16 o mayor de 35 años, nuliparidad, anemia, desnutrición, obesidad, embarazo no deseado, miomatosis uterina, infección recurrente cérvico-vaginal y de vías urinarias, sobredistensión uterina (embarazo múltiple, polihidramnios, etc.), uso de uteroinhibidores o uterotónicos, complicaciones del parto (distócico, prolongado y precipitado), cirugías uterinas previas (cesárea, miomectomia, etc.), trastornos hipertensivos del embarazo.

Condiciones fisiológicas en la gestante

Al final del embarazo hay un incremento de la volemia del orden del 30-50%, llegando al 8.5 a 9% del peso corporal. Esta situación permite que la gestante tolere pérdidas sanguíneas de hasta un 15% de su volumen circulante antes de manifestar taquicardia o hipotensión arterial. Cuando estos síntomas se presentan, el sangrado resulta cercano a 1,000 ml y por lo tanto estamos en presencia de una hemorragia obstétrica grave.

Otros cambios que se presentan, incluyen: aumento del GC y del volumen sistólico, incremento del flujo de las arterias uterinas de 10 ml/min a 600 ml/min al término del embarazo así como modificaciones de la hemostasia (Tabla 5.1).

Tabla 5.1. Cambios hematológicos en la gestante*

Parámetro	Cambio
Recuento plaquetario	Disminuye
Fibrinógeno y factor Von Willebrand	Aumentan
Factores VII, VIII, IX, X, XII	Aumentan
Factor XI	Igual/Disminuye
Factor V y XIII	Aumentan/Disminuyen
Antitrombina, proteína C	Sin modificación
Proteína S	Disminuye
Activador tisular del plasminógeno	Disminuye
PAI-1 e inhibidor de la fibrinólisis	Aumentan
Fragmento proteico 1+2, complejos trombina-antitrombina, dímero D y fibrinopéptido A	Aumentan

PAI-1: inhibidor tipo 1 del activador del plasminógeno. *: En el puerperio, estos cambios demoran 3-4 semanas para normalizarse.

Criterios de gravedad

Las pérdidas normales durante el parto son 500 ml aproximadamente y se elevan a 1,000 ml con la cesárea. Por lo tanto se consideran hemorragias obstétricas graves a aquellas cuyo volumen, en el periodo periparto, supera los 1,000 ml. Si bien no existe acuerdo, la mayor parte de los autores consideran hemorragias masivas a aquellas que representan el 25% de la volemia o 1,500 ml.

El término hemorragia exanguinante surge de la cirugía del trauma, para referirse a sangrados cuyo volumen supera el 40% de la volemia o 2,500 ml y 10 o más U de GR transfundidos. En estas dos últimas circunstancias, el riesgo de muerte resulta obvio.

Clasificacion de la gravedad de la hemorragia obstétrica de acuerdo con diversos criterios

Usualmente se clasifica de acuerdo al volumen perdido (Tabla 5.2), pero además se puede clasificar de acuerdo a las pérdidas hemáticas, al recurso terapéutico y a la disfunción orgánica.

Tabla 5.2. Clasificación de la hemorragia de acuerdo al volumen perdido

	Compensada	**Leve**	**Moderada**	**Severa**
Pérdida sanguínea	500-1,000 ml (10-15%)	1,000-1,500 ml (15-25%)	1,500-2,000 ml (25-35%)	2,000-3,000 ml (35-45%)
Cambios en la PAS	Ninguno	Leve descenso 80-100	Marcado descenso 70-80	Choque 50-70
Síntomas y signos	Palpitaciones taquicardia	Debilidad/diaforesis/ taquicardia	Oliguria	Disnea/ confusión/ anuria
PAS: presión arterial sistólica				

I. Criterio basado en las pérdidas hemáticas.
a. Evaluación subjetiva y/ objetiva
I. Graves: 1,000 ml
II. Masivas: 1,500 ml
III. Exanguinantes: 2,500 ml o bien 150 ml/min
b. Evaluación en base a estudios complementarios
I. Caída del Hto ≥ 10 puntos (masiva)

2. Criterio basado en el recurso terapéutico
a. Histerectomía de urgencia
b. Ingreso a la UCIO
c. Transfusión masiva: 4 U/h o 50% de la volemia en tres horas.

3. Criterio basado en la disfunción orgánica.

Manejo de la hemorragia obstétrica

De acuerdo a la identificación de los factores de riesgo, se impone la adopción de medidas iniciales de prevención de acuerdo con el grado de riesgo, el cual se clasifica en:

1. Riesgo ausente: atención del parto en condiciones habituales.
2. Riesgo bajo: con un factor de riesgo. Estos casos serán atendidos en centros que garanticen la disponibilidad de recursos necesarios para la atención de una hemorragia obstétrica. Si bien no requieren de la preparación previa de los recursos (por ej. cateterismo arterial previo, disponibilidad de sangre compatible en quirófano, presencia de cirujano general o vascular en quirófano, etc.), creemos conveniente, que se active una alerta a todos los sectores que pudieran ser requeridos ante la presentación de una hemorragia grave.
3. Riesgo elevado: Cuando se presentan dos o más factores de riesgo, o el diagnóstico de acretismo placentario.

Prioridades para la reanimación

El manejo va encaminado a la causa de la hemorragia obstétrica, sin embargo durante la reanimación los siguientes pasos indican un orden de prioridad, aunque sin demora en la secuencia de ejecución, y efectuado con la mayor premura posible. a) oxigenoterapia, b) reposición de la volemia, c) reposición de la masa globular, d) corrección de la acidosis metabólica, e) corrección electrolítica, f) conservación de la temperatura, g) corrección de la coagulopatía.

Este tratamiento no deberá interrumpirse en ningún momento, independientemente del lugar donde la paciente se encuentre: sala de partos, quirófano, sala de hemodinamia o durante un eventual traslado a un centro de tercer nivel.

Cuando la hemorragia grave excede el reaccionar del médico obstetra, debe de apoyarse en un grupo multidisciplinario con la intención de limitar la progresión de la evolución de la pérdida hemática aguda y por tanto de las complicaciones y/o deceso de la paciente.

De acuerdo a la afección que esté causando la pérdida hemática, estará encaminado el manejo, sin embargo, dado que la mayoría de los casos de hemorragia post-parto (HPP) ocurren durante el tercer período, se aconseja el suministro rutinario de útero tónicos (oxitocina 10 UI IM o IV lentamente posterior al alumbramiento, o 600 µg de misoprostol VO).

Debido a que cerca del 90 % de las HPP se deben a atonía uterina, con el objetivo de disminuir la incidencia de la misma, se aconseja el manejo activo del tercer periodo de trabajo de parto, lo cual reduce la incidencia de hemorragia en más del 40%. El manejo activo consiste en facilitar la expulsión placentaria incrementando las contracciones uterinas. Los componentes de tal accionar incluyen la administración de útero-tónicos, la tracción controlada del cordón y el masaje uterino.

Útero-tónicos empleados:

1. Oxitocina. Es la droga con la que mayor experiencia se tiene y de elección, debido a su rápida acción y a la falta de elevación de la presión arterial así como a la baja incidencia de contracciones tetánicas que podrían provocar retención placentaria con la consiguiente necesidad de alumbramiento manual. Su suministro debe realizarse IV posterior al desprendimiento de hombros, en dosis de 10 UI IM, o 5 UI IV en bolo, o 20 UI por litro de solución IV a 100 ml/h. El tiempo de latencia para su efecto es de 2 a 3 min.
2. Ergometrina. Dosis de suministro: 0.2 mg IM. Combinada con oxitocina es más efectiva, que ésta última sola, pero se asocia con más efectos secundarios, como dolor de cabeza, náuseas, vómitos y aumento de la presión sanguínea. Por lo tanto no debe usarse en casos de hipertensión, preeclampsia o eclampsia, pues incrementa los riesgos de convulsiones y accidentes cerebrovasculares.
3. Carbetocina. Análogo de la oxitocina, cuya acción es rápida, y su vida media de 40 min es diez veces mayor que la de la oxitocina. Se debe aplicar una ampolla IV durante 1 min posterior al nacimiento.

4. Prostaglandinas. Es otra opción de manejo y algunos estudios prospectivos muestran igual efectividad con la oxitocina que con el misoprostol en dosis de 1,000 µg vía rectal o 600 vía SL.

En la actualidad, para el tratamiento de las hemorragias graves, se dispone de otros procedimientos que serán seleccionados para su uso de acuerdo con la situación:

1. Sangre grupo O Rh negativo o isogrupo
2. Compresión uterina bimanual
3. Taponamiento o balón uterino
4. Taponamiento vaginal
5. Ligadura de pedículos vasculares
6. Suturas de compresión uterina
7. Embolización arterial pelviana
8. Empaquetamiento pélvico
9. Histerectomía obstétrica
10. Factor VII recombinante activado.

Conservación de la temperatura corporal

Los cambios de la temperatura y del pH originan profundas alteraciones en la cinética de las reacciones enzimáticas de los mecanismos de coagulación, por lo tanto se debe conservar la temperatura corporal con diversas medidas tales como: mantas térmicas, calefactores, entibiar sueros durante su suministro y hemocomponentes antes de su administración.

Corrección de la acidosis metabólica

Al final del embarazo existe una disminución de las reservas de HCO_3 plasmático, que rápidamente se agotan en presencia de acidosis lactacidémica. La reposición de la volemia corrige con rapidez la acidosis por la gran capacidad de reserva hepática. El uso de HCO_3^- queda restringido a situaciones extremas con pH menor de 7.20 y en cantidad limitada para alcanzar dicho valor.

Hipocalcemia

La hipocalcemia es infrecuente como causa de coagulopatía. Podrá presentarse cuando el ritmo de transfusión es elevado y el tratamiento es sustitutivo con gluconato de calcio.

Complicaciones

Las complicaciones más comunes que se presentan son: a) coagulopatía dilucional, b) coagulopatía por consumo, c) CID, d) insuficiencia renal aguda (IRA).

Bibliografía

1. Rizvi F, Mackey R, Barrett T, et al. Successful reduction of massive postpartum haemorrhage by use of guidelines and staff education. BJOG 2004;111:495-8.
2. Malvino E. Mortalidad maternal debido a hemorragias obstétricas. Obstetricia Crítica. 2008.
3. World Health Organization. Attending to 136 million birth, every year: make every mother and child count: The World Report 2005. Genova, Switzerland WHO; 2005. p 61.
4. Joseph KS, Rouleau J, Kramer MS, et al. Maternal health study group of the Condition Perinatal Surveillance System, investigation of an increase in postpartum haemorrhage in Canada. BJOG 2007;114:751-9.
5. Martínez M, Eisele G, Malvino E, et al. Protocolo de prevención y tratamiento de la hemorragia puerperal y sus complicaciones ante la sospecha de adherencia placentaria patológica. Rev de Obst y Ginec. de BS. AS. Buenos Aires. 2005;84:225-38.
6. Bouwmeester PW, Bolte AC, van Geijn HP. Pharmacological and surgical therapy for primary postpartum hemorrhage, Curr Pharm Design 2005;11:759-73.
7. Sobieszczyk S, Breborowicz G. Management recommendations for postpartum hemorrhage. Archives Perinat Med 2004;10:1-4.
8. Romero-Gutiérrez G, Espitia-Vera A, Ponce-Ponce de León AL, et al. Risk factors of maternal death in Mexico. Birth 2007;34:21-5.
9. American College of Obstetricians and Gynecologists. ACOG Practice Bulletin: Clinical Management Guidelines for Obstetrician-Gynecologists Number 76, October 2006: postpartum hemorrhage. *Obstet Gynecol.* Oct 2006;108:1039-47.
10. Franchini M. Haemostasis and pregnancy. Thromb Haemost. 2006;95:401-13.
11. Malvino E, Curone M, Lowenstein R. Hemorragias Obstétricas graves en el periodo prerparto. Med Intensiva. 2000;17:21-9.
12. Bécquer E, Aguila PC. Shock hipovolémico. En: Caballero López A, Bequer García E, Domínguez Perera M, et al. Terapia Intensiva. 2da ed. La Habana: Editorial Ciencias Médicas; 2008.
13. Carrillo-Esper R, Cedillo-Torres HI. Nuevas opciones terapeúticas en la hemorragia postraumática. Rev Asoc Mex Med Crit y Ter Int. 2005;19:60-70.

Capítulo 6. Síndrome de dificultad respiratoria aguda

Dr. Hugo Mendieta Zerón

Generalidades

La Reunión de Consenso Americana-Europea (AECC), estableció los criterios de definición de la Lesión Pulmonar Aguda (LPA) y del Síndrome de Dificultad Respiratoria Aguda (SDRA). Se reconoce que el espectro clínico de presentación incluye un continuo de alteraciones de los gases en sangre arterial así como de las anormalidades radiográficas y de la distensibilidad toracopulmonar.

La LPA se define como un síndrome inflamatorio y de aumento de la permeabilidad capilar que está asociado con una serie de anormalidades clínicas, radiológicas y fisiológicas que no pueden ser explicadas por insuficiencia cardíaca izquierda o hipertensión capilar pulmonar, aunque pueden coexistir. No se consideran portadores de LPA o SDRA las pacientes con hipoxemia e infiltrados pulmonares causados por sobrecarga de volumen y/o insuficiencia cardíaca izquierda o hipertensión venosa o auricular izquierda. Estas pacientes pueden eventualmente presentar SDRA además de edema pulmonar por aumento de la presión hidrostática. Se excluyen algunas enfermedades crónicas tales como la fibrosis pulmonar, sarcoidosis y otras que podrían reunir estos criterios, excepto por su cronicidad. No obstante, esto no quita que pacientes que presentan patología pulmonar crónica puedan, ante factores desencadenantes específicos, presentar LPA o SDRA sobreagregados. Los criterios recomendados para el diagnóstico de LPA y SDRA se muestran en la Tabla 6.3.

Se acepta para considerar la existencia de SDRA una relación PaO_2/FiO_2 (fracción inspirada de O_2) de < 200. No se considera esencial la determinación de la presión arterial pulmonar enclavada para el diagnóstico en todos los casos, pero se reconoce su utilidad en algunos, fundamentalmente cuando el diagnóstico diferencial es edema de pulmón cardiogénico.

Tabla 6.3. Criterios recomendados para la definición de LPA y SDRA

	Tiempo de aparición	Oxigenación	Rx tórax	Presión capilar pulmonar
LPA	Aguda	PaO_2/FiO_2 < 300 mmHg	Infiltrados bilaterales	< 18 mmHg o sin evidencia clínica de hipertensión auricular izquierda
SDRA	Aguda	PaO_2/FiO_2 < 200 mmHg	Infiltrados bilaterales	< 18 mmHg o sin evidencia clínica de hipertensión auricular izquierda
FiO_2: fracción inspirada de O_2, LPA: Lesión Pulmonar Aguda, PaO_2: presión arterial de O_2, SDRA: Síndrome de Dificultad Respiratoria Aguda.				

Ferguson y cols. propusieron los criterios de Delphi para diagnóstico del SDRA, que incluyen: a) PaO_2/FiO_2 menor de 200 mmHg (con PEEP mayor o igual a 10 cm H_2O), 2) comienzo dentro de las 72 h, 3) lesión pulmonar en dos o más cuadrantes en la Rx de tórax, 4) origen no cardiogénico, 5) distensibilidad estática pulmonar menor de 50 ml/cm, 6) factor predisponente reconocido.

Los autores concluyen que estos criterios son más sensibles que los de la AECC:

- LPA: pacientes con hipoxemia, PaO_2/FiO_2 < 300.
- SDRA: hipoxemia severa, PaO_2/FiO_2 < 200.

Epidemiología

La incidencia del SDRA es variable según las poblaciones entre 1.5 a 82 por 100,000 habitantes/año.

Etiología

Las causas pueden dividirse en directas, primarias o pulmonares; e indirectas, secundarias o extrapulmonares (Tabla 6.4), siendo el factor de riesgo indirecto más común en la génesis del SDRA la sepsis sistémica.

Tabla 6.4. Etiología de lesión pulmonar aguda de acuerdo a su mecanismo de producción

Directo, primario o pulmonar	Indirecto, secundario o extrapulmonar
Ahogamiento y casi-ahogamiento Contusión pulmonar Embolismo graso Infección pulmonar difusa Inhalación de gases tóxicos Lesión por reperfusión Neumonía por aspiración Sobredosificación de fármacos	Bypass cardiopulmonar Choque hipovolémico Cirugía mayor Eclampsia Embolia de líquido amniótico Pancreatitis aguda Quemaduras graves Sepsis severa Sobredosis de drogas Transfusiones múltiples Traumatismo grave

Patología

Histológicamente, el daño cursa en tres fases: exudativa, proliferativa y fibrótica. En pacientes con SDRA, la transición de una fase a la siguiente se produce de una manera gradual, no existiendo una clara delimitación entre ellas, ni desde el punto de vista clínico ni histológico.

Fisiopatología

Los diversos agentes etiológicos pueden producir lesión a través de dos vías: a) Vía directa: la lesión pulmonar ingresa por el alveolo, p. ej. neumonía, aspiración de contenido gástrico, inhalación de tóxicos, contusión pulmonar, b) Vía indirecta: lesión pulmonar producida por una reacción inflamatoria sistémica.

La cascada de eventos proinflamatorios que desencadenan el SDRA es similar a la sepsis. La respuesta pulmonar ante la lesión aguda es difusa e inespecífica. El fenómeno patogénico básico es la alteración de la microcirculación pulmonar. Comienza con la activación, adhesión y el secuestro de neutrófilos a nivel pulmonar (puede haber leucopenia transitoria), degranulación y liberación de sustancias tóxicas en la membrana alveolo-capilar, participación de citoquinas que perpetúan la cascada inflamatoria, activación del complemento y del sistema de la coagulación con la formación de macro y microtrombos en la circulación pulmonar, formación de trombina e inhibición de la fibrinolísis, produciendo lesión endotelial con mayor permeabilidad capilar y lesión tisular, produciendo el denominado daño alveolar difuso que puede culminar en fibrosis pulmonar.

El edema alveolar produce shunt intrapulmonar que aunado a la alteración de la relación ventilación/perfusión (V/Q) produce alteración del intercambio gaseoso e hipoxemia.

Diagnóstico

Cuadro clínico

De manera resumida las principales características por etapa son:

Fase 1. Lesión aguda: taquicardia, taquipnea, alcalosis respiratoria, examen físico y Rx de tórax normal.

Fase 2. Período latente (6-48 h): hiperventilación, hipocapnia, disnea discreta, alteración en la transferencia de O_2, examen físico y Rx de tórax con alteraciones menores.

Fase 3. Insuficiencia respiratoria aguda: taquipnea y disnea, estertores bilaterales, < distensibilidad pulmonar, Rx de tórax con infiltrados pulmonares difusos.

Fase 4. Anormalidades severas: aumento de Shunt intrapulmonar, hipoxemia severa refractaria al tratamiento, acidosis respiratoria y metabólica.

La certeza diagnóstica de un SDRA en algunas ocasiones requiere un período de evaluación de 12 a 24 h. Tras este tiempo es habitual que se puedan reunir los criterios diagnósticos tradicionales de definición del síndrome: a) hipoxemia arterial; b) aparición de infiltrados nuevos y cambiantes en la Rx de tórax; c) presión capilar pulmonar en cuña (PCPC) menor de 18 mmHg; d) distensibilidad pulmonar menor de 30 ml/cm H_2O; y e) presencia de un proceso clínico que habitualmente se asocia con el SDRA.

Diagnóstico por imágenes

De acuerdo a la evolución la Rx de tórax puede mostrarse sin hallazgos o con alguna de las siguientes manifestaciones: infiltrados pulmonares parcheados bilaterales con broncograma aéreo, vidrio esmerilado con broncograma aéreo, fibrosis bilateral con bullas subpleurales, enfisema mediastínico y subcutáneo.

La TAC de tórax permite definir con mayor exactitud la extensión y localización de los infiltrados pulmonares que suelen observarse en las zonas posterobasales, siendo también de utilidad para evaluar la extensión y el porcentaje de la zona lesionada, permitiendo evaluar signos de barotrauma y otras complicaciones no discernibles en la Rx de tórax.

Laboratorio

El SDRA se caracteriza gasométricamente por hipoxemia con normocapnia o hipocapnia. Se debe tener presente, sin embargo, que este valor puede variar en una misma paciente en función de la FiO_2 utilizada, de la PaO_2 inicial y de la PEEP. La hipoxemia, tiene como carácter distintivo no corregirse satisfactoriamente con la inhalación de O_2.

Las pacientes con una proteína sérica menor de 6 g/dl, ganan más peso, tienen más días de estancia; y una mayor mortalidad que las pacientes con una proteína sérica normal. La asociación independiente entre la hipoproteinemia y el desarrollo y la evolución del SDRA sugiere que la presión coloidosmótica podría desempeñar un rol fisiopatológico mayor en esta forma de edema pulmonar.

Lavado broncoalveolar (LBA): se encuentra un número elevado de polimorfonucleares. Asimismo, es factible identificar infecciones para que se les trate oportunamente.

Cuando el edema es copioso, una relación proteica entre el fluido y el plasma al menos de 0.7 confirma el defecto de permeabilidad vascular y certifica el diagnóstico de edema pulmonar no cardiogénico.

Evaluación de la gravedad

Índices locales

Murray, Matthay y cols. establecieron un índice basado en un sistema de cuatro puntos para determinar la gravedad de la lesión pulmonar en el SDRA (Tabla 6.5). El valor final se obtiene dividiendo la suma lograda por el número de componentes analizados, y se adjudica la siguiente valoración: 0: sin lesión; 0.1-2.5: lesión leve o moderada; >2.5: lesión grave.

Tabla 6.5. Sistema de evaluación de la lesión pulmonar aguda

Parámetro	Valor
Rx de tórax	
Sin consolidación alveolar	0
Consolidación alveolar en un cuadrante	1
Consolidación alveolar en dos cuadrantes	2
Consolidación alveolar en tres cuadrantes	3
Consolidación alveolar en los cuatro cuadrantes	4
Magnitud de la hipoxemia (PaO_2/FiO_2)	
>=300	0
225-299	1
175-224	2
100-174	3
< 99	4
Evaluación de la compliance respiratoria en AVM	
>=80 ml/cmH_20	0
60-79	1
40-59	2
20-39	3
< 20	4
Valor de PEEP en AVM	
>= 5 cm/H_2O	0
6-8	1
9-11	2
12-14	3
< 14	4

Índices generales

En pacientes no traumatizados se ha constatado una correlación lineal entre el valor APACHE II y la probabilidad de muerte. La estimación del riesgo de mortalidad hospitalaria en pacientes con LPA o SDRA puede ser mejor lograda utilizando escores de severidad y evolución que incluyan tanto elementos de disfunción pulmonar como de alteración de sistemas extrapulmonares.

Diagnóstico diferencial

- Falla cardíaca congestiva: en esta patología la PCPC se encuentra dentro del rango normal < 15 mmHg, mientras en el edema pulmonar cardiogénico está incrementada notablemente (> 20 a 25 mmHg), a diferencia de las pacientes que padecen SDRA. Estas presiones se pueden medir utilizando un catéter arterial pulmonar.
- Bronquitis obliterante.
- Neumonías (bacterianas, virales, micóticas).
- Edema pulmonar neurogénico.
- Siempre será necesario considerar a los "Imitadores del SDRA" (Cuadro 6.1).

Cuadro 6.1. Imitadores del Síndrome de Dificultad Respiratoria Aguda

Neumonía intersticial aguda
Daño alveolar difuso organizado
Idiopática (síndrome Hamman-Rich), enfermedades vasculares del colágeno, drogas citotóxicas, infecciones
Neutrofilia (>10%)
Neumonía eosinofílica aguda
Infiltrados eosinofílicos y daño alveolar difuso
Idiopático, drogas
Eosinofilia (>25%)
Bronquiolitis obliterans (BOOP)
Neumonía organizante
Idiopática, enfermedad vascular del colágeno, drogas, radiación, infecciones
Neutrofilia, en ocasiones linfocitosis (<25%), eosinofilia (<25%)
Hemorragia alveolar difusa
Capilaritis pulmonar, hemorragia, daño alveolar difuso
Vasculitis, enfermedades del colágeno, coagulopatías, infecciones difusas
Hematíes, macrófagos cargados de hemosiderina
Neumonitis aguda por hipersensibilidad
Neumonitis granulomatosa y celular con daño alveolar difuso
Antígenos ambientales
Linfocitosis (>25%) y en ocasiones neutrofilia (<10%)

Complicaciones

Las complicaciones más habituales son:

Pulmonares: embolismo pulmonar, barotrauma, fibrosis, neumonía nosocomial, complicaciones imputables a los procedimientos de apoyo ventilatorio mecánico (AVM).

Gastrointestinales: hemorragia digestiva, íleo, distensión gástrica, neumoperitoneo.

Renales: insuficiencia renal, retención hidroelectrolítica.

Cardíacas: arritmias, hipotensión arterial, disminución del volumen minuto cardiaco.

Infecciosas: neumonía nosocomial, sepsis sistémica.

Hematológicas: anemia, leucopenia, trombocitopenia, CID.

Varias: hepáticas, endocrinas, neurológicas.

Tratamiento

El tratamiento está encaminado a: a) tratar la enfermedad causal, b) alimentación enteral precoz con dietas modulares con lípidos de la serie omega-3 y bajo porcentaje de hidratos de carbono, c) utilización regular de broncodilatadores inhalatorios ya que el flujo aéreo espiratorio suele ser anormal, d) evitar los balances positivos de fluidos, ya que los mismos empeoran la hipoxemia y retardan la mejoría en la evolución, e) la conservación en valores normales o bajos de llenado de la aurícula izquierda con restricción de líquidos y diuréticos lleva al mínimo el riesgo de edema pulmonar (una limitación serían la hipotensión y signos de hipoperfusión), f) usar corticoides luego del séptimo día de evolución durante la etapa fibroproliferativa en aquellas pacientes que persisten hipoxémicos y dependientes del respirador. La paciente puede tener fiebre por lo que para iniciar la corticoterapia se debe descartar la coexistencia de infección por medio de la ausencia clínica de foco, pancultivos negativos y el hallazgo de neutrofilia en el LBA con cultivo negativo. La dosis utilizada es metilprednisolona 2 mg/kg/día o hidrocortisona 100 mg c/8 h durante 20 días, g) uso adecuado de la ventilación mecánica tanto invasiva como no invasiva.

La ventilación mecánica es un componente indispensable para el manejo de las pacientes con SDRA. Los objetivos generales de la ventilación mecánica incluyen: mejorar el intercambio de gases, aliviar la dificultad respiratoria, mejorar los parámetros fisiológicos del pulmón, ayudar al proceso de curación del pulmón y evitar producir complicaciones. Se proponen las recomendaciones incluidas en el Cuadro 6.2 para ventilar pacientes con SDRA.

Cuadro 6.2. Estrategia de ventilación con bajos volúmenes corrientes en el SDRA (NIH ARDS-NETWORK)

Calcular el peso corporal ideal:
50 + 0.91(altura [cm] - 152.4)
Volumen corriente (Vt):
· Vt Inicial: 6 ml/kg del peso corporal ideal
· Medir la presión inspiratoria en meseta (Pplat) c/4 h y luego de cada cambio en la PEEP o en el Vt. Si la Pplat es mayor de 30 cm H_2O bajar el Vt a 5 o 4 ml/kg. Si la Pplat es menor de 25 cm H_2O y el Vt menor de 6 ml/kg, aumentar el Vt en 1 ml/kg.
Frecuencia respiratoria (FR):
· Realizar ajustes para mantener el pH entre 7.30 y 7.45, pero no exceder una FR de 35/min y no aumentar la frecuencia si la $PaCO_2$ es menor de 25 mmHg.
Relación I:E: rango aceptable: 1:1 a 1:3, no utilizar *inverse-ratio*
FiO_2, PEEP y oxigenacion arterial:
Mantener la PaO_2 a 55 a 80 mmHg o una saturación de 88 al 95%. Utilizar la siguiente relación PEEP/FiO_2:

FiO2	0.3	0.4	0.4	0.5	0.5	0.6	0.7	0.7	0.7	0.8	0.9	0.9	0.9
PEEP	5	5	8	8	10	10	10	12	14	14	14	16	18

Manejo de la acidosis:
· Si el pH es menor de 7.30, aumentar la FR hasta que el pH sea igual o mayor de 7.30 o la FR igual a 35/min. Si el pH permanece por debajo de 7.30 con FR de 35, considerar infusión lenta de bicarbonato. Si el pH es menor de 7.15, el Vt debe ser aumentado (la Pplat puede exceder de 30 cm H_2O)
Manejo de la alcalosis:
· Si el pH es mayor de 7.45 y la paciente no está desencadenando la ventilación, disminuir la FR pero no a menos de 6/min.
Retiro del AVM:
Iniciar el retiro del AVM por presión de soporte cuando todos los criterios siguientes estén presentes: a) FiO_2 menor de 0.40 y PEEP menor de 8 cm de H_2O, b) pacientes sin recibir bloqueadores neuromusculares, c) esfuerzo inspiratorio aparente, detectable mediante la reducción de los niveles de presión soporte, d) PAS mayor de 90 mmHg sin soporte vasopresor.

AVM: apoyo ventilatorio mecánico, FR: frecuencia respiratoria, PAS: presión arterial sistólica

Uno de los problemas más complejos de resolver en cualquier situación asociada a la ventilación de pacientes con SDRA es establecer la PEEP óptima. En este sentido se utilizan como parámetros de referencia: relación PaO_2/FiO_2, distensibilidad máxima, punto de inflexión inferior en la curva PV, DO_2, fracción de shunt, "Decremental best PEEP", imagen de TAC, impedancia de salida del ventrículo derecho, fracción de espacio muerto, técnica de eliminación de múltiples gases inertes. En el capítulo 7 se mencionan alternativas usuales de AVM.

Insuflación de gas traqueal

Una alternativa para reducir los niveles de $PaCO_2$ cuando se utilizan volúmenes corrientes pequeños, es la insuflación de gas en la tráquea. Este procedimiento mínimamente invasivo reduce la concentración de CO_2 en el espacio muerto anatómico. El gas fresco puede insuflarse en la tráquea durante todo el ciclo respiratorio o sólo durante una fase del mismo.

La técnica utiliza un catéter fino (1.5 mm), colocado a través del tubo endotraqueal. Se administra aire o gas con una alta FiO_2 a través del catéter a un flujo de 2 a 6 L/min. Este procedimiento produce el lavado de CO_2 desde la vía aérea proximal a través de todo el ciclo respiratorio.

La insuflación de gas traqueal puede producir lesiones de la mucosa, retención de secreciones y barotrauma, pero con adecuada humidificación y control del flujo estos inconvenientes son mínimos.

Ventilación en posición prona

Una serie de estudios han demostrado que se produce una mejoría en la PaO_2 cuando las pacientes con SDRA son colocados en posición prona. En posición prona, se obtiene un gradiente más uniforme que en posición supina, lo cual permite la redistribución de la ventilación a las regiones dorsales del pulmón. El reclutamiento de las zonas dorsales produce una mejoría de la relación perfusión/ventilación. No se ha demostrado que existan cambios en la perfusión.

Inhalación de óxido nítrico (NO)

La administración de dosis bajas de NO inhalado (5 partes por millón), almitrina IV (2-4 mg/kg/min) o ambos puede aumentar marcadamente la PaO_2, redistribuyendo el flujo sanguíneo pulmonar hacia las áreas ventiladas del pulmón a través de una vasodilatación o vasoconstricción selectiva, ambas drogas reducen significativamente el shunt pulmonar, siendo sus efectos aditivos. En adición, el NO inhalado reduce la hipertensión pulmonar resultante de la hipercapnia permisiva, y tiende a limitar la extensión del edema pulmonar.

Ventilación pulmonar independiente

La ventilación pulmonar independiente con un tubo endotraqueal de doble lumen y uno o dos ventiladores parece ser ventajosa en el tratamiento de las enfermedades pulmonares con compromiso predominantemente unilateral.

Circulación extracorpórea

La circulación extracorpórea con oxigenador de membrana (ECMO) ha sido propuesta como una opción en pacientes que no responden a otras formas de terapéutica. Este método permite oxigenar y remover CO_2 sin la necesidad de contar con un funcionamiento pulmonar, lo que permite disminuir el daño ventilatorio generado por la ventilación mecánica ya que los filtros del equipo hacen la función del pulmón.

Ventilación líquida parcial

La técnica consiste en la instilación por vía endotraqueal de perfluorocarbono. Este es un líquido de alta densidad y baja tensión superficial que parece aumentar el reclutamiento de las regiones atelectásicas del pulmón, en particular en las zonas dependientes. La asistencia respiratoria mecánica a través de esta interfase líquida creada en el pulmón produce una mejoría progresiva de la PaO_2 y una mejor eliminación del CO_2, así como un aumento de la distensibilidad pulmonar. Por otra parte, contribuye a la eliminación de detritus celulares, secreciones y líquido alveolar a través de un mecanismo de flotación.

Corticosteroides

El uso de corticosteroides disminuye los niveles de las citoquinas inflamatorias como interleuquina (IL)-1, IL-6, IL-8 y factor de necrosis tumoral alfa (TNF-α) y los niveles de pro-colágeno III en la circulación sistémica y en el LBA. El uso de corticosteroides está asociado con una mejoría significativa en los índices de daño pulmonar, falla orgánica multisistémica y en la PaO_2/FiO_2.

Drogas para la resolución del daño alvéolo-capilar

Las estrategias destinadas a promover la regeneración de la barrera epitelial en el pulmón pueden desempeñar un rol beneficioso en pacientes con SDRA.

Reducción del consumo periférico de O_2

En algunas pacientes, a pesar del empleo de distintas medidas tendientes a obtener una adecuada disponibilidad de O_2, la oxigenación tisular continúa siendo inadecuada. En estos casos puede ser útil recurrir a medidas tendientes a reducir el consumo de O_2, mediante el empleo de sedación y analgesia. Los bloqueantes neuromusculares ocasionalmente son útiles cuando la sedación y la analgesia son ineficaces para reducir la actividad muscular excesiva. Sin embargo, el empleo de estas drogas en las pacientes críticas puede contribuir a complicaciones neuromusculares tales como la miopatía y la neuropatía de la paciente crítico. La hiperpirexia debe ser tratada, pero las técnicas de enfriamiento activo pueden aumentar el consumo de O_2 si desencadenan escalofríos.

Bibliografia

1. Saguil A, Fargo M. Acute respiratory distress syndrome: diagnosis and management. Am Fam Physician. 2012;85:352-8.
2. Parekh D, Dancer RC, Thickett DR. Acute lung injury. Clin Med. 2011;11:615-8.
3. Dirkes S, Dickinson S, Havey R, et al. Prone positioning: is it safe and effective? Crit Care Nurs Q. 2012;35:64-75.
4. Sadowitz B, Roy S, Gatto LA, et al. Lung injury induced by sepsis: lessons learned from large animal models and future directions for treatment. Expert Rev Anti Infect Ther. 2011;9:1169-78.
5. Del Sorbo L, Goffi A, Ranieri VM. Mechanical ventilation during acute lung injury: current recommendations and new concepts. Presse Med. 2011;40(12 Pt 2):e569-83.
6. Umberto Meduri G, Bell W, Sinclair S, et al. Pathophysiology of acute respiratory distress syndrome. Glucocorticoid receptor-mediated regulation of inflammation and response to prolonged glucocorticoid treatment. Presse Med. 2011;40(12 Pt 2):e543-60.
7. Ware LB, Koyama T, Billheimer DD, et al; NHLBI ARDS Clinical Trials Network. Prognostic and pathogenetic value of combining clinical and biochemical indices in patients with acute lung injury. Chest. 2010;137:288-96.

Capítulo 7. Apoyo ventilatorio mecánico en obstetricia

Dr. César Humberto Aparicio Albarrán

Dr. Hugo Mendieta Zerón

Generalidades

La insuficiencia respiratoria es la incapacidad del organismo para mantener los niveles arteriales de O_2 y CO_2 adecuados para las demandas del metabolismo celular. La insuficiencia respiratoria aguda es un problema relativamente infrecuente durante el embarazo, presentándose en 6-8% de la población de UCI y en 2-3 casos por 1,000 embarazos. Su mortalidad general es del 35-60% y en población obstétrica: 10%. La mortalidad preparto es del 10% y postparto del 40%.

Signos y síntomas: disnea, taquipnea, ansiedad, fiebre, taquicardia, hipertensión arterial, sibilancias, tos.

Criterios de gravedad: FR > 35/min, deterioro del estado de conciencia, cianosis, esfuerzo muscular ventilatorio evidente, signos de agotamiento muscular (ventilación paradójica), arritmias cardíacas, FC > 130 latidos/min, signos de choque, $PaO_2/FiO_2 < 300$ mmHg.

Manejo inicial: control del factor desencadenante, decúbito lateral izquierdo, monitoreo hemodinámico, control de líquidos, soporte respiratorio, cardiovascular y nutricional.

Medidas generales: canalización de vía venosa para sueroterapia y suministro de medicación IV, reposo, ayuno (posibilidad de aspiración, necesidad de intubar, etc.), aerosolterapia (reducción del broncoespasmo, facilitación de la expectoración, etc.), control térmico y de presión arterial, reanimación cardio-pulmonar en caso necesario.

Vía aérea

Se debe mantener la vía aérea superior permeable con aspiración de secreciones bronquiales. La indicación de intubación surge de la evidencia de hipoxemia pese a las medidas impuestas.

Al realizar una intubación endotraqueal y durante la ventilación mecánica la paciente obstétrica debe considerarse siempre como portadora de "estómago lleno", por cambios mecánicos que provocan compresión y desplazamiento del estómago con incremento en la presión intragástrica y riesgo de broncoaspiración.

Apoyo Ventilatorio Mecánico

En nuestro servicio nos enfrentamos a diversos momentos con el uso de ventiladores: ingreso de quirófafo de pacientes en puerperio aún inestables, pacientes gestantes que se complican, etc., y es condición obligatoria de los médicos tratantes el conocer las opciones más comunes de AVM para aumentar las probabilidades de recuperación de la paciente.

Indicaciones para ofrecer AVM:

1. Escala de coma de Glasgow < 8.
2. Choque.
3. Atelectasia masiva.
4. Obstrucción de la vía aérea.
5. Excesiva secreción bronquial.
6. Hemorragia de la vía aérea.
7. Quemaduras en vía aérea.
8. Trauma maxilofacial severo.
9. Falla respiratoria aguda.

Parámetros usuales de inicio de AVM:

- FR: 12-20 respiraciones/min.
- Capacidad vital: 65-75 cc/Kg.
- Esfuerzo inspiratorio: 75-100 cm H_2O.
- Distensibilidad estática: 100 cc/cm H_2O.
- Volumen espiratorio forzado en 1 s: 50-60.
- Vt: 6-8 cc/Kg, 400-700 cc.
- FiO_2: 35-45%. > 60% inicia la lesión alveolar.
- Flujo (V): 60-70 L/min.

Para manipular el tiempo inspiratorio (T insp) se maneja la Presión Positiva al Final de la Espiración (PEEP), mecanismo que impide la salida total del aire al final de la espiración cuando se ha alcanzado cierta presión predeterminada manteniendo aire atrapado en los alvéolos que impide que estos se cierren y mantengan el intercambio gaseoso aún en espiración. PEEP externo (PEEPe): es el aplicado por

el ventilador, superPEEP es cuando se alcanza 20 y megaPEEP: 30. PEEP interno (PEEPi, PEEP intrínseco, autoPEEP, PEEPoculto): generado por la propia paciente. Cambios hemodinámicos: hipotensión. La sobredistención alveolar puede lesionar las paredes del alveolo.
Sensibilidad: presión inspiratoria mínima que debe hacer la paciente para que el ventilador la apoye: 0.5-10 cmH_2O.

Tipos de AVM

1. Ventilación mandatoria controlada (CMV)

Es la modalidad más básica de AVM brindando un apoyo ventilatorio total pues la paciente no tiene esfuerzo ventilatorio por la severidad de la patología de fondo o por que se ha sedado y relajado. Permite iniciar a la paciente el ciclado del ventilador partiendo de un valor prefijado de FR que asegura, en caso de que ésta no realice esfuerzos inspiratorios, la ventilación de la paciente. Para que esto suceda, el valor de "trigger" (sensibilidad) deberá estar fijado en un nivel ligeramente inferior al de autociclado del ventilador. En función de cuál sea la variable que se prefije en el ventilador, la modalidad asistida-controlada puede ser controlada a volumen o controlada a presión. En la controlada a volumen se fijan los valores de volumen circulante y de flujo, siendo la presión en la vía aérea una variable durante la inspiración.

2. Ventilación mandatoria intermitente sincronizada (SIMV)

El esfuerzo de la paciente inicia la ventilación mandatoria. La palabra sincronizada hace referencia al período de espera que tiene el ventilador antes de un ciclo mandatorio para sincronizar el esfuerzo inspiratorio de la paciente con la insuflación del ventilador. Cada intervalo respiratorio en SIMV incluye porciones de tiempo mandatorio (Tmand) y de tiempo espontáneo (Tespont). Durante la fase Tmand, el ventilador espera a que la paciente active una respiración, si la paciente no lo hace, el ventilador proporciona de inmediato una respiración mandatoria. Empleada con frecuencias bajas, permite la desconexión progresiva del AVM.

En el modo P-SIMV, las respiraciones mandatorias son respiraciones P-CMV. Este modo no garantiza el suministro de un volumen tidal (Vt) adecuado en todo momento. Parámetros usuales de inicio: FR: 6-14/min, Presión de Soporte (PS): 8-24 cmH_2O, método utilizado en destete con PS: 8, Vt: 4-5 cc/Kg y FR < 25.

3. Ventilación con presión de soporte (PSV)

La ventilación con presión soporte (PSV) es una modalidad asistida, limitada a presión y ciclada por flujo, que modifica el patrón ventilatorio espontáneo, es decir, disminuye la FR y aumenta el volumen circulante. El ciclo ventilatorio es activado por la paciente y la presión de las vías respiratorias queda constante con una tasa variable de flujo de gas en el ventilador mientras se mantiene el esfuerzo ventilatorio.

4. Presión positiva continua en la vía aérea (CPAP)

Es una modalidad de respiración espontánea con PEEP, en la cual se mantiene una presión supra atmosférica durante todo el ciclo ventilatorio. El flujo debe ser alto para garantizar un aporte de gas elevado, superior a los requerimientos de la paciente y las oscilaciones de presión pequeñas (< 5 cm H_2O) para no provocar trabajo respiratorio excesivo.

Hay dos formas de practicarla: a) a través del respirador con válvula de demanda, b) con sistema de flujo continuo, que necesita caudalímetros de alto débito y balón-reservorio de gran capacidad para estabilizar el flujo y la presión y amortiguar sus variaciones; se puede aplicar con máscara facial sin vía aérea artificial como una modalidad de ventilación mecánica no invasiva.

5. Ventilación con liberación de presión (APRV)

De acuerdo al ventilador usado se conoce con otros nombres (Bilevel, Bivent, BIPAP, DuoPap). Es una modalidad de soporte ventilatorio parcial ciclada por el ventilador o por la paciente, y en la que durante el período de insuflación, la paciente puede respirar espontáneamente. Combina los efectos positivos de CPAP, con el incremento en la ventilación alveolar obtenido por el descenso transitorio de la presión en la vía aérea desde el nivel de CPAP a un nivel inferior. Proporciona períodos largos de insuflación, intercalados con períodos breves de deflación pulmonar. Su principal ventaja radica en el hecho de que la presión en la vía aérea se puede fijar en un nivel modesto, y además como la presión se mantiene durante un período más largo del ciclo respiratorio se produce un reclutamiento alveolar. En teoría, los breves períodos de deflación no permiten el colapso alveolar, pero sí es suficiente para que el intercambio de gases no se vea afectado por el aclaramiento de CO_2.

Una de las características de la curva de presión en este modo ventilatorio es la presencia de respiraciones espontáneas durante la fase inspiratoria, o espiratoria siempre que la paciente tenga disparo.

Este modo evita administrar más sedantes tras una respiración espontánea como se aplica de manera abusiva en la práctica diaria. Esta opción optimiza la función diafragmática al disminuir la gravedad de la hipotrofia asociada a ventilación mecánica controlada.

Con APRV se logra incrementar la Presión Media de la Vía Aérea (Paw) por medio del incremento del T insp, sin necesidad de incrementar a un nivel tan alto el PEEP, lo cual representa una opción en el manejo del SDRA.

6. Modo de presión de soporte (Espont)

En este modo, el equipo Galileo funciona como un sistema de flujo a demanda, a la vez que apoya los esfuerzos de respiración espontánea de la paciente con un soporte de presión establecido. Se recomienda activar la función de "apnea backup" en el modo Espont.

En este modo el usuario configura Psoporte, el tiempo de subida de presión (P.rampa) y la sensibilidad de disparo espiratorio (ETS) como un porcentaje del pico de flujo. Al igual que en todos los demás modos, el usuario configura asimismo PEEP/CPAP, el O_2 y la activación por presión o por flujo (trigger).

7. Ventilación asistida adaptable (ASV)

Es un modo ventilatorio de asa cerrada que brinda tanto respiraciones asistidas (con presión soporte) como controladas (presión control), encaminadas a lograr un Volumen Minuto (Vol Min) pre-establecido.

ASV requiere la configuración de los siguientes parámetros: presión, peso corporal, %VolMin. El Vol Min se preestablece teniendo en cuenta la respiración espontánea. Este modo previene la taquipnea, el AutoPEEP, la ventilación excesiva del espacio muerto, suministra ventilación máxima en caso de apnea o impulso respiratorio bajo, le da el control a la paciente si la actividad respiratoria está bien y hace todo lo anterior sin sobrepasar una presión de meseta de 10 cmH_2O por debajo del límite de presión superior.

Continuamente se comparan valores actuales contra valores objetivo, de modo que el apoyo respiratorio es adaptado para cumplir con las necesidades de la paciente.

8. Ventilación no invasiva (NIV)

Es un modo de ventilación con presión positiva pero sin intubar a la paciente. Generalmente se usa una máscara y en menor frecuencia se usa una pieza bucal o una interfaz tipo casco.

Con este modo se han demostrado ventajas evidentes como una menor mortalidad en pacientes con EPOC, reducción del tiempo de intubación y menor índice de complicaciones (neumonías asociadas a ventilador). Otras ventajas de la NIV son: aliviar los síntomas respiratorios, reducir el trabajo respiratorio, reducir los riesgos asociados a la aspiración, intubación o lesiones en las membranas mucosas y dientes. Para usar este se debe verificar que la paciente sea capaz de disparar el ventilador y que tenga respiraciones espontáneas regulares.

9. Ventilación de alta frecuencia (HFV)

Se define como el soporte ventilatorio que utiliza FR de alrededor de 100 respiraciones/min en adultos y de 300 en pacientes pediátricos o neonatales. Para poder suministrar gas a estas frecuencias se deben emplear mecanismos específicos, que generalmente consisten en osciladores o "jets" de alta frecuencia, ya que los ventiladores convencionales no pueden trabajar a frecuencias tan elevadas.

Programación inicial:

- Paw = 34 cm H_2O
- ΔP = 90 cm H_2O [fijo]
- Flujo = 40 L/min
- T insp = 33%
- Hz inicial según pH:

1. pH < 7.10 = 4 Hz
2. pH entre 7.10 y 7.19 = 5 Hz
3. pH entre 7.20 y 7.35 = 6 Hz
4. pH > 7.35 = 7 Hz

- Serie inicial de maniobras de reclutamiento

Manejo de CO_2

- Aumentar amplitud (ΔP)
- Disminuir frecuencia (Hz)
- Desinflar el cuff 5 cm H_2O y compensar con flujo
- Aumentar el T insp.

Regreso a Ventilación Mecánica Convencional (VMC)

- FiO_2 no superior a 0.4
- Paw < a 24 cm H_2O
- Manteniendo SaO_2 mayores a 90%
- Traspaso a VMC con presión < a 24 cm H_2O por 12 h
- Controlados por presión/APRV

10. Ventilación controlada a presión (PCV)

Este modo se propone con la finalidad de limitar la presión alveolar. En esta modalidad se ajusta el nivel de presión inspiratoria que se desea utilizar, la FR y la duración de la inspiración, y son variables el volumen circulante y el flujo. La limitación más destacable es el riesgo de hipoventilación y los efectos que se pueden producir debido a las modificaciones en el volumen. Por este motivo, es frecuente asociarla con relación I:E invertida, ya que la prolongación del T insp puede de alguna manera evitar la hipoventilación.

La PCV puede ser mandatoria (CMV), Asisto-Controlada (A/C) o sincronizada (SIMV) y, en este último modo puede combinarse con presión soporte dependiendo de la capacidad del ventilador.

Durante la PCV el volumen entregado varía con cambios de impedancia (distensibilidad y resistencia) del sistema respiratorio. Si la impedancia aumenta el Vt disminuye y viceversa. La curva de flujo es siempre desacelerante debido a que el flujo disminuye al acercarse el límite de presión.

Indicaciones: a) pacientes en LPA/SDRA ya ventilados pero con hipoxemia refractaria. Es parte de la estrategia de protección pulmonar que intenta limitar la sobredistención alveolar y disminuir el barotrauma, b) pacientes con fístulas traqueo-bronquiales.

Principales problemas de la PCV: se puede desarrollar una relación I:E invertida inadvertidamente, desarrollo de auto-PEEP, no se garantiza el volumen espiratorio, necesita una mayor supervisión y monitoreo por parte del operador.

11. Ventilación con relación I:E invertida (IRV)

La ventilación con relación I:E invertida, es decir, con ratios superiores a 1:1, puede asociarse a ventilación controlada a volumen o controlada a presión. El acortamiento del tiempo espiratorio impide el completo vaciado pulmonar, de forma que se produce atrapamiento pulmonar, con la consiguiente aparición de auto-PEEP. Esta auto-PEEP se debe monitorizar regularmente mediante una maniobra de pausa espiratoria, ya que en ventilación controlada a volumen genera un aumento de la presión de la vía aérea y en ventilación controlada a presión comporta una disminución del volumen circulante. En pacientes bien seleccionadas puede producir un mejor acomplamiento de ventilación-perfusión reduciendo el espacio muerto.

12. Hipercapnia permisiva (PH)

La ventilación con hipercapnia permisiva tiene como finalidad el disminuir la incidencia de baro/volutrauma al ventilar a la paciente con volúmenes circulantes alrededor de 5 ml/kg, sin que éstos generen presiones en la vía aérea superiores a 35 mmHg. Este tipo de ventilación produce una acidosis respiratoria por hipercapnia, hecho que incrementa el estímulo central y hace que las pacientes requieran dosis elevadas de sedación. Su empleo está contraindicado en las situaciones de hipertensión endocraneal, patologías convulsionantes y en la insuficiencia cardiocirculatoria. Algunos estudios demuestran que este modo mejora la supervivencia en pacientes con LPA, junto con una reducción de la duración de la ventilación, de la estancia media en la UCI y de las infecciones pulmonares.

13. Ventilación mandatoria minuto (MMV)

Se ajusta un Vol Min mínimo y teniendo en cuenta el Vol Min espontáneo de la paciente, el ventilador administra el Vol Min restante modificando la FR o el Vt.

14. Ventilación líquida (LV)

Utiliza un líquido gas soluble para reemplazar o aumentar la ventilación. Se han descrito dos técnicas, la ventilación líquida total y la ventilación líquida parcial.

15. Condiciones especiales

Ventilador para traslado: Para trasladar a una paciente con AVM a otro servicio o unidad médica para un estudio o valoración se requiere contar con ventilador que tenga PEEP.

Traslado vía aérea: en condiciones de traslado vía aérea se tiene el riesgo de que por los cambios barométricos colapse el sistema cardiovascular o que se mueva la cánula.

Monitorización

Evaluación clínica: evaluar adaptación al ventilador para decidir manejo de sedo-analgesia, gases arteriales, índice de Kirby, gráficas.

Retiro de la ventilación mecánica

Para el retiro de la ventilación mecánica se puede usar la fórmula del *rapid-shallow-breathing index* (RSBI), definido como la división de la FR/min entre el Vt. Un valor menor de 105 respiraciones/min/L predice un retiro exitoso de la ventilación.

Bibliografía

1. Patel KN, Ganatra KD, Bates JH, et al. Variation in the rapid shallow breathing index associated with common measurement techniques and conditions. Respiratory Care 2009;54:1462-6.
2. GALILEO. Manual del operador. Hamilton Medical AG. Suiza. 2006.
3. Stock MC, Perel A. Manual de Asistencia Mecánica Ventilatoria. 2ª ed. México. Prado. 2001.
4. Alférez Jiménez I, Poblano MM. Manual del III Curso-Taller Avanzado de Ventilación Mecánica. México. Noviembre 2012.

Capítulo 8. Tromboembolia pulmonar

Dr. Rubén Castorena de Ávila

Generalidades

La denominación enfermedad tromboembólica abarca diferentes formas de trombosis. La embolia pulmonar y la trombosis venosa están indisolublemente unidas considerándose parte de un mismo proceso: enfermedad tromboembólica venosa o tromboembolismo venoso (TEV). La trombosis venosa profunda es 5 veces más frecuente en la mujer embarazada que en la no gestante de igual edad. En el embarazo se incrementa la aparición de fenómenos trombóticos, como causa importante de morbilidad y mortalidad maternas, pues aproximadamente 90% de las embolias pulmonares se derivan de una trombosis venosa profunda en los miembros inferiores. El embarazo constituye, en sí mismo, un factor de riesgo para la ocurrencia de TEV según los 3 mecanismos descritos por el eminente patólogo Rudolf Virchow en 1845 y que aún mantienen su vigencia: hipercoagulabilidad, estasis venosa y daño endotelial.

La mayoría de los decesos se producen en las primeras horas (Figura 8.1). En este grupo de temprana mortalidad solamente la profilaxis la disminuirá en forma significativa. De los que sobreviven y pueden acceder a un tratamiento adecuado, la mortalidad es del 6-10%, pero puede alcanzar el 25-30% en los casos no diagnosticados y no tratados. Las estadísticas actuales son similares a las publicadas en 1975, lo que demuestra lo poco que se ha avanzado en el diagnóstico temprano de esta patología. Se estima que aún hoy el 70% de los casos no son diagnosticados.

La embolización proviene de miembros inferiores en un 90%: región proximal (poplitea, femoral, iliaca, vena cava) de los cuales 50% desarrollan TEP, de región distal (venas de pantorrillas) 40% se disuelven espontáneamente, 40% se organizan y 20% migran a la poplítea. De otras localizaciones el 10% procede de cavidades cardíacas derechas, trombosis venosa profunda (TVP) de miembros superiores, uterina, etc., y trombosis asociada a catéter de las cuales 12% desarrollan TEP.

Figura 8.1. Incidencia de embolia pulmonar por año en USA

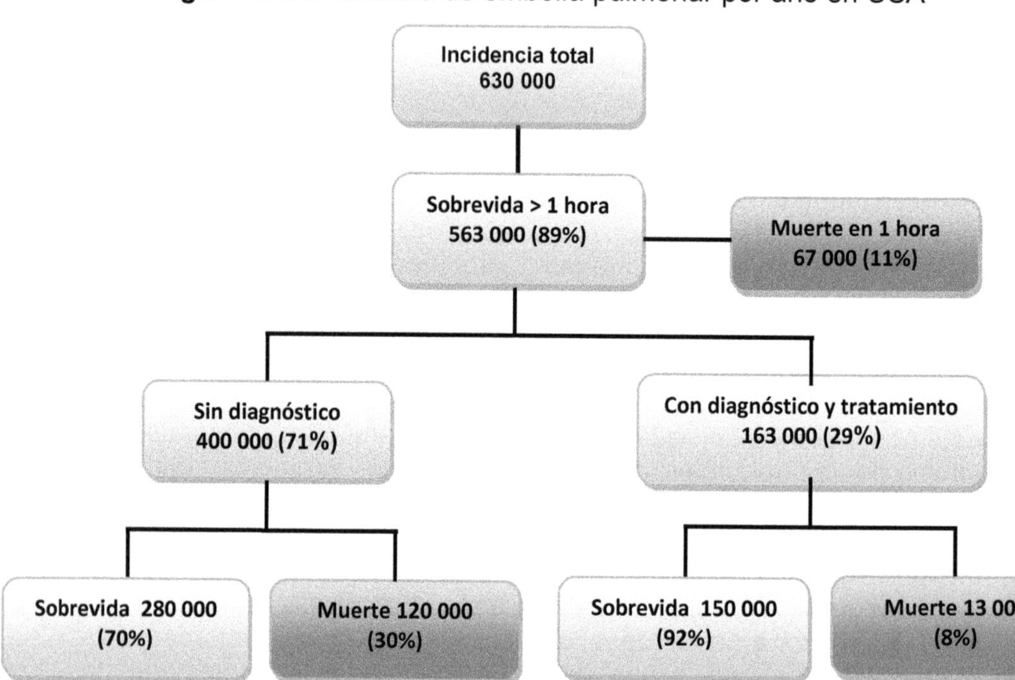

Los trombos en fase aguda se encuentran ligeramente adheridos al endotelio venoso y son fácilmente desprendidos por fragmentación. Los trombos en fase crónica tienen una adhesión firme al endotelio con oclusión parcial o total, presentan flujo venoso colateral, retracción del trombo con o sin revascularización total, 50% cursan con hallazgos clínicos y a los 6 meses el 50% retornan a su apariencia normal. En base a la rama de la arteria pulmonar ocluida se pueden presentar los siguientes síndromes clínicos: TEP masiva (más de 2 arterias lobares o TEP difusa), TEP moderada a grande (submasiva sin infarto), TEP pequeña a moderada, infarto pulmonar y TEP recurrente o recidivante la cual causa hipertensión arterial pulmonar (HAP) y COR pulmonale.

El embarazo representa un estado protrombótico: aumenta 2 a 200% niveles de fibrinógeno y factores II, VII, VIII, X y XII, disminución de sistemas de anti-coagulación: proteína C y S; y en relación al proceso fibrinolítico incrementa el inhibidor tipo 1 del activador del plasminógeno (PAI-1) y el inhibidor de fibrinolisis activado por trombina

(TAFI), incrementando el riesgo de tromboembolismo venoso de 0.05% a 1.8% y la tasa de recurrencia de 1.4 a 11.1%. Deben considerarse las siguientes condiciones trombofílicas (Tabla 8.1): deficiencia de proteína C, S y antitrombina III, factor V (Leiden), mutación en el gen de protrombina (G20210A) (incrementa niveles de protrombina), mutación metil tetrahidrofolato reductasa (MTHFR C677T y A1298C) asociadas con hiperhomocisteinemia y mutaciones PAI y TAFI.

Factor V de Leiden. La sustitución de un aminoácido en posición 506 del factor V impide su degradación por parte de la proteína C activada. Esta alteración representa la causa genética más común de trombosis venosa, aumentando el riesgo 7 veces en heterocigotos y 80 veces en homocigotos. Tiene una herencia mendeliana simple (50% de descendencia), aumenta el riesgo en el embarazo, con el uso de anticonceptivos orales, la terapia estrogénica, neoplasias, diabetes mellitus, inmovilización y cirugía. Se presenta en 5 a 26% de pacientes con preeclampsia severa, eclampsia o HELLP y en cuanto al retardo en el crecimiento intrauterino (RCIU) tiene una prevalencia de 5 a 35% frente a 2.5 a 15% para protrombina (G20210A) y 1 a 23% para proteína S.

Procesamiento y liberación anormal del factor de Von Willebrand: Los multímeros ultra largos del factor de Von Willebrand (ULVWF) normalmente son reducidos por acción enzimática ADAMTS 13, proteasa (desintegrina y metaloproteinasa) dependiente de $Zn^{2}+$ y $Ca^{2}+$, la cual se activa en condiciones de baja resistencia iónica o alto estrés oxidativo quc induce un desplegamiento de la proteina y hace más accesibles los sitios proteolíticos de clivaje a la proteasa plasmática específica. Los sitios estenosados de la microcirculación dañada induocn fragmentación anormal del factor de von Willebrand durante la fase aguda del síndrome urémico hemolítico (SUH)/púrpura trombótica trombocitopénica (PTT), mayor secreción de ULVWF por histamina, toxina siga, TNF-α, IL-8 e IL-6.

Tabla 8.1. Condiciones trombofílicas

Condición trombofílica	Incidencia General	TV o TEV	TV o TEV en embarazo o puerperio
Deficiencia de antitrombina (es la más trombogénica)	0.02 a 0.17% 1% en pacientes con TEV	Pronóstico de vida 50% o TEV	50% de TEV en el embarazo
APCR o factor V de Leiden	3 a 7% mujeres de raza blanca	Incidencia de 20 a 30% con TEV	APCR en 78 % con TEV. Factor V de Leiden en 46% con TEV Valor predictivo (1:500)
Deficiencia de proteína C o S	0.14 a 0.5 %	Se encuentra en 3.2% de TEV	Proteína S (0-6%) Proteína C (3-10%) Posparto: Proteína S (7-22%) Proteína C (7-19%)
Factor V de Leiden y mutación en el gen de protrombina G20210A			Valor predictivo 4.6:100 Prevalencia de TEV 9.3 vs 0 en grupo control
Hiperhomocisteinemia/MTHFR homocigoto (C677T/A1298C)	8-10% en población sana	Incrementa riesgo	NA
APCR: Resistencia a la proteína C activada; MTHFR: metil-tetrahidrofolato reductasa; NA: No disponible; TEV: tromboembolismo venoso; TV: Trombosis venosa.			

Se consideran otros factores de riesgo para trombosis como obesidad, la cual se asocia con disminución de proceso fibrinolítico (incremento de PAI-1, PAI-2 y TAFI). Dosis bajas de ASA disminuyen PAI-1 en el embarazo. La cirugía incrementa el riesgo de TEP fatal en 0.2 a 0.9% (para edad avanzada, historia de TEV, obesidad, insuficiencia cardíaca, parálisis, y trombofilia). La historia familiar se asocia con 8 veces el déficit de AT, 7 veces proteína C y 2 veces factor V de Leiden. El reposo prolongado, preeclampsia severa e insuficiencia útero-placentaria son otros factores de riesgo (Tabla 8.2).

Tabla 8.2. Factores de riesgo para trombosis

	Lindqvist et al (N: 603)	**Danilenko-Dixon et al (N: 90)**	**Anderson and Spencer (N: 1231)**
Factores de riesgo moderados			2.0 (edad > a 40 años)
Edad > 35 años	1.3 (1-1.7)		
Embarazos			
2	1.5 (1.1-1.9)	1.1 (0.9-1.4)	
3 o más	2.4 (1.8-3.1)		
Tabaquismo	1.4 (1.1-1.9)	2.5 (1.3-4.7)	
Gestación múltiple	1.8 (1.1-3.0)	0.4 (0.35-135.5)	
Preeclampsia	2.9 (2.1-3.9)	1.0 (0.14-7.1)	
Venas varicosas		2.4 (1.04-5.4)	4.5
Obesidad		1.5 (0.7-3.2)	<2
Cesárea	3.6 (3.0-4.3)		
Hemorragia obstétrica		9.0 (1.1-71.0)	
Factores de riesgo altos			
Lesión medular			>10
Cirugía abdominal > de 30 min			>10

Para motivos de valoración preoperatoria, se cataloga el riesgo trombólico en tres grados:

1. Riesgo bajo: edad menor a 40 años, procedimiento menor.
2. Riesgo moderado: procedimiento menor con anestesia general mayor a 30 min, edad mayor a 40 años.

3. Riesgo alto: edad mayor a 40 años con factores adicionales, cirugía mayor o cirugía menor en mayores a 60 años con factores de riesgo adicional.

Tamizaje para trombofilia: debe realizarse bajo las siguientes condiciones: pacientes con historia de trombosis (idiopática o asociada a embarazo), toma de anticonceptivos orales, trauma, obesidad, cáncer, condiciones médicas subyacentes, pérdida fetal inexplicada en la semana 20 o mayor, preeclampsia severa o HELLP, RCIU.

Test básico: proteína C, proteína S, antitrombina III, proteína C activada o factor V de Leyden, protrombina G20210a, anticuerpos anti-cardiolipina IgG e IgM, anticoagulante lúpico. Otras pruebas complementarias posibles son homocisteína, otras mutaciones del factor V, niveles de proteína Z, PAI-1, polimorfismo de PAI-1/4G/5G, MTHFR, factores VIII, IX y X.

La enfermedad tromboembólica venosa es 4 a 6 veces mayor en el embarazo, 50% de los casos ocurren en posparto y la mortalidad por embolia pulmonar es de 2 de 100,000 embarazos en UK y representa el 11% de mortalidad materna en USA. En la Figura 8.2 se propone un flujograma de prevención de acuerdo al riesgo de sufrir un cuadro trombo-embólico en el embarazo.

Diagnóstico

El diagnóstico de TEV se sugiere con la elevación de la temperatura, sensación de pesadez y dolor en la pantorrilla, signo de Hommans (dorsiflexión del pie), prueba de Lowenberg (inflado del manguito de presión arterial para provocar dolor), presencia de flegmasía cerúlea dolens (aumento de presión que obstruye el flujo arterial y produce necrosis tisular principalmente en trombosis ileofemoral). Debe corroborarse con USG doppler venoso y pueden utilizarse venografía y angioresonancia.

Figura 8.2. Evaluación de riesgo, prevención de trombo-embolismo venoso y eventos adversos durante el embarazo.

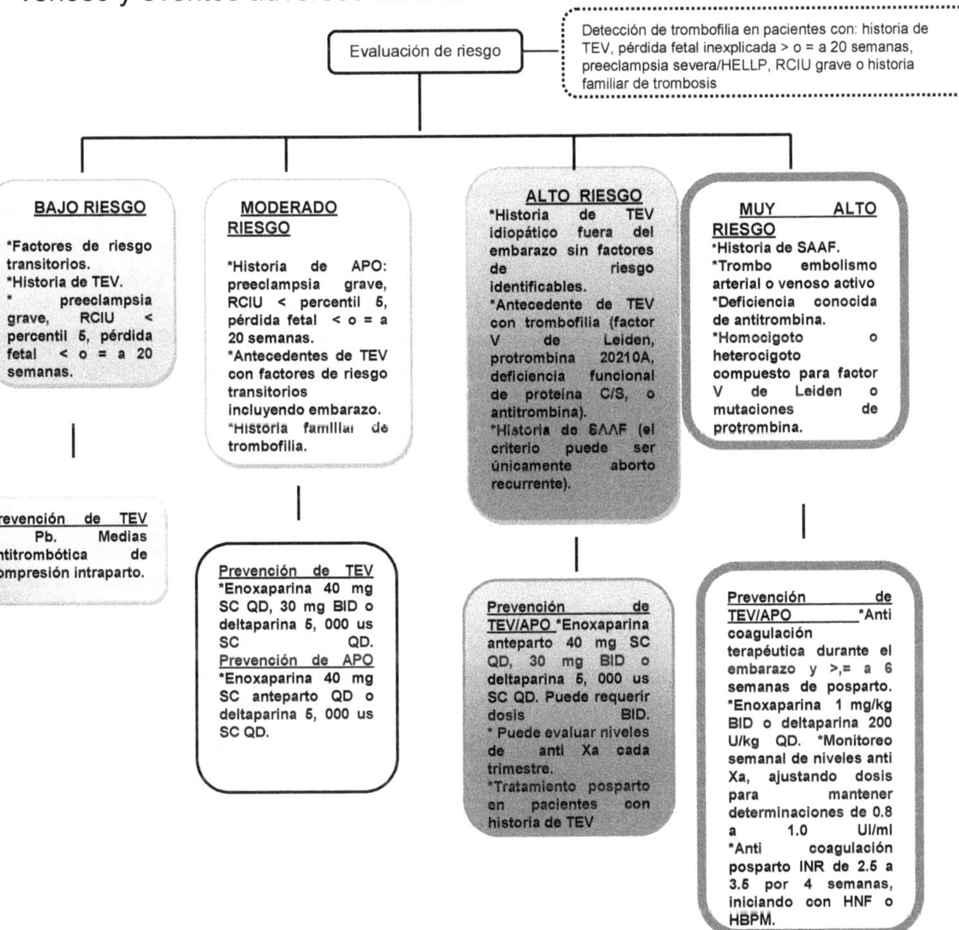

APO: Obstrucción pulmonar aguda, HBPM: heparina de bajo peso molecular, HNF: heparina no fraccionada, RCIU: restricción de crecimiento intra-uterino, SAAF: síndrome anti-fosfolípido, TEV: tromboembolia venosa.

La TEP puede presentarse con enfermedad pulmonar previa y sin enfermedad pulmonar previa, lo cual representa mayor o menor repercusión clínica.

1. Sin enfermedad pulmonar previa:

- TEP masiva: Inestabilidad clínica, obstrucción vascular mayor al 50% o defecto de perfusión de 9 s, hipoxemia grave, hipocinesia regional de ventrículo derecho.
- TEP submasiva: Estabilidad clínica, obstrucción vascular mayor al 30% o defecto de perfusión mayor a 60 s, hipoxemia moderada, hipocinesia regional de ventrículo derecho.
- TEP menor: Estabilidad clínica, obstrucción vascular mayor al 20% o defecto de perfusión mayor a 5 s, sin hipoxemia, sin disfunción de ventrículo derecho.

2. Con enfermedad pulmonar previa:

- TEP mayor. Inestabilidad clínica, obstrucción vascular mayor del 23%, hipoxemia grave (generalmente refractaria), hipocinesia global de ventrículo derecho.
- TEP no mayor. Estabilidad clínica, obstrucción vascular menor del 23%, hipoxemia no refractaria, sin disfunción de ventrículo derecho.

Signos y síntomas de TEP menor: Síntomas: disnea, taquicardia transitoria, dolor pleurítico, palpitaciones, taquipnea, tos, expectoración, sibilancias. Signos: frote pleural.

Signos y síntomas de TEP masiva, submasiva o mayor. Signos: taquipnea, taquicardia, 3er ruido derecho, II P reforzado, hipotensión arterial, hipotermia, diaforesis, pulso alterado, cianosis, plétora yugular. Síntomas: disnea, dolor torácico anterior, síncope, choque.

Estudios de laboratorio y gabinete para TEP: ECG: trastornos de ritmo, principalmente taquicardia sinusal, hipertrofia de cavidades derechas con sobrecarga sistólica de ventrículo derecho, S1 Q3 T3. La Rx de tórax muestra derrame pleural, hipertensión pulmonar venocapilar. Gasometría: insuficiencia respiratoria tipo 1 o tipo 2. Marcadores biológicos de trombosis: dímero D (tiene limitación por incremento en varios padecimientos), troponinas cardíacas mayor a 0.01 establecen defectos de perfusión, péptido cerebral natriurético. Ecocardiograma. Gamagrama en fases V/Q: (establecen criterios de probabilidad de acuerdo al *Prospective Investigation of Pulmonary Embolism Diagnosis* (PIOPED). Tomografía helicoidal. Resonancia magnética nuclear (RMN). Arteriografía pulmonar.

Tratamiento de TEP

Heparina cálcica, heparina no fraccionada (HNF) (*Federal Drug Administration* (FDA), categoría C): vida media corta, administración SC o en infusión. Requiere control de laboratorio con medición del tiempo parcial de tromboplastina (TPT). Reversión con protamina. No atraviesa placenta y no se secreta en leche materna. Ejerce efecto inhibiendo el factor IIa lo cual inhibe actividad de protrombina. Osteoporosis en manejo prolongado. Dosis de 5,000 U SC c/12 h. La dosis moderada tiene efecto anti Xa (0.1 a 0.3 U/ml).

Heparina de bajo peso molecular (HBPM) (FDA categoría B): No atraviesa placenta y es segura para el feto. Vía de aplicación SC con 1 a 2 aplicaciones al día. Su uso es preventivo o terapéutico. Inhibe más efectivamente Xa que IIa, tiene una mejor biodisponibilidad, mayor vida media plasmática (o mayor actividad anti-factor Xa), menor riesgo de osteoporosis, menor incidencia de hemorragia intracerebral (HIC) y se utiliza en TVP sin necesidad de monitoreo.

Uso profiláctico, terapéutico en situaciones especiales:

1. Pacientes sin trombofilia ni TEV: Justificada únicamente en términos de costo beneficio y en pacientes seleccionadas. Datos insuficientes que recomienden profilaxis farmacológica rutinaria durante la cesárea.
2. Pacientes con TEV previa: a) con historia de TEV idiopática debe de considerarse la profilaxis con HBPM o heparina cálcica, ante parto y 6 semanas posparto, b) con historia de 2 o más episodios de TEV se debe considerar profilaxis con HBPM o heparina cálcica ante parto y posparto, c) con historia de TEV y trombofilia, deben recibir profilaxis con HBPM o heparina cálcica, d) con historia de TEV previo al embarazo deben recibir anti coagulación plena durante el embarazo.
3. Pacientes con trombofilia: La evidencia es insuficiente para recomendar anti-coagulación durante el embarazo en mujeres asintomáticas. Mujeres asintomáticas con déficit de antitrombina o homocigotos para factor V de Leiden y mutación G20210A deben recibir tratamiento con HBPM o HNF durante el embarazo
4. Pacientes con factores de riesgo: Embarazadas que recibieron inductores de ovulación (hiperestrogenismo en 1° y 2° trimestre), hiperémesis gravídica, deshidratación, reposo prolongado en cama, síndrome nefrótico, cirugía.

Directrices de seguimiento de las pacientes tratados con HBPM o HNF
1. Determinar factor anti Xa: el rango ideal 3-4 h después de la dosis es 0.2-0.4 UI/ml para la profilaxis y 0.5-1.0 para el tratamiento (rango superior para el tratamiento de 0.8-1.0 UI/ml); 12 h después de la dosis es 0.1-0.3 UI/ml para la profilaxis y 0.2-0.4 UI/ml (> 0.5 UI/ml si el riesgo es más alto) para el tratamiento.
2. Heparina y trombocitopenia: se presenta hasta en un 3% de las pacientes expuestos a heparina. Se agrupa en dos tipos: a) Tipo I. Pocos días después de la exposición, es autolimitada y generalmente benigna, b) Tipo II. Es de naturaleza autoinmune, asociada con trombosis arterial y venosa. Se presenta generalmente 5 días a 3 semanas después de iniciar el tratamiento. Una disminución por debajo de 150,000 y 50% debajo de la línea basal obliga a suspender la heparina. Paradójicamente, más de la mitad de las pacientes con trombocitopenia presentan trombosis en los siguientes 30 días. El consenso recomienda realizar un recuento plaquetario al inicio del tratamiento y 3 semanas después del mismo. Un decremento a menos de 100,000 plaquetas es una condición para discontinuar el tratamiento.
3. Durante el tratamiento en el hospital se recomienda la vigilancia fetal.

Inhibidor del factor Xa (Fondaparinux) (FDA categoría B): Aprobada por la FDA en cirugía ortopédica y tratamiento de VTE. Sin alteraciones en el feto ni fertilidad. Pocos datos en el embarazo.

Warfarina: en el 1er trimestre puede ser causa de aborto espontáneo y embriopatía warfarínica (retraso mental, atrofia óptica, cataratas, hipoplasia nasal, alteraciones óseas y del sistema nervioso central (SNC)) la cual se puede presentar en 4 a 5% de fetos expuestos. Atraviesa la placenta y produce anticoagulación fetal e incrementa el riesgo de hemorragia intracraneal. Se considera segura en la lactancia. La duración de tratamiento es de 4 a 6 semanas manteniendo un INR de 2 a 3.

Inhibidores de trombina (Lepirudin, Bivalirudin, Argatroban) (FDA categoría B). No se dispone de datos clínicos adecuados en el embarazo.

Apoyo orgánico específico cardiopulmonar con probable uso de AVM. Régimen fibrinolítico aprobado por la FDA: a) estreptoquinasa 250,000 UI en 30 min, seguido de 100,000 UI/h/24h, b) uroquinasa

4,400 U/kg bolo inicial seguido de 4,400 U/kg c/12 a 24 h y c) alteplase 100 mg en infusión de 2 h. Preferir trombolisis intra-coágulo. Otras alternativas son: Trombectomía y valorar el uso de filtros de vena cava.

Bibliografía

1. Farreras Valenti P, Rozman C. Medicina interna. 14 ed. Barcelona: Harcourt. 2000;25-9.
2. Roca Goderich R, Smith Smith V, Paz Presilla E, et al. Temas de medicina interna. La Habana: Editorial Ciencias Médicas, 2002;449-56.
3. Vanoni S. Embarazo y tromboembolismo pulmonar. Rev Argent Med Resp 2004;1:6-11.
4. Bick RL, Kaplan H. Syndromes of thrombosis and hypercoagulability. Med Clin North Am 1998;82:409-58.
5. Kiekebusch HG, Perucca PE. Trombofilias hereditarias. Rev Chil Obstet Ginecol 2003;68:424-9.
6. Gómez C, Lozano S, Alberca S. Trombofilias y trombosis venosas profundas. MAPFRE Med 2002;13:53-62.
7. Dalen JE. Pulmonary Embolism: What have we learned since Virchow? Natural history, pathophysiology and diagnosis. Chest 2002;122:1440-56.
8. Pabinger I. Risk of pregnancy-associated recurrent venous thromboembolism in women with a history of venous thrombosis. J Thromb Haemost 2005;3:949-54.
9. Eldor A. Thrombophilia, thrombosis and pregnancy. Thromb Haemost 2001;86:104-11.
10. von Tempelhoff GF, Heilmann L, Spanuth E, et al. Incidence of the factor V Leiden-mutation, coagulation inhibitor deficiency, and elevated antiphospholipid-antibodies in patients with peeclampsia or HELLP syndrome. Thromb Res 2000;100:363-5.
11. Hammerová L, Chabada J, Drobný J, et al. Factor V Leiden mutation and its impact on pregnancy complications. Acta Medica (Hradec Kralove). 2011;54:117-21.
12. Bauer KA. Duration of anticoagulation: applying the guidelines and beyond. Hematology Am Soc Hematol Educ Program. 2010;2010:210-5.
13. Rodger M. Evidence base for the management of venous thromboembolism in pregnancy. Hematology Am Soc Hematol Educ Program. 2010;2010:173-80.

Capítulo 9. Embolia de líquido amniótico

Dra. Araceli Elideth Sevilla Muñoz de Cano

Generalidades

La embolia de líquido amniótico se caracteriza por un inicio brusco, es infrecuente, impredecible y no prevenible, está asociado con elevado índice de mortalidad con graves secuelas neurológicas en aquellas que logran sobrevivir. Actualmente representa el 10% de las causas de mortalidad materna en países desarrollados, la embolia de líquido amniótico tiene una mortalidad elevada de un 60%.

Se produce en la mayoría de los casos durante el parto y después de la rotura de membranas (entre el 70 y el 90% de los casos) o en el puerperio inmediato (dentro de cinco minutos), pero puede ocurrir hasta varias horas después de terminado el embarazo.

Etiología

Ciertos factores favorecen el pasaje de líquido amniótico hacia los plexos venosos maternos estableciendo una comunicación entre ambos sistemas. La embolia de líquido amniótico se ha asociado a legrado uterino instrumental, hipertensión intrauterina inducida por polihidramnios, amniocentesis, los amnio-drenajes, las amnio-infusiones, las tocografías internas, la muerte intrauterina fetal y el trauma abdominal. Las pacientes multíparas, de edad materna avanzada con productos macrosómicos y trabajo de parto complicado tienen mayor riesgo.

Fisiopatología

La presencia de escamas en el líquido (células epiteliales fetales), pelo (lanugo), mucina (epitelio digestivo fetal) y grasa, podrían provocar severas alteraciones mediante la liberación de sustancias aún no totalmente identificadas con efecto sobre el pulmón y su vasculatura con vasoconstricción con hipertensión pulmonar aguda, incremento en la permeabilidad capilar pulmonar, activación del sistema de coagulación. Sin embargo, se sigue discutiendo si el fenómeno corresponde a una reacción anafiláctica o anafilactoide por complejos antígeno-anticuerpo como responsables de la liberación de histamina y otras sustancias con efecto vasoactivo contenidos en los mastocitos pulmonares.

Clark propuso un modelo bifásico en el cual posterior al ingreso del material fetal a la circulación pulmonar se provoca vasoespasmo arterial pulmonar, generando un cor pulmonar agudo con dilatación de cavidades derechas severa, hipoxemia con alteración del SNC manifestado por convulsiones. En la segunda etapa se manifiesta la insuficiencia cardíaca izquierda con elevación de la presión capilar pulmonar, distrés pulmonar y coagulopatía por consumo. Se especula que el fallo cardiaco izquierdo resulta por la hipoperfusión coronaria secundaria a la hipotensión arterial y la hipoxemia severa que acompaña a todo el cuadro y a la acción de sustancias cardiopresoras no identificadas

Cuadro clínico

Inicia de forma súbita con disnea, hipotensión arterial severa, posteriormente crisis convulsivas (no en la mayoría de los casos), paro cardiorrespiratorio con un alto porcentaje de fallecimiento. El choque y el distrés pulmonar son síntomas predominantes en las primeras horas, alrededor de la mitad de los casos se asocian con CID.

Diagnóstico

1. Hipotensión aguda o paro.
2. Hipoxia aguda (disnea, cianosis, apnea).
3. Coagulopatía (evidencia en pruebas de laboratorio de consumo, fibrinólisis o hemorragia sin alguna otra explicación).
4. Signos y síntomas agudos que comenzaron durante el trabajo de parto o cesárea o en los primeros 30 min.
5. Ausencia de cualquier otra condición que pudiera explicar o confundir los signos y síntomas.

Búsqueda por citología o inmunohistoquímica de elementos de líquido amniótico obtenidos por sangre de catéter central, junto con un cuadro clínico compatible

La Rx tórax muestra infiltrados bilaterales difusos compatibles con un síndrome de distrés respiratorio agudo.

En UK se considera la sospecha diagnóstica en caso de deterioro respiratorio o neurológico de las pacientes aún sin datos de ser críticos.

Tratamiento

1. Oxigenación: si la paciente se encuentra consiente con mascarilla con alto flujo, si se encuentra inconsciente con intubación y ventilación mecánica.
2. Gasto cardiaco adecuado: una adecuada precarga mediante la expansión de la volemia con cristaloides y en caso necesario con uso de drogas vasopresoras, inotrópicos, el tratamiento depende de los datos obtenidos por estudio hemodinámico y monitorización continua.
3. Coagulopatía: se maneja con hemoderivados dependiendo el caso, inclusive se usa el factor VII recombinante en casos que lo ameriten.

Se sugiere hidrocortisona a dosis de 500 mg IV c/6 h ante la posibilidad de que la embolia de líquido amniótico resulte una reacción anafiláctica.

Bibliografía

1. Harboe T, Benson MD, Oi H, et al. Cardiopulmonary distress during obstetrical anesthesia attempts to diagnose amniotic fluid embolism in case series of suspected allergic anaphylaxis. Acta Anaesthesiol Scand 2006;50:324-30.
2. Weg JG. Current diagnostic techniques for pulmonary embolism. Semin Vasc Surg 2000;13:182-8.
3. Elbahraoui H, Bouziane H, Elghanmi A, et al. Amniotic fluid embolism: report of two cases. Pan Afr Med J. 2012;11:74.
4. Knight M, Berg C, Brocklehurst P, et al. Amniotic fluid embolism incidence, risk factors and outcomes: a review and recommendations. BMC Pregnancy Childbirth. 2012;12:7.
5. Dean LS, Rogers RP 3rd, Harley RA, et al. Case scenario: amniotic fluid embolism. Anesthesiology. 2012,118.180-92.
6. Benson MD. Current concepts of immunology and diagnosis in amniotic fluid embolism. Clin Dev Immunol. 2012;2012:946576.

Capítulo 10. Neumonías

Dr. Eduardo Bonifaz Ancheyta

Generalidades

La neumonía adquirida en la comunidad puede variar en su presentación clínica, desde un padecimiento leve, hasta una enfermedad severa requiriendo admisión hospitalaria e incluso manejo en una UCIO. Junto con la influenza estacional, la neumonía es la octava causa de muerte en personas mayores de 65 años en USA, y es la primera causa de muerte de origen infeccioso en este grupo etario.

Las decisiones clave en el manejo de este padecimiento es el reconocer oportunamente la presencia de la enfermedad, definir el contexto mas adecuado de manejo para cada caso (intra o extrahospitalario) e iniciar el manejo antimicrobiano adecuado.

Signos y síntomas

La neumonía habitualmente se presenta con síntomas tanto respiratorios como sistémicos, esto particularmente en enfermos jóvenes, con respuesta inmune intacta. Debe sospecharse el diagnóstico cuando la paciente presenta fiebre, tos, esputo purulento, dolor torácico pleurítico, disnea, escalofrío y pérdida de peso.

La fiebre y escalofrió tienen una sensibilidad del 50% al 85%, pero pueden estar ausentes en personas mayores. La presencia de hemoptisis sugiere una infección necrotizante tal como tuberculosis, absceso pulmonar o infección por gram negativos.

Las pacientes portadoras de padecimientos crónicos pueden tener una respuesta inmune menos intensa, esto puede dificultar el diagnóstico e incluso hacer que el cuadro pase inadvertido ya que predominan síntomas no respiratorios, tales como malestar general, debilidad, anorexia, alteraciones en el estado de alerta, o descompensación de alguna patología subyacente (tal como deterioro en la clase funcional de una paciente con insuficiencia cardíaca).

Etiología

Los patógenos más comúnmente detectados como causa de neumonía son. *Streptotoccus penumoniae*, *Haemophilus influenzae*, y bacterias atípicas tales como *Mycoplasma neumoníae*, *Chlamydophila pneumoníae* y *Legionella*.

Las bacterias gram negativas se han detectado hasta en el 10% de los casos de pacientes con neumonía, particularmente en aquellos enfermos con algún padecimiento cardiopulmonar crónico, aquellos con patologías múltiples, receptores de antibioticoterapia reciente, pacientes con insuficiencia renal, diabetes mellitus, insuficiencia hepática crónica y neoplasias. Se debe sospechar la presencia de *Pseudomonas aeruginosa* en pacientes con bronquiectasias, hospitalización reciente o que han recibido antimicrobianos recientemente. Se debe tomar en cuenta la posibilidad de organismos anaerobios en aquellas pacientes con alteraciones en el estado de alerta o trastornos en la deglución, se ha demostrado también que en estos casos puede haber participación de organismos gram negativos. *Klebisella neumoniae* se ha demostrado en casos de pacientes con alcoholismo.

Los virus también pueden ser causa de neumonía, un estudio reciente demostró que hasta el 18% de los casos de neumonía son de origen viral, los agentes mas comúnmente encontrados son los virus de la Influenza y parainfluenza, seguidos por el virus sincitial respiratorio y adenovirus. Casi la mitad de las pacientes con neumonía viral desarrollan infecciones mixtas con presencia de bacterias.

Diagnóstico

La historia y exploración física son fundamentales para integrar una sospecha diagnóstica, tratar de establecer la etiología del padecimiento y determinar la severidad del caso. La historia clínica debe además establecer factores de riesgo tales como hospitalizaciones recientes o uso de antibióticos durante los últimos 90 días. Deben tomarse en cuenta otros factores asociados tales como viajes, trabajo o convivencia con animales y hábitos tales como el tabaquismo.

Los hallazgos en la exploración física sugestivos de neumonía incluyen la presencia de estertores, taquipnea, fiebre y datos compatibles con la presencia de derrame pleural. Algunos hallazgos clínicos son sugestivos de enfermedad severa y ensombrecen el pronóstico tales como incremento en la frecuencia respiratoria (FR) por arriba de 30/min, presión arterial diastólica (PAD) por debajo de 60 mmHg, presión arterial sistólica (PAS) por debajo de 90 mmHg, taquicardia con frecuencia cardíaca por arriba de 125/min y una temperatura por debajo de 35ºC o superior a 40ºC.

Gabinete

Diversos estudios han demostrado que el diagnóstico puramente clínico de esta patología es impreciso e incluso engañoso. La especificidad del diagnóstico clínico de una neumonía tiene un rango del 40 al 70%.

La Rx de tórax es particularmente importante en el caso de pacientes con duda diagnóstica, cuando se sospecha derrame pleural, absceso pulmonar o afectación pulmonar multilobar. Se ha demostrado por diversos estudios variación interobservador en la interpretación de estudios radiográficos, se ha encontrado concordancia en el diagnóstico de neumonía mediante la observación de Rx de tórax hasta en el 59% de los casos, y concordancia en la exclusión del diagnóstico hasta en el 94% de los casos.

Cuando existe derrame pleural se recomienda obtener una Rx en decúbito o en el mejor de los casos una tomografía axial computada (TAC) de tórax. En aquellas pacientes en las cuales no se demuestra un infiltrado en la Rx de tórax pero que tienen una historia clínica y exploración física compatibles con el diagnóstico de neumonía debe sospecharse el diagnóstico y asumirse como presente, una Rx o TAC de tórax tomadas con posterioridad pueden demostrar la presencia de este padecimiento con el seguimiento del caso. La TAC puede demostrar un infiltrado en los casos en que la Rx de tórax es negativa.

Otros estudios

En pacientes ambulatorias sólo se requiere realizar oximetría de pulso para vigilar la oxigenación, no se recomiendan otros estudios. Para enfermas hospitalizadas se recomiendan estudios más extensos para determinar la severidad del cuadro y tratar de determinar el agente patógeno. Es importante la realización de una gasometría arterial sobre todo en casos en los que se sospecha retención de CO_2.

Debe llevarse a cabo tinción de Gramm y cultivo de la expectoración antes de iniciar manejo con antimicrobianos, esto es particularmente importante en casos en los que se sospechan microorganismos atípicos o con resistencia a fármacos. Los hemocultivos deben reservarse para aquellas pacientes con enfermedad severa, es importante mencionarse que sólo son positivos del 10% al 20% de los casos. En pacientes orointubadas y sometidas a ventilación mecánica debe obtenerse cultivo de aspirado endotraqueal.

Aún con la realización de extensas pruebas de diagnóstico, sólo se logra establecer la etiología del padecimiento en menos del 50% de los casos. No se recomienda en forma rutinaria la realización de estudios serológicos en busca de virus o bacterias atípicas ya que requieren de un período de hasta 8 semanas para lograr una adecuada identificación del patógeno.

De hecho, el establecer un diagnóstico etiológico de precisión no se considera crucial para el manejo de este padecimiento, ya que el tratamiento antimicrobiano empírico ha demostrado dar buenos resultados.

Se han realizado estudios comparando la mortalidad a 30 días entre grupos de pacientes que reciben manejo empírico y aquellos con manejo dirigido específicamente a un patógeno, sin demostrarse diferencia estadísticamente significativa.

La determinación de niveles séricos de proteína C reactiva (PCR) y procalcitonina pueden resultar de utilidad, especialmente en el contexto de pacientes críticamente enfermos, sin embargo las guías de manejo actuales no recomiendan sistemáticamente su uso.

En los casos donde se observa falta de respuesta al manejo empírico tras 48 a 72 h de haberse iniciado debe sospecharse infección viral, por bacterias atípicas o infecciones por hongos.

Tratamiento

Lo primero que debe determinarse es si la paciente puede ser tratada en forma ambulatoria, si requiere hospitalización y en su caso si debe ser admitida a una UCIO. Existen diversos sistemas de puntuación para evaluar pacientes con neumonía; uno de los más simples es el conocido como "CURB 65", el cual se basa en la presencia de confusión, nitrógeno ureico en sangre (BUN) mayor a 19.6 mg/dl, FR > 30/min, PAS menor de 90 mmHg o diastólica menor de 60 mmHg. Pacientes con 2 criterios deben ser manejados en el hospital, mientras que aquellos que presentan 3 o más deben ser admitidos en la UCIO. Una limitante es que esta escala está diseñada para pacientes de la tercera edad.

Las guías de manejo actuales recomiendan manejo en cuidados intensivos para pacientes que requieren asistencia mecánica ventilatoria, cuando haya hipotensión sostenida no obstante un adecuado manejo con soluciones IV, o en caso de requerimientos de aminas presoras o con datos de insuficiencia respiratoria.

Antibioticoterapia

En pacientes sin patología previa cardiopulmonar y sin factores de riesgo para infección por patógenos atípicos o gran negativos se recomienda manejo con un macrólido (azitromicina, claritromicina o eritromicina). En el caso de enfermos con patología cardiopulmonar previa se recomienda iniciar una fluoroquinolona (levofloxacino o moxifloxacino) o una combinación de beta lactámico (amoxicilina, amoxicilina-clavulanato o cefuroxima) con un macrólido o doxiciclina. En los casos en que la paciente ha recibido manejo antimicrobiano durante los últimos 3 meses debe evitarse utilizar medicamentos del mismo grupo.

Puede utilizarse la combinación de un aminoglucósido (amikacina, gentamicina o tobramicina) más una quinolona (levofloxacino o moxifloxacino).

Si se sospecha neumonía por *S. aureus* debe manejarse con Linezolid como monoterapia o vancomicina combinada con clindamicina.

Es importante determinar la posibilidad de infección por *Pseudomonas aeruginosa*, en los casos en que esta entidad no se sospeche debe iniciarse ceftriaxona o cefotaxima más azitromicina o una quinolona (levofloxacino o moxifloxacino), en el caso de sospecha de infección por pseudomonas debe iniciarse manejo con beta lactámico con actividad frente a este patógeno (cefepime, piperazilina-tazobactam, imipenem o meropenem) más una quinolona con efecto antipseudomona tal como ciprofoxacino o levofloxacino a dosis altas.

Parte complementaria del manejo en la UCIO es el mantener un adecuado estado de hidratación y nutricional de la paciente, O_2 suplementario, fisioterapia de tórax y en casos indicados AVM.

Caso especial merece la pandemia de influenza A (H1N1) cuya mortalidad fue elevada en mujeres embarazadas, por lo que en nuestra unidad evaluamos factores antropométricos y de laboratorio que dictaran una pauta en su pronóstico. En este sentido, durante el año 2009 hubo cinco embarazadas con influenza A (H1N1), atendidas en la UCIO del HMPMPS, de las cuales sólo una sobrevivió. Al comparar las características antropométricas con otro grupo de mujeres afectadas por enfermedades respiratorias agudas no encontramos diferencias en el IMC, de hecho, en ambos casos, este parámetro fue inferior a los límites de sobrepeso. La clave para una mejor supervivencia en mujeres embarazadas hospitalizadas con influenza A (H1N1) parece ser el tratamiento precoz con oseltamivir. Por razones desconocidas después de la ola severa de la nueva pandemia los casos disminuyeron.

Bibliografía

1. Niederman M. In the clinic. Community-acquired pneumonia. Ann Intern Med. 2009;151:ITC4-2-ITC4-14; quiz ITC4-16.
2. Mendieta-Zerón H, Santillán-Benítez JG, Colín-Ferreira Mdel C, et al. Influenza A (H1N1) was not associated with obesity in pregnant women living in Toluca, México. Rev Salud Publica (Bogota). 2011;13:897-907.
3. Coêlho Mde A, Katz L, Coutinho I, et al. Profile of women admitted at an obstetric ICU due to non-obstetric causes. Rev Assoc Med Bras. 2012;58:160-7.
4. Mercieri M, Di Rosa R, Pantosti A, et al. Critical pneumonia complicating early-stage pregnancy. Anesth Analg. 2010;110:852-4.

Capítulo 11. Broncoespasmo

Dr. Hugo Mendieta Zerón

Generalidades

El broncoespasmo es una complicación que se presenta frecuentemente ya sea antes de la interrupción del embarazo o ya en puerperio. Puede ser la causa de muerte si no se atiende a tiempo.

Etiología

Una causa común en el embarazo es la preeclampsia que debido a la fuga capilar lleva a hiperreactividad bronquial por el mal manejo de líquidos. Es posible que haya broncoespasmo severo en pacientes asmáticas, lo cual es lo más referido en la literatura en cuanto a majo se refiere.

Diagnóstico

Signos y síntomas: de acuerdo a la gravedad encontraremos disminución de nivel de conciencia, cianosis, bradicardia, hipotensión, imposibilidad de terminar las palabras a causa de la disnea, silencio auscultatorio. Los signos que orientan hacia exacerbación son: FC > 120 lpm, FR > 30 resp/min, pulso paradójico > 30 mmHg, cianosis, diaforesis, uso de músculos accesorios torácicos y dificultad para hablar.

Estudios: gasometría arterial, Rx de tórax.

Tratamiento

El tratamiento preferido inicial es con beta-2 adrenérgicos (salbutamol) por vía inhalatoria, pudiendo ser con el dispositivo oral o por el nebulizador del ventilador si está intubada la paciente.

Bromuro de ipatropio (envases de 2 ml con 250 y 500 µg). Se suele añadir 1 ámpula de 250 µg a 4 ml de solución salina y 5 gotas de salbutamol en nebulización).

Corticoides sistémicos. Se inicia con hidrocortisona, bolos de 200 mg c/4-6 h. La segunda opción es metilprednisolona: 1-2 mg/Kg (80-120 mg) IV seguido de 60-80 mg IV c/6-12 h durante 3-7 días.

Adrenalina (en pacientes menores de 35 años y sin antecedentes de cardiopatía) a dosis de 0.3 ml SC (0.01 ml/Kg hasta

0.5 ml) de una dilución al 1:1000 que se puede repetir c/20 min hasta 3 dosis.

Aminofilina en infusión IV. Se administra una dosis de carga de 6 mg/Kg y la dosis de mantenimiento es de 0.6 mg/Kg/h.

Se pueden utilizar otros fármacos que con mecanismos de acción diferentes coadyuven a eliminar el broncoespasmo, algunos son:

Sulfato de Magnesio ($MgSO_4$): los posibles efectos son competición con el Ca^{2+} en la entrada de las células del músculo liso , inhibición de la liberación de Ca^{2+} por parte del retículo sarcoplásmico, inhibición de la liberación de histamina por los mastocitos e inhibición de la liberación de acetilcolina en las terminaciones nerviosas. La literatura no es concluyente en sus efectos.

Furosemida: se ha empleado IV e inhalada en casos de crisis asmática, quizás tenga utilidad discreta directa contra el broncoespasmo.

Antileucotrienos: opciones como Montelukast, Zafirlukast son usados en asma, sin embargo, ante la presencia de recaídas en cuadros de broncoespasmo en terapia intensiva hemos indicado estas opciones.

Manejo de la crisis hipertensiva: Es muy importante identificar los casos de preeclampsia ya que el broncoespasmo está asociado a este cuadro y no remitirá hasta controlar la hipertensión, siendo elegible el nitroprusiato de sodio o la nitroglicerina.

El helio se ha utilizado en las siguientes condiciones clínicas: estado asmático, neumopatía obstructiva crónica agudizada, bronquiolitis, obstrucción de la vía aérea y en broncoespasmo.

En todos los casos se debe considerar el aporte de O_2, con puntas nasales, mascarilla, ventilación mecánica. Los flujos recomendados de la mezcla de helio con oxígeno son de 2 a 6 L/min, a través de máscara y válvula de no reinhalación o mediante insuflación transtraqueal.

Bibliografía

1. Carrillo Esper R, Núñez Monroy FN. Heliox: A propósito de un caso de estado asmático refractario. Rev Asoc Mex Med Crit y Ter Int 1999;13:197-202.
2. Trejo Juárez A. Eficacia del sulfato de magnesio en la disminucion del broncoespasmo en pacientes con crisis de asma moderada y severa.

Instituto Politecnico Nacional, Escuela Superior de Medicina. México, D.F. 2010.

3. Flores Claudino JD, Calix Peratto E, Antonio Solórzano N. Utilidad de la furosemida inhalada en el tratamiento de crisis asmática. Revista Médica de los Post Grados de Medicina UNAH. 2007;10:83-88.

Capítulo 12. Edema agudo pulmonar

Dr. Luis Emilio Reyes Mendoza

Generalidades

El edema agudo pulmonar (EAP) hace referencia a una variedad de insuficiencia respiratoria aguda con hipoxemia intensa y aumento del trabajo respiratorio, que surge de la acumulación de líquido en el intersticio pulmonar (edema intersticial), en los alveolos (edema alveolar), en los bronquiolos y bronquios, secundario a falla ventricular izquierda (edema cardiogénico) o a lesión endotelial (edema no cardiogénico). Aunque el EAP puede coexistir con el SDRA, el diagnóstico diferencial entre uno y otro, dependerá que el edema pulmonar que se presenta en el SDRA no esté completamente explicado por una insuficiencia cardíaca o por la sobrecarga de líquidos, sin embargo, si no existe ningún factor de riesgo de SDRA evidente, será necesario de otro estudio de gabinete para tener una evaluación objetiva (por ejemplo, ecocardiografía) para descartar la posibilidad de edema hidrostático. El edema agudo de pulmón es una complicación poco frecuente durante el embarazo, con una incidencia del 0.08%.

Las pacientes preeclámpticas tienen un incremento en el riesgo de desarrollar edema agudo de pulmón debido al daño endotelial subyacente y a la disminución de la presión osmótica, lo cual causa la salida de líquido al intersticio pulmonar o al espacio alveolar, combinado con la disfunción ventricular izquierda y el incremento de la resistencia vascular periférica. La edad materna, paridad e hipertensión crónica preexistente influyen en la aparición de esta complicación.

Debido a que la enfermedad cardíaca en las pacientes embarazadas generalmente es subdiagnosticada, se incrementa la probabilidad de casos de edema pulmonar agudo en embarazadas con alteraciones cardíacas principalmente por disfunción sistólica, hipertrofia ventricular izquierda o enfermedad valvular.

Clasificación

- Edema Agudo Pulmonar Cardiogénico (EAPC): se conoce también como de presión alta, hidrostático o trasudativo.

- Edema Agudo Pulmonar No Cardiogénico (EAPnC): también denominado de presión baja, de permeabilidad o exudativo.

Fisiopatología

EAPnC.

Las características fisiopatológicas del EAPnC guardan relación con alteraciones en el endotelio capilar pulmonar, que ocasionará desequilibrio en las fuerzas de Starling, esto último se refiere a la presión coloidosmótica del intersticio pulmonar y el espacio intravascular de los capilares pulmonares. El EAPnC se presenta en el embarazo cuando hay factores de riesgo favorables para daño endotelial asociados con disminución de la presión coloidosmótica como en el síndrome preeclampsia eclampsia, o también resultado de daño pulmonar, ocasionado por una hemotransfusión masiva como puede suceder en caso de una hemorragia obstétrica.

La presión coloidosmótica intravascular del capilar pulmonar es de 25.4 mmHg en mujeres no embarazadas, mientras que en caso de embarazo fisiológico es de aproximadamente 22.4 mmHg, y en las mujeres que cursan con estados hipertensivos en el embarazo desciende a 17.9 y hasta 13.7 mmHg. En el caso del síndrome preeclampsia-eclampsia, una vez establecido el daño endotelial con el consecuente incremento de la permeabilidad, se favorece el paso libre de las proteínas plasmáticas hacia el intersticio, principalmente en el área que corresponde a los capilares periféricos, pulmonares y la membrana glomerular, generando el edema de tejidos blandos, edema pulmonar y proteinuria. Todas estas alteraciones descritas, provocan una inversión con aumento de la presión osmótica en el intersticio, con la tendencia del líquido intravascular a fugarse hacia el tercer espacio. Habitualmente, la presión coloidosmótica del tejido intersticial pulmonar es de aproximadamente 16 ± 3 mmHg, lo que permite que exista un gradiente y exista tendencia del plasma fugado a regresar hacia el espacio intravascular. Otra parte del líquido intersticial excesivo es drenado por el sistema linfático, en condiciones normales este sistema retorna a la circulación el líquido extravasado. En un trabajo realizado por Briones y cols., se demostró que la paciente con preeclampsia presenta una disminución de la presión coloidosmótica, consecuencia de la proteinuria por la glomeruloendoteliosis, en este trabajo, a las pacientes también se les determinó el Índice de Briones (IB), el cual resulta de dividir la presión coloidosmótica entre la presión arterial (sus valores en condiciones normales son de 0.22 ± 0.2.). Este autor concluye que en las pacientes con preeclampsia grave y eclampsia los valores de la presión coloidosmótica calculada (PCOc) se mantienen generalmente por debajo de 15 mmHg, y el IB por debajo de 0.11 mmHg, y que estas alteraciones se asocian a una mayor frecuencia de morbilidad y mortalidad materno-fetal, dentro de las que se encuentra el EAPnC.

EAPC

Es la falla brusca y catastrófica de la función ventricular izquierda lo que condiciona edema pulmonar de origen cardíaco, que interfiere con el intercambio de O_2 a nivel pulmonar. Puede presentarse en pacientes con enfermedad cardíaca sintomática o ser manifestación de una cardiopatía no conocida, que debuta de esta forma. También se define como una alteración que produce aumento de la presión de la aurícula izquierda media mayor de 12 mmHg y de la presión capilar pulmonar media. Las características del líquido del EAPC nos muestra que la concentración de proteínas esta baja en relación a la concentración de proteínas plasmáticas (menor de 0.5). Generalmente hay integridad de la membrana alveolo-capilar. Se asocia a patología cardíaca como falla ventricular izquierda por valvulopatías, miocardiopatías, enfermedad coronaria o depresión miocárdica por fármacos, como los betabloqueadores o algunos fármacos tocolíticos.

El mecanismo patogénico del desarrollo de una falla cardíaca aguda y el edema pulmonar comparte algunas similitudes pero con un curso evolutivo diferente, el EAP progresa dentro de minutos a una condición peligrosa para la vida. Clásicamente, existen tres etapas en su desarrollo. En la Etapa 1 existe un reclutamiento y distensión de los pequeños vasos pulmonares como respuesta a la elevación de la presión de la aurícula izquierda. Este es un mecanismo de compensación que sirve para mejorar el intercambio gaseoso en los pulmones. La elevación de la presión de fin de diástole del ventrículo izquierdo y de la aurícula izquierda es de forma retrógrada, que se trasmite a través del lecho venoso pulmonar a los capilares pulmonares. Como consecuencia de la hipertensión capilar pulmonar sobreviene un incremento de la filtración del fluido transcapilar. La aparición del edema intersticial caracteriza la progresión a la Etapa 2. Inicialmente, el edema está restringido al espacio peribroncovascular y/o al intersticio perimicrovascular, sin embargo, una vez que la presión dentro de los capilares excede los 20 a 25 mmHg, el fluido del edema fuga a través del epitelio y comienza a invadir el espacio alveolar. Clínicamente, el fluido alveolar disminuye el intercambio gaseoso, conduciendo a hipoxia y disnea (Etapa 3). La hipercapnia usualmente ocurre después de la hipoxemia. Estos eventos generalmente ocurren generalmente en ausencia de cambios primarios en la permeabilidad de los capilares.

Diagnóstico

Es vital tomar en cuenta los antecedentes personales patológicos tales como: estados hipertensivos en embarazos previos o en el actual, diabetes mellitus pregestacional o gestacional, síndrome antifosfolípido, lupus eritematoso generalizado, cardiopatías, nefropatías o hepatopatías, desnutrición, paciente con hemorragia obstétrica manejada con grandes cantidades de líquidos, ya sean cristaloides o coloides, o con hemotransfusión masiva, pacientes con quemaduras extensas, mujeres con diagnóstico de amenaza de parto pretérmino y que hayan sido manejadas con $MgSO_4$, terbutalina, ritodrina, nifedipina, indometacina o nitroglicerina.

Signos y síntomas: disnea, ortopnea, disnea paroxística nocturna y disminución de la tolerancia al ejercicio, taquipnea, uso de los músculos respiratorios accesorios, taquicardia, distensión de las venas del cuello, hepatomegalia y edema periférico. La paciente afectada, muestra una piel pálida o cianótica, fría y diaforética. El deterioro en el intercambio gaseoso ocasionará hipoxemia y la taquipnea (mayor a 30 respiraciones por minuto) desencadenará hipocapnia. La entrada de aire en los alveolos ocupados por el líquido fugado, provoca la presencia de estertores crepitantes y sibilancias, incluso audibles a distancia. Las secreciones pueden presentarse con tinte hemático (asalmonadas), esto obedece a la ruptura de algunos vasos pulmonares, por el aumento de la presión y la consecuente presencia sanguínea en el liquido fugado. El sistema cardiovascular muestra una inestabilidad caracterizada por taquicardia y aumento de la presión arterial, incluso en pacientes sin diagnóstico de hipertensión. También podemos observar distensión de venas yugulares. En algunas pacientes puede aparecer un tercer ruido cardiaco. El sistema neurológico presenta inicialmente agitación por la hipoxemia, alteración psicomotriz y desorientación.

Estudios

La Rx de tórax revela la presencia de aire bilateral con prominencia en las bases de infiltrados perihiliares con distribución en "alas de mariposa", cuando los grados de hipertensión venocapilar pulmonar son menores, podrán observarse otros datos como son: la redistribución de flujo a los vértices, la cisura interlobar visible, las líneas B de Kerley o un moteado fino difuso. La presencia de cardiomegalia orientará hacia el diagnóstico de insuficiencia cardíaca, mientras que la ausencia de ella hablará de disfunción diastólica.

Gasometría arterial: Este estudio puede mostrar alteraciones en la dinámica de gases, pudiendo mostrarnos valores de PaO_2 menores de 60 mmHg, $PaCO_2$ menores de 35 mmHg, éste último valor también puede evolucionar a valores mayores de 50 mmHg, en aquellas pacientes en los que se ha retrasado el manejo y comienzan con retención de CO_2. La SaO_2 es menor de 88% con FiO_2 al 21%. La relación PaO_2/FiO_2 es menor de 300.

Ecocardiografía: Los hallazgos no son específicos, excepto cuando se encuentren alteraciones estructurales evidentes (valvulares, del tabique, de la movilidad de las paredes musculares, de los músculos papilares, defectos intra e intercavitarios, trombos, etc.).

Electrocardiograma: Un electrocardiograma de 12 derivaciones se debe realizar para detectar hipertrofia, isquemia, infartos, defectos de conducción o arritmias.

Péptido Natriurético Cerebral: Un marcador más reciente en el diagnóstico de falla cardíaca congestiva, ha sido la medición plasmática del Péptido Natriurético Cerebral (PNC) en pacientes que presentan disnea aguda. El PNC fue inicialmente identificado en el cerebro, pero también es sintetizado por los ventrículos cardiacos en respuesta al estrés de la pared. Así como Péptido Natriurético Auricular el cual es liberado por las células auriculares. El PNC tiene efectos diuréticos, natriuréticos e hipotensores. Ambas hormonas inhiben al sistema renina-angiotensina, la secreción de endotelina y la actividad simpática sistémica y renal. El nivel del PNC es más útil si el valor está por debajo de 100 pg/mL, un nivel en el cual es poco probable la insuficiencia cardíaca congestiva. Concentraciones más altas de 500 pg/mL se asocian con falla cardíaca. El PNC no puede ser usado para distinguir entre falla cardíaca sistólica o diastólica. Durante el embarazo los valores medios del PNC son menores de 20 pg/mL y no presenta cambios significativos entre los diferentes trimestres. En la preeclampsia severa, este valor medio del PNC presenta una elevación cercana a los 100 pg/mL, posiblemente reflejando el incremento del estrés de la pared ventricular durante la hipertensión. Desafortunadamente el papel que el PNC juega en la falla cardíaca en el embarazo, no ha sido adecuadamente estudiado.

Tratamiento

El manejo básico incluye establecer la causa y revertir los efectos de la hipoxemia. El tratamiento dependerá de si la causa del acúmulo excesivo de aguda extravascular pulmonar es debido a un incremento en la presión hidrostática, o como consecuencia de un aumento en la permeabilidad capilar. Las medidas que deben realizarse incluyen:

Indicar de inmediato posición semifowler y aporte de O_2 para mantener SaO_2 superior al 95%. Iniciar O_2 suplementario mediante mascarilla facial a concentración de 50 a 100%. En pacientes estables, conscientes y cooperadoras está indicado el empleo NIV con presión positiva. Se recomienda iniciar con 5 cmH_2O, pudiendo llegar hasta 12 cmH_2O, de acuerdo a la respuesta obtenida y tolerancia de la paciente. En caso de imposibilidad para mantener una oxigenación adecuada con PaO_2 <60 mmHg y una PCO_2 >50 mmHg y un pH <7.20, debe iniciarse AVM, con un FiO_2 al 100%.

Restringir líquidos. Control adecuado de volumen intravascular, vigilando el equilibrio estricto entre la administración y el gasto de líquidos. Para estimular la diuresis se puede iniciar con furosemida en dosis de 1 a 2 mg/kg de peso, que debe ser administrada en 2 a 3 min IV y se puede repetir a los 30–60 min. Otra opción es iniciar un bolo de 40 mg IV y dosis posteriores cada 6 h o infusión de 200 mg en 24 h.

El sulfato de morfina (3 a 5 mg que puede repetirse en intervalos de 10 a 15 min, con una dosis máxima de 15 mg) disminuye la ansiedad, reduce la constricción arteriolar/venosa de origen simpático, disminuye las concentraciones de catecolaminas e incrementa la capacitancia venosa. Sus efectos disminuyen la precarga, la poscarga y el trabajo cardíaco mientras aumenta el GC. En las preeclámpticas, el tratamiento con antihipertensivos reduce la poscarga. La nitroglicerina, cuyo principal efecto es vasodilatador venular, puede ser utilizada con seguridad en pacientes en unidad de cuidados intensivos, ya que es inocua para el feto.

Mantener monitoreo electrónico continuo en un aérea adecuada. La disminución de la capacidad funcional residual es consecuencia del menor volumen espiratorio de reserva y el volumen residual. Esto es aún más pronunciado si la paciente adopta la posición supina, debido al efecto que ejerce la reducción de la angulación costal, la atenuación del tono muscular abdominal, los movimientos diafragmáticos (más restringidos en embarazos del tercer trimestre) y los incrementos de la capacidad inspiratoria.

Puede ser necesario el uso de inotrópicos, sobre todo cuando se trata de EAPC. Puede emplear dobutamina y dopamina en pacientes con una PAS <90 mmHg. La digoxina puede estar indicada en caso de fibrilación auricular. La milrinona aumenta la contractilidad miocárdica y reduce las RVS. Si la PAD es mayor o igual a 100 mmHg considere la administración de nitroglicerina SL, ésta se puede repetir hasta 3 o 4 dosis cada 5 min.

Consideraciones fetales

En los cuadros más agudos y cuando la paciente presenta hipoxemia severa con signos y síntomas de insuficiencia respiratoria aguda. El gradiente de transporte y disponibilidad de O_2 hacia el feto también es desfavorable, presentándose signos iniciales de hipoxemia y acidosis metabólica fetales. Consecuentemente, las primeras manifestaciones de sufrimiento fetal agudo se detectan a pesar de que el organismo fetal tiene mecanismos "protectores" suficientes, como el tipo de hemoglobina fetal, con su gran afinidad al O_2 y capacidad para soportar grandes cambios en los niveles de saturación de este elemento. Ante esta situación se recomienda favorecer un buen transporte de O_2 al feto, optimizando por todos los medios posibles un buen contenido arterial de O_2 materno.

En la paciente embarazada con feto viable debe documentarse directamente los datos de sufrimiento fetal agudo, ya sea por la auscultación del corazón fetal mediante Doppler, con taquicardia inicial o bradicardia en etapa tardía, y la irregularidad en la frecuencia de los latidos fetales producida por las contracciones, que indican la posible existencia de hipoxia, hipercapnia y acidosis fetal. La presencia de meconio en el líquido amniótico es un signo de alarma que adquiere valor cuando se asocia con caídas o «Dips» de la frecuencia cardíaca, que se presentan por episodios de hipoxia, que estimula el sistema parasimpático y esto produce un aumento del peristaltismo de la musculatura lisa del feto y relajación del esfínter anal, el color del «meconio» varía según la intensidad de la hipoxia, cuanto más espeso, significa que procede de las porciones más altas del intestino fetal y, por tanto, el grado de hipoxia fetal es más grave. En estos casos debe considerarse la interrupción del embarazo. De ser posible y en casos necesarios, iniciar esquema de maduración pulmonar y si la condición fetal o materna lo permite, esperar el efecto farmacológico del mismo y la posterior interrupción cuando sea una prioridad.

Bibliografía

1. Oyarzabal A, Elvira A, Barinagarrementeria L, et al. Edema agudo de pulmón en el embarazo. Progresos de Obstetricia y Ginecología. 2004;47:527–32.
2. Torres D, Santos J, Colmenares M, et al. Edema agudo de pulmón secundario a preeclampsia severa. Clin Invest Gin Obst. 2011;38:70-72.
3. Foley MR, Strong TH, Garite TJ. Obstetric Intensive Care Manual. McGraw- Hill Companies, 2011;145-64.
4. Hernández Pacheco JA, Estrada Altamirano A. Medicina Crítica y Terapia Intensiva en Obstetricia. Intersistemas, 2007;369-71.
5. Dada LA, Sznajder JI. Mechanisms of pulmonary edema clearance during acute hipoxemic respiratory failure: role of the Na, K-ATPase. Crit Care Med, 2003;248-52.
6. Matthay MA, Folkesson HG, Clerici C. Lung epithelial fluid transport and the resolution of pulmonary edema. Physiol Rev. 2002;82:569-600.
7. Alfaro Rodríguez HJ, Cejudo Carranza E, Fiorelli Rodríguez S. Complicaciones Médicas en el Embarazo. McGraw-Hill 2004;297-302.
8. Arancibia Hernández F. Nueva definición de Berlín de síndrome de distrés respiratorio agudo. Rev Chil de Med Int. 2012;27:35-40.
9. Fortuna Custodio JA, Rivera Marchena JR, Roldán García AM, et al. Protocolo de Atención del Paciente Grave. Editorial Panamericana 2008;153-7.
10. Soubra SH, Guntupalli KK. Critical illness in pregnancy: An overview Crit Care Med. 2005;33(10 Suppl):S248-55.
11. Rimoldi SF, Yuzefpolskaya M, Allemann Y, et al. Flash Pulmonary Edema. Prog Cardiovasc Dis. 2009;52:249-59.
12. Ware LB, Matthay MA. Clinical practice. Acute pulmonary edema. N Engl J Med. 2005;353:2788-96.
13. Briones-Garduño JC, Díaz de León-Ponce M, Gómez Bravo-Topete E, et al. Medición de la fuga capilar en la preeclampsia-eclampsia. Cir Ciruj 2000;68:194-7.

14. Rodríguez Díaz P, Navarro López JJ, González Rodríguez C, et al. Guía de práctica clínica para el edema agudo del pulmón. Revista Electrónica de las Ciencias Médicas en Cienfuegos. Medisur, 2009; 7(1) Supl.
15. Belfort MA, Saade G, Foley MR, et al. Critical Care Obstetrics. 5th edition. Blackwell Publishing Ltd, 2010;348-57.

Capítulo 13. Arritmias cardíacas

Dr. Hugo Mendieta Zerón

Generalidades

Las arritmias se clasifican generalmente en dos grupos, bradiarritmias y taquiarritmias.

Bradiarritmias

Enfermedad del nodo sinusal: es la capacidad disminuida del nodo sinusal o la conducción deficiente a partir del mismo hacia las aurículas. Debido a que su aparición es de dominio en la edad adulta, es poco frecuente en el embarazo. Se puede presentar como bradicardia sinusal, paro sinusal, boqueo sinoauricular o síndrome de bradicardia-taquicardia.

Ritmo de escape nodal y ventricular: es la descarga pasiva del nodo auriculoventricular o del ventrículo que se pueden presentar como consecuencia de las siguientes alteraciones: bradicardia sinusal, bloqueo sinoauricular, bloqueo aurículoventricular, pausa postextrasistólica y pausa postaquicardia. Mientras que en el escape nodal, la duración y forma del QRS es normal y casi normal, con frecuencia entre 40 y 60 latidos por minuto, en el escape ventricular, el QRS es ancho, con frecuencia menores a 40 latidos por minuto. Este tipo de arritmia es poco usual en embarazadas y generalmente se documenta en pacientes que ya han tenido daño cardíaco o como la serie de alteraciones que se presentan en mujeres en estado crítico que van evolucionando hacia la fatalidad.

Ritmo idioventricular: el automatismo se inicia en las partes distales del Haz de His, manifestándose electrocardiográficamente por complejos QRS anchos, con frecuencia entre 20 y 40.

Bloqueo aurículoventricular (AV): es una anomalía de la conducción del impulso cardíaco, temporal o permanente, debido a una alteración anatómica o funcional del nodo AV.

Bloqueo AV de primer grado: todos los impulsos supraventriculares son conducidos a los ventrículos con la particularidad de que el intervalo PR es mayor de 0.21 segundos.

Bloqueo AV de segundo grado: se presenta cuando algunos impulsos supraventriculares no atraviesan el nodo auriculoventricular y por ende no activan los ventrículos. Hay dos tipos:

Mobitz I: en el EKG se registra una prolongación progresiva del intervalo PR previa a la presencia de una onda P bloqueada. También se registra un acortamiento progresivo del intervalo RR.

Mobitz II: se registran onda P no seguidas por complejos QRS y sin alargamiento previo del PR.

Bloqueo AV de tercer grado: las ondas P no van seguidas del complejo QRS. La frecuencia ventricular suele ser de 40 latidos por minuto o menos.

Taquiarritmias

Taquicardia supraventricular: se originan en las aurículas o utilizan a estas o al nodo AV como un componente del circuito de la taquicardia.

Taquicardia auricular: sus presentaciones son taquicardia sinusal fisiológica, taquicardia por reentrada sinoauricular, taquicardia auricular ectópica, taquicardia auricular multifocal.

Taquicardia sinusal fisiológica: frecuencia mayor a 100 latidos por minuto, asociándose a un estímulo fisiológico. La onda P es idéntica a la del ritmo basal y el intervalo PR no muestra variaciones significativas. Es la arritmia más frecuente en embarazo.

Taquicardia por reentrada sinoauricular: el diagnóstico sólo se confirma a través de un estudio electrofisiológico. La frecuencia puede llegar a 150 latidos por minuto.

Taquicardia auricular ectópica: puede ser debido a incremento del automatismo o a la presencia de un foco ectópico, con una frecuencia cardíaca entre 100 y 240 latidos por minuto. Sólo significa un 10% de las taquicardias supraventriculares. La onda P durante la taquicardia es diferente de la del trazo en ritmo basal y el PR puede variar en relación al basal.

Taquicardia auricular multifocal: se documentan al menos tres morfologías diferentes de onda P y una respuesta ventricular irregular con un intervalo PR variable.

Taquicardia nodal: se debe a un aumento del automatismo a nivel del nodo auriculoventricular, aunque lo usual es registrar una frecuencia entre 140 y 250 latidos por minuto, puede ser menor.

Fibrilación auricular: se presentan despolarizaciones auriculares desorganizadas sin contracciones auriculares efectivas, con frecuencia auricular entre 350 y 600 por minuto. La frecuencia ventricular es irregular, con intervalos RR, en consecuencia, también irregulares. Es importante hacer una pausa en esta arritmia, por su alta asociación con enfermedad cardíaca orgánica (valvulopatía mitral, cardiopatía hipertensiva, tirotoxicosis, tromboembolia pulmonar o pericarditis), usual en embarazadas que requieren atención de terapia intensiva.

Flúter auricular: Se presenta por un mecanismo de reentrada. Cuando el movimiento de reentrada es en dirección caudocefálico se conoce como flúter tipo I y se caracteriza por frecuencias auriculares entre 250 y 350 por minuto; cuando el movimiento de reentrada es cefalocaudal, se le conoce como tipo II y tiene frecuencias auriculares entre 350 y 450 por minuto.

Taquicardia supraventricular paroxística: en este rubro tienen cabida la taquicardia auricular, la fibrilación y el flúter auriculares, la taquicardia por reentrada nodal aurículoventricular y la taquicardia reciprocante aurículoventricular. Las maniobras vagales, en especial el masaje del seno carotídeo pueden suprimir la taquicardia y ayudar en el diagnóstico diferencial.

Síndrome de Wolff-Parkinson-White: el miocardio auricular y ventricular participa con la formación de un circuito de reentrada aurículoventricular. Un estímulo viaja a través del nodo auriculo-ventricular y regresa por un haz anómalo (reentrada ortodrómica), o al revés (reentrada antidrómica). La frecuencia oscila entre 160 y 220 por minuto. El tratamiento incluye maniobras vagales, medicamentos con efecto sobre el nodo AV y el haz de Kent (propafenona, flecainida), o con efecto exclusivo sobre el nodo AV (adenosina, verapamil, diltiacem, digoxina) en casos de taquicardia ortodrómica.

Extrasístoles

Son complejos de despolarización que pueden tener diferente origen.

Extrasístole auricular: en el EKG se evidencia una P adelantada, de morfología diferente a la P sinusal, con polaridad dependiente del sitio del foco ectópico e intervalo PR que puede ser diferente al sinusal. Si la onda P extrasistólica encuentra al nodo AV en periodo refractario, no habrá conducción a los ventrículos y por ende no habrá complejo QRS.

Extrasístole nodal: se genera en la unión AV y usualmente no hay onda P, cuando se presenta ésta, sigue al complejo QRS, el cual es estrecho y se produce una pausa compensadora incompleta.

Extrasístole ventricular: son complejos QRS adelantados, que se originan debajo de la bifurcación del Haz de His, casi siempre en los ventrículos, con morfología diferente a la del ritmo de base. Producen una pausa compensadora (intervalo RR) completa.
Parasistolia: es ocasionada por un foco de despolarización ventricular ectópico que estimula de forma consecutiva a los ventrículos, pero de manera independiente al ritmo de base.

Taquicardia ventricular

Las características generales de estas extrasístoles son: QRS mayor de 0.14, disociación ventrículoauricular, concordancia del QRS de V1 a V6, fenómenos de fusión o captura. Abarca a la taquicardia ventricular monomórfica sostenida (TVMS), taquicardia ventricular monomórfica no sostenida (TVMnS) y taquicardias ventriculares polimórficas.
TVMS: se identifica por la presencia de despolarizaciones ventriculares consecutivas, con la misma morfología del QRS, por arriba de 100 latidos por minuto y duración mayor a 30 segundos.
TVMnS: se identifica por la presencia de tres o más despolarizaciones ventriculares consecutivas con la misma morfología del QRS, y duración menor a 30 segundos.
Taquicardias ventriculares polimórficas: la importancia de esta taquicardia reside en que se pueden presentar en relación a canalopatías (alteraciones genéticas que ocasionan disfunción de los canales iónicos de Na, K, Ca), siendo ejemplo de estas patologías las siguientes: a) síndrome de QT largo congénito, b) síndrome de Brugada, c) síndrome de QT corto, d) taquicardia ventricular polimórfica catecolaminérgica.

Fibrilación ventricular

Es una arritmia ventricular multiforme, sin complejos QRS bien definidos, se observan más bien, ondas oscilatorias con grados variables de amplitud y duración, ocasionando una actividad mecánica ventricular ineficaz.

Bibliografía

1. Oyarzabal A, Elvira A, Barinagarrementeria L, et al. Edema agudo de pulmón en el embarazo. Progresos de Obstetricia y Ginecología. 2004;47:527–32.

Capítulo 14. Cardiopatías congénitas

Dr. Hugo Mendieta Zerón

Generalidades

Las cardiopatías congénitas constituyen patologías comunes en nuestro medio y en muchas ocasiones se diagnostican como hallazgo en las unidades de cuidados intensivos.

Si tenemos en cuenta la incidencia general de cardiopatías congénitas de 7.4 x 1,000 nacidos vivos en Toluca, esto significa que, un alto porcentaje de mujeres podrán llegar a edad fértil con una cardiopatía congénita, incluso sin saber que la tienen. Si bien las cardiopatías más frecuentes en nuestro medio son la persistencia de conducto arterioso y la comunicación interarticular, que pudieran tener un pronóstico no tan sombrío, existen otras que pondrán en peligro la vida de la madre.

La paciente con mayor estadía en nuestra unidad ha sido una mujer adolescente con cardiopatía que tenía como última alternativa para una mayor sobrevida la realización de un trasplante cardíaco, procedimiento que es muy poco factible en México.

Diagnóstico

Historia clínica

Muchos trastornos pueden ser identificados mediante la historia clínica, con énfasis en antecedentes familiares, especialmente las miocardiopatías, el síndrome de Marfan, enfermedad cardíaca congénita, la muerte súbita juvenil, síndrome de QT largo, taquicardia ventricular catecolaminérgica, síndrome de Brugada. Es importante preguntar específicamente acerca de posibles muertes súbitas en la familia. La evaluación de disnea es importante para el diagnóstico y el pronóstico de lesiones valvulares y para la insuficiencia cardíaca.

Exploración física

Se debe prestar atención a la auscultación y se buscan signos de insuficiencia cardíaca. Es recomendable tomar la presión arterial en decúbito lateral izquierdo.

Electrocardiografía

Podemos encontrar como variación normal, desviación del eje a la izquierda. De manera transitoria se pueden encontrar inversión de la onda T en DIII, onda Q atenuada en aVF y ondas T invertidas en V1, V2 y V3. También encontramos aumento del voltaje de la onda P.

La radiografía de tórax

Este estudio sigue siendo muy útil para evaluar a las pacientes en el servicio de UCIO. Aporta datos de crecimiento de cavidades, y de complicaciones del manejo de líquidos (edema agudo pulmonar, derrames, etc.).

Estudio Holter

Cuando sea posible se debe realizar en pacientes con arritmia conocida o debutante persistente, con riesgo de repercusión hemodinámica (fibrilación ventricular, FA o flúter auricular).

Ecocardiografía

Este estudio se ha convertido en una herramienta importante durante el embarazo y es el método preferido de detección para evaluar la función cardiaca. La ecocardiografía transesofágica, aunque rara vez se requiere, es relativamente seguro durante el embarazo.

Las pruebas de esfuerzo

En países desarrollados, se incluye a esta prueba dentro de los protocolos de evaluación de las pacientes con cardiopatías congénitas, prefiriéndose el test de la banda sin fin o bicicleta, mientras que, el test de dobutamina queda proscrito.

Tomografía computarizada

Este estudio de imagen generalmente solamente se indica para casos de embolia pulmonar.

Resonancia magnética

Este estudio puede ser útil en el diagnóstico de cardiopatía compleja o patología de la aorta. Sólo debería realizarse si otras alternativas de diagnóstico, incluyendo ecocardiografía transtorácica o transesofágica no son suficientes.

Cateterismo cardíaco

Puede considerarse si se planea una ablación, aunque sólo en casos bien seleccionados por la radiación alta que se maneja.

Evaluación de riesgo

Idealmente se debe evaluar el estado funcional antes del embarazo, incluyendo eventos cardíacos previos, incluso las guías europeas recomiendan medir los niveles de péptido natriurético tipo B (BNP)/fracción N-terminal del pro-péptido natriurético tipo B (NT-pro-BNP). Se ha demostrado que una prueba de ejercicio antes del embarazo con 70% de carga de trabajo prevista, que muestre una caída en la presión arterial o una caída de la saturación de O_2, puede identificar a las mujeres en riesgo de desarrollar síntomas o complicaciones durante el embarazo.

Las pacientes en clase funcional III/IV de la *New York Heart Association* (NYHA) o con severa disminución de la función del ventrículo sistémico, se encuentran en alto riesgo durante el embarazo.

En general, se recomienda usar la clasificación de la OMS de riesgo materno de acuerdo a la situación cardiovascular específica (Cuadro 14.1).

En general, la enfermedad cardíaca tiende a empeorar con el tiempo, por lo que las mujeres con cualquier tipo de cardiopatía que deseen tener niños deberían hacerlo lo antes posible. La mayoría de las pacientes con cardiopatía no tienen problemas para llevar a término un embarazo. Las excepciones a esta regla son las pacientes en grado funcional III-IV con severo compromiso de la función cardíaca, la hipertensión pulmonar de cualquier origen, las cardiopatías congénitas con cianosis y grado funcional III/IV, el síndrome de Marfan, las lesiones obstructivas izquierdas severas sintomáticas o asintomáticas con datos de disfunción sistólica, las portadoras de válvulas cardíacas artificiales y las mujeres con antecedentes de miocardiopatía asociada al embarazo, en las cuales debe desaconsejarse el embarazo o, en caso de producirse, puede recomendarse su interrupción, asumiendo los problemas éticos que se generan a la embarazada y al médico.

Cuadro 14.1. Riego cardiovascular materno de la OMS

Condiciones en las que el riesgo de embarazo es OMS I • Sin complicaciones, lesión leve o moderada - Estenosis pulmonar - Conducto arterioso persistente - Prolapso de la válvula mitral • Lesiones simples reparadas con éxito (defecto septal auricular o ventricular, conducto arterioso persistente, drenaje venoso pulmonar anómalo). • latidos ectópicos auriculares o ventriculares, aislados Condiciones en las que el riesgo de embarazo es OMS II o III OMS II (clínicamente estable, sin complicaciones) • Defecto septal auricular o ventricular no operado • Tetralogía de Fallot intervenida • La mayoría de las arritmias OMS II- III (dependiendo de la paciente) • Insuficiencia ventricular izquierda leve • Miocardiopatía hipertrófica • Síndrome de Marfan sin dilatación de la aorta • Aorta <45 mm en la enfermedad aórtica asociada con válvula aórtica bicúspide • Coartación reparada OMS III • Válvula mecánica • Ventrículo derecho sistémico • Circulación de Fontan • Cardiopatía cianógena (no reparada) • Otras cardiopatías congénitas complejas • Dilatación aórtica 40-45 mm en el síndrome de Marfan • Dilatación aórtica 45-50 mm en la enfermedad aórtica asociada con válvula aórtica bicúspide Condiciones en las que el riesgo de embarazo es OMS IV (embarazo contraindicado) • Hipertensión arterial pulmonar de cualquier causa • Disfunción ventricular sistémica severa (FEVI < 30%, NYHA III- IV) • Miocardiopatía periparto anterior con cualquier deterioro residual de la función ventricular izquierda • Estenosis mitral severa, estenosis aórtica severa sintomática • Síndrome de Marfan con aorta dilatada > 45 mm • Dilatación aórtica > 50 mm en la enfermedad aórtica asociada con válvula aórtica bicúspide • Coartación severa nativa

Bibliografía

1. Mendieta-Alcántara GG, Santiago-Alcántara E, Mendieta-Zerón H, et al. [Incidence of congenital heart disease and factors associated with mortality in children born in two Hospitals in the State of Mexico]. Gac Med Mex. 2013;149:617-23.
2. European Society of Gynecology (ESG); Association for European Paediatric Cardiology (AEPC); German Society for Gender Medicine (DGesGM), Regitz-Zagrosek V, Blomstrom Lundqvist C, Borghi C, Cifkova R, Ferreira R, Foidart JM, Gibbs JS, Gohlke-Baerwolf C, Gorenek B, Iung B, Kirby M, Maas AH, Morais J, Nihoyannopoulos P, Pieper PG, Presbitero P, Roos-Hesselink JW, Schaufelberger M, Seeland U, Torracca L; ESC Committee for Practice Guidelines. ESC Guidelines on the management of cardiovascular diseases during pregnancy: thc Task Force on the Management of Cardiovascular Diseases during Pregnancy of the European Society of Cardiology (ESC). Eur Heart J. 2011;32:3147-97.
3. González Maqueda I, Armada Romero E, Díaz Recasens J, et al. Guías de práctica clínica de la Sociedad Española de Cardiología en la gestante con cardiopatía. Rev Esp Cardiol 2000;53:1474-95.

Capítulo 15. Hipertensión arterial pulmonar

Dr. Luis Emilio Reyes Mendoza

Generalidades

La hipertensión pulmonar es un estado hemodinámico y fisiopatológico heterogéneo que puede observarse en múltiples situaciones clínicas. A pesar de que las elevaciones de la presión pulmonar pueden ser similares en los diferentes grupos clínicos, los mecanismos subyacentes, los enfoques diagnósticos y las repercusiones pronósticas y terapéuticas son completamente diferentes.

La hipertensión pulmonar abarca un grupo de enfermedades con diferentes fisiopatologías que incluyen hipertensión arterial pulmonar (HAP), hipertensión pulmonar relacionada con enfermedad del corazón izquierdo, hipertensión pulmonar relacionada con enfermedad y/o hipoxia pulmonar, trombosis embólica crónica, e hipertensión pulmonar con mecanismos poco claros o multifactoriales. La HAP incluye el tipo idiopático y las formas hereditarias de la enfermedad, así como la asociada a enfermedad cardíaca congénita, con o sin necesidad de cirugía correctiva anterior.

La HAP se define como la presencia de una presión media en la arteria pulmonar (PAPm) > 25 mmHg en reposo o > 30 mmHg durante el ejercicio (ligera < 30 mmHg, moderada 30-45 mmHg y severa > 45 mmHg). La HAP como entidad está formada por el conjunto de enfermedades caracterizadas por el aumento progresivo de la resistencia vascular pulmonar (RVP) que conduce al fallo ventricular derecho. En todas ellas hay presentes cambios patológicos equivalentes que obstruyen la microcirculación pulmonar, lo que sugiere que las enfermedades que cursan con HAP comparten procesos biopatológicos comunes.

En pacientes portadoras de hipertensión pulmonar con formas avanzadas de la enfermedad, la mortalidad materna durante el embarazo oscila entre el 30 y el 50%. En casos de HAP los riesgos de mortalidad se elevan a 33% en pacientes con HAP severa y síndrome de Eisenmenger. Generalmente, la muerte materna se produce en el último trimestre del embarazo y en los primeros meses después del parto debido a crisis hipertensiva pulmonar, trombosis pulmonar, o insuficiencia cardíaca refractaria derecha. Esto ocurre incluso en pacientes con poca o ninguna incapacidad antes o durante el embarazo. Los factores de riesgo de muerte materna son: hospitalización tardía, gravedad de la hipertensión pulmonar, y la anestesia general. El riesgo aumenta conforme mayor es la hipertensión. Incluso las formas moderadas de enfermedad vascular pulmonar pueden empeorar durante el embarazo como resultado de la disminución de la RVS y la sobrecarga del ventrículo derecho. El riesgo también es alto para las pacientes con cardiopatías congénitas en quienes se ha practicado una derivación exitosa.

Fisiopatología

La HAP incluye diversos trastornos aparentemente heterogéneos (Cuadro 15.1) que tienen cuadros clínicos y hemodinámicos comparables y unas alteraciones anatomopatológicas de la microcirculación pulmonar prácticamente idénticas.

Las lesiones anatomopatológicas afectan especialmente a las arterias pulmonares distales (< 500 μm). Se caracterizan por hipertrofia de la media, alteraciones proliferativas y fibrosas de la íntima (concéntricas, excéntricas), engrosamiento de la adventicia con infiltrados inflamatorios perivasculares moderados, lesiones complejas (lesiones plexiformes, dilatadas) y lesiones trombóticas. Clásicamente, las venas pulmonares no se ven afectadas. Otras alteraciones anatomopatológicas consisten en una dilatación de las arterias pulmonares elásticas proximales y de las arterias bronquiales. El aumento de la RVP está relacionado con diferentes mecanismos, entre los que se encuentran la vasoconstricción, el remodelado proliferativo y obstrucción de la pared vascular pulmonar, la inflamación y la trombosis. El aumento de la RVP conduce a una sobrecarga del ventrículo derecho, con hipertrofia y dilatación, y finalmente a una insuficiencia del mismo y la muerte de la paciente.

La importancia de la progresión de la insuficiencia del ventrículo derecho en cuanto a la evolución final de las pacientes con HAP idiopática se ha confirmado por el valor pronóstico de la presión auricular derecha, el IC y la presión de la artería pulmonar (PAP), que son los tres parámetros principales de la función de bombeo del ventrículo derecho.

Cuadro 15.1. Clasificación clínica actualizada de la hipertensión pulmonar

1. HAP

1.1. HAP idiopática

1.2. Heredable

1.2.1. BMPR2

1.2.2. ALK1, endoglina (con o sin telangiectasia hemorrágica hereditaria)

1.2.3. Desconocido

1.3. Fármacos y toxinas inducidas

1.4. HAPA con:

1.4.1. Enfermedades del tejido conectivo

1.4.2. Infección por el VIH

1.4.3. Hipertensión portal

1.4.4. Cardiopatía congénita

1.4.5. Esquistosomiasis

1.4.6. Anemia hemolítica crónica

1.5. HP persistente del recién nacido

1. Enfermedad venooclusiva pulmonar o hemangiomatosis capilar pulmonar

2. Hipertensión arterial debida a cardiopatía izquierda

2.1. Disfunción sistólica

2.2. Disfunción diastólica

2.3. Enfermedad valvular

3. HP debida a enfermedades pulmonares o hipoxia

3.1. Enfermedad pulmonar obstructiva crónica

3.2. Neumopatía intersticial

3.3. Otras enfermedades pulmonares con patrón mixto restrictivo y obstructivo

3.4. Respiración alterada en el sueño

3.5. Trastornos de hipoventilación alveolar

3.6. Exposición crónica a gran altitud

3.7. Anomalías del desarrollo

4. HP tromboembólica crónica

5. HP con mecanismos poco claros o multifactoriales

5.1. Trastornos hemáticos: trastornos mieloproliferativos, esplenectomía

5.2. Trastornos sistémicos, sarcoidosis, histiocitosis de células de Langerhans pulmonar, linfangioleiomiomatosis, neurofibromatosis, vasculitis

5.3. Trastornos metabólicos: enfermedad de almacenamiento de glucógeno, enfermedad de Gaucher, trastornos tiroideos

5.4. Otros: obstrucción tumoral, mediastinitis fibrosante, insuficiencia renal crónica en diálisis

ALK-1: gen de cinasa de tipo de receptor de activina 1; BMPR2: receptor de proteína morfogenética ósea tipo 2; HAP: hipertensión arterial pulmonar; HAPA: hipertensión arterial pulmonar asociada; HP: hipertensión pulmonar; VIH: virus de la inmunodeficiencia humana.

La depresión de la contractilidad miocárdica parece ser uno de los procesos principales en la progresión de la insuficiencia cardiaca en el ventrículo derecho con sobrecarga crónica. El desacoplamiento de poscarga es el principal factor determinante de la insuficiencia cardiaca en las pacientes con HAP, ya que su eliminación, como ocurre tras una endarterectomía pulmonar o un trasplante de pulmón practicados con éxito, conduce casi invariablemente a una recuperación sostenida de la función del ventrículo derecho. Las alteraciones hemodinámicas y el pronóstico de las pacientes con HAP están relacionados con las complejas interacciones fisiopatológicas existentes entre la rapidez de progresión (o regresión) de las alteraciones obstructivas de la microcirculación pulmonar y la respuesta del ventrículo derecho con sobrecarga, que puede estar influida también por factores genéticos.

Por otro lado, en las cardiopatías congénitas que producen hipertensión pulmonar y que pueden ser simples o complejas, el establecimiento de la enfermedad obstructiva del vaso pulmonar depende del tamaño y la localización del cortocircuito, así como del grado de sobrecarga de volumen y presión que produce. En los defectos pretricuspídeos, la incidencia de hipertensión pulmonar es menor que en los postricuspídeos, ya que sólo se produce sobrecarga de volumen frente a la sobrecarga de presión y volumen de los últimos. La importancia del tamaño en el shunt tiene dos componentes: la dimensión del defecto y el comportamiento hemodinámico (gradiente de presión a través del shunt). Así un shunt se considera pequeño si tiene dimensiones reducidas y es restrictivo. La dirección de este shunt nos da una información fundamental. Por ejemplo, en el síndrome de Eisenmenger la dirección es derecha a izquierda o bidireccional, en las otras formas de hipertensión pulmonar asociada a cardiopatía congénita el shunt es izquierda-derecha. Cuando se presentan lesiones asociadas hay alteraciones extracardiacas que influyen en la aparición, la precocidad y la severidad de la hipertensión pulmonar; una de las más relevantes es el síndrome de Down.

Manifestaciones clínicas

Las características clínicas y la historia natural de la HAP típicamente incluye los síntomas de: disnea (60%), fatiga (19%), síncope (8%), dolor torácico (7%), palpitaciones (5%) y edema de extremidades (3%). El curso clínico varía considerablemente pero en individuos sin tratamiento, gradualmente se deteriora su condición con una sobrevida de 2.8 años después del diagnóstico. La capacidad funcional clínica se correlaciona estrechamente con la sobrevida.

La disnea es causada por una disminución del débito cardíaco y una alteración de la relación ventilación/perfusión pulmonar. El síncope se produce por un débito cardiaco fijo asociado a la imposibilidad del corazón de responder a la demanda con un aumento en el débito. La angina es común y probablemente resulta por la isquemia del ventrículo derecho secundaria al aumento de la postcarga del mismo ventrículo. Ocasionalmente puede desarrollarse disfonía por la presión generada por una arteria pulmonar aumentada de tamaño que altera al nervio laríngeo recurrente, lo que se conoce como el síndrome de Ortner.

Los factores pronósticos de hipertensión pulmonar incluyen síntomas caracterizados por la capacidad funcional, tolerancia al ejercicio y factores hemodinámicos. En las pacientes con capacidad funcional I y II la sobrevida media es de seis años, comparado con 2.5 años para capacidad funcional III y 6 meses para aquellos con capacidad funcional IV. La tolerancia al ejercicio habitualmente se evalúa con la prueba de distancia caminada en seis minutos (6MW) donde un valor menor a 150 m se asocia a un muy mal pronóstico. También se ha utilizado el test de esfuerzo cardiovascular con VO_2 máximo donde un valor mayor a 10.4 ml/kg/min (equivalente a 3 METS) y con una PAS mayor a 120 mmHg, son factores pronósticos favorables. Factores de mal pronóstico incluyen: rápida progresión de síntomas, distancia en 6MW menor a 300 m, ecocardiografía con signos de derrame pericárdico, hipertrofia ventricular derecha significativa o disfunción e hipertrofia auricular derecha. En la RMN, evidencias de disfunción ventricular derecha con volumen de eyección menor o igual a 25 ml/m^2, evidencia de dilatación ventricular derecha progresiva medida por volumen de fin de diástole del ventrículo derecho mayor o igual a 84 ml/m^2 y compromiso del diástole ventricular izquierdo dado por un volumen del fin de diástole del ventrículo izquierdo menor a 40 ml/m^2. Como parámetros hemodinámicos son factores pronósticos una presión de aurícula derecha mayor de 20 mmHg e IC menor a 2 L/min/m^2. Finalmente, un PNC significativamente elevado o padecer algún trastorno del espectro de enfermedades de la esclerodermia, son índices de mal pronóstico. El pronóstico de la enfermedad es reservado, con una mortalidad que va desde 5% a más de 30% el primer año, dependiendo de la población que se estudie y de los factores de riesgo que presenten.

Diagnóstico

Se sospecha ante la presencia de disnea en ausencia de signos claros de enfermedad cardíaca o pulmonar, o ésta, si es conocida, no justifique la disnea progresiva. Otros síntomas son cansancio, debilidad, angina por isquemia ventricular derecha, síncope y distensión abdominal. Sólo en casos muy avanzados aparecen estos síntomas en reposo, siendo el síncope el de peor pronóstico. Un aumento del segundo ruido cardíaco sugiere incremento de la presión de la arteria pulmonar. Puede aparecer un soplo de insuficiencia tricuspídea que aumenta en la inspiración a medida que el ventrículo derecho se dilata. Signos tales como aumento de la presión venosa yugular, edema periférico, hepatomegalia y ascitis indican fallo cardíaco derecho. La dilatación de la válvula pulmonar puede provocar un soplo diastólico decreciente por insuficiencia pulmonar, el soplo de Graham Steel. Un tercer ruido derecho es indicativo de fallo cardíaco derecho avanzado y tiene mal pronóstico. La evaluación diagnóstica en pacientes con sospecha de hipertensión pulmonar incluye la ecocardiografía, radiografía torácica, ECG, pruebas funcionales respiratorias, gammagrafía de ventilación/perfusión, angiografía pulmonar, TAC helicoidal y de alta resolución, pruebas serológicas y de función hepática.

Rx de tórax: es un examen de tamizaje inicial para la evaluación de hipertensión pulmonar, es anormal en el 90% de las pacientes con HAP. Puede evidenciar aumento en el tamaño de las arterias pulmonares centrales, amputación de la vasculatura pulmonar en la visión ántero-posterior y reducción de la translucencia retroesternal en la visión lateral (por la hipertrofia ventricular derecha). Permite excluir casos moderados o severos de enfermedad pulmonar e hipertensión venosa pulmonar por fallo izquierdo, pero se muestra imprecisa en los casos leves.

Electrocardiograma: si bien es poco sensible e inespecífico para diagnóstico de hipertensión pulmonar, orienta a detectar los hallazgos habituales del síndrome: desviación del eje eléctrico a la derecha, hipertrofia ventricular derecha y anormalidad en las ondas T y segmento ST en cara anterior, consistente con la sobrecarga de trabajo del ventrículo derecho. También es posible detectar el característico patrón S1Q3T3, que representa onda S en la derivación DI (S1), asociado a la presencia de onda Q y onda T negativa en la derivación DIII (Q3 y T3), no debe olvidarse que un ECG normal no excluye la presencia de HAP severa.

Ecocardiografía: La ecocardiografía transtorácica (ETT) con Doppler estima la presión sistólica arterial pulmonar (PSAP) midiendo el reflujo tricuspídea o midiendo directamente la velocidad del flujo a través de la válvula pulmonar. Hay una gran correlación entre las mediciones de la PSAP realizadas con ETT y con cateterismo cardíaco derecho. La PSAP es equivalente a la presión sistólica del ventrículo derecho (PSVD) en ausencia de obstrucción del tracto de salida pulmonar. La PSVD se incrementa con la edad y con el IMC, lo que puede ocasionar falsos positivos ante el hallazgo de hipertensión pulmonar ligera (PSAP estimada de 36-50 mmHg) en pacientes asintomáticas, debiéndose repetir la ecocardiografía a los 6 meses. En las pacientes sintomáticos con HAP ligera se realizará un cateterismo para confirmar el diagnóstico. La ETT también permite apreciar cambios morfológicos cardíacos y establecer un diagnóstico diferencial. Por todo ello se considera el método diagnóstico inicial ante la sospecha de HAP. En las pacientes embarazadas habitualmente se detecta insuficiencia tricuspídea, lo que permite estimar la PSAP, ya que ésta se lleva a cabo por medio de la medición de la velocidad máxima de la insuficiencia tricuspídea y transformándola con la ecuación modificada de Bernoulli que posibilita la conversión a valores de presión.

Gammagrafía de ventilación-perfusión (V/Q) pulmonar: Puede ser normal o mostrar pequeños defectos de perfusión, no segmentarios y periféricos, en áreas con ventilación normal. Es el método diagnóstico de elección en casos de TEP crónica.

Tomografía Computarizada (TAC): Se indican ya sea la TAC de alta resolución o la TAC helicoidal mejorada con contraste, ésta última indicada en casos de HAP con gammagrafía V/Q con defectos de perfusión segmentarios o subsegmentarios y ventilación normal.

Angiografía pulmonar: todavía es necesaria en el diagnóstico de la HAP tromboembólica crónica para identificar a las pacientes que pueden beneficiarse de una endarterectomía.

Resonancia magnética: valora los cambios patológicos y funcionales, tanto a nivel cardíaco como en la circulación pulmonar.

Pruebas de función pulmonar y gasometría arterial: Permiten identificar la contribución de enfermedades subyacentes, tanto de las vías aéreas como parenquimatosas. Estas pacientes generalmente tienen una disminución de la capacidad de difusión del monóxido de carbono (DLCO) y una reducción leve de los volúmenes pulmonares. La PaO_2 suele ser normal o ligeramente disminuida y la $PaCO_2$ se encuentra disminuida por hiperventilación alveolar.

Cateterismo cardíaco derecho (CCD): Confirma el diagnóstico de HAP, valora la severidad hemodinámica y permite medir la vasorreactividad de la circulación pulmonar. La HAP se define por una PAP media > 25 mmHg en reposo o > 30 mmHg durante el ejercicio, por una presión capilar pulmonar (PCP) < 16 mmHg y por una RVP > 3 dinas/s/cm^5 (unidades Wood). La confirmación del diagnóstico mediante CCD es necesaria en las pacientes sintomáticos (clase II y III de la NYHA) con HAP leve estimada mediante ecocardiografía Doppler.

Tratamiento

El enfoque inicial propuesto tras el diagnóstico de HAP consiste en adoptar las medidas generales, iniciar un tratamiento de sostén y remitir a la paciente a un centro especializado para realizar pruebas de reactividad vascular. Las medidas generales son recomendaciones sobre las actividades generales de la vida diaria, control de natalidad y el embarazo, moderar viajes, apoyo psicosocial, la prevención de infecciones y la cirugía electiva. Los tratamientos de sostén consisten en anticoagulantes orales, diuréticos, O_2, digoxina y otros fármacos inotrópicos. Estos tratamientos se recomiendan a pesar de que no se hayan realizado ensayos controlados y aleatorizados formales en la HAP.

Los tratamientos específicos apuntan a los diferentes tipos de hipertensión pulmonar y de la respuesta a pruebas terapéuticas, como por ejemplo, la prueba a vasodilatadores. En este grupo se justifica la utilización de bloqueadores de canales de calcio como nifedipino, diltiazem o amlodipino, evitando el uso de verapamil por su efecto inótropo negativo. En pacientes con hipertensión pulmonar, la actividad de la prostaciclina sintetasa está disminuida, por lo que se beneficiarían del uso de prostanoides como el epoprostenol, teprostinil o iloprost (inhalatorio). Por su parte, la endotelina-1 es un vasoconstrictor y mitógeno de células musculares lisas que contribuye en la patogenia de la enfermedad, de manera que los inhibidores de endotelina tienen un rol muy importante en el tratamiento crónico de la enfermedad. Los fármacos disponibles de esta categoría son bosentan, sitaxsentan y ambrisentan, los que no están aprobados para ser usados durante el embarazo dado su potencial teratogénico. La enzima fosfodiesterasa-5 (PDE-5) se encuentra principalmente en el territorio pulmonar, la utilización de inhibidores de PDE-5 es favorable para el manejo de estas pacientes, con el valor agregado de que puede ser utilizado durante el embarazo. Otras drogas utilizadas en embarazo han sido el sildenafil y tadalafil. Finalmente, los tratamientos invasivos pueden ser utilizados pero son en general de rescate para pacientes muy graves. Estos procedimientos incluyen la septostomía interauricular, métodos de asistencia ventricular derecha y trasplante pulmón-corazón. En aquellas pacientes con enfermedad tromboembólica pulmonar crónica, se puede plantear la tromboendarterectomía pulmonar. En nuestra unidad hemos llegado a utilizar el óxido nítrico.

Resolución obstétrica

Deben evitarse los incrementos bruscos de las resistencias vasculares pulmonares y mantener adecuados niveles de precarga del ventrículo derecho, conservarse el inotropismo del ventrículo derecho y una poscarga adecuada en el izquierdo. No se han encontrado diferencias significativas en cuanto a la mejor vía de resolución obstétrica, la decisión deberá pues, basarse en las características clínicas tanto médicas como obstétricas de cada paciente, sin embargo, el parto vaginal se asocia con menor riesgo de hemorragia, tromboembolismo e infección, un parto vaginal prolongado y laborioso puede tener efectos deletéreos en la circulación pulmonar, debido a esto, la cesárea programada con bloqueo neuroaxial se utiliza con mayor frecuencia. El parto se debe monitorizar con ECG, pulsioximetro, PVC y presión arterial de forma invasiva. La monitorización de las presiones pulmonares es controvertida, ya que no está exenta de riesgos, y no está claro el beneficio que aporta. Asimismo, se recomienda también canalizar una vía venosa central que permita la perfusión rápida de volumen. En el momento del parto debe suspenderse temporalmente la anticoagulación. La oxitocina se administra mediante una bomba de perfusión continua a la mínima dosis que mantenga una dinámica uterina efectiva y no origine sobrecargas de volumen.

Embarazo y control de natalidad

La HAP en sí misma es condición suficiente para contraindicar el embarazo. Los métodos anticonceptivos de barrera son seguros para la paciente, pero tienen un efecto impredecible. Los preparados que contienen solamente progesteronas, como acetato de medroxiprogesterona o etonogestrel, son métodos de anticoncepción eficaces y evitan los posibles problemas de los estrógenos que se encuentran en las minipíldoras anticonceptivas de la generación anterior. Es preciso recordar que el bosentán, un antagonista de los receptores de endotelina (ARE), puede reducir la eficacia de los anticonceptivos orales. También puede utilizarse una combinación de dos métodos. Se debe informar a la paciente que se queda embarazada del alto riesgo que comporta el embarazo y debe comentarse con ella la posibilidad de interrumpirlo. Las pacientes que optan por continuar con el embarazo deben ser tratadas con las medicaciones dirigidas a la enfermedad, un parto electivo planificado y una colaboración estrecha y efectiva entre el equipo de obstetricia y el de HAP.

Bibliografía

1. European Society of Gynecology (ESG); Association for European Paediatric Cardiology (AEPC); German Society for Gender Medicine (DGesGM), Regitz-Zagrosek V, Blomstrom Lundqvist C, Borghi C, Cifkova R, Ferreira R, Foidart JM, Gibbs JS, Gohlke-Baerwolf C, Gorenek B, Iung B, Kirby M, Maas AH, Morais J, Nihoyannopoulos P, Pieper PG, Presbitero P, Roos-Hesselink JW, Schaufelberger M, Seeland U, Torracca L; ESC Committee for Practice Guidelines. ESC Guidelines on the management of cardiovascular diseases during pregnancy: the Task Force on the Management of Cardiovascular Diseases during Pregnancy of the European Society of Cardiology (ESC). Eur Heart J. 2011;32:3147-97.
2. Galiè N, Palazzini M, Leci E, Manes A. Estrategias terapéuticas actuales en la hipertensión arterial pulmonar. Rev Esp Cardiol. 2010;63:708-24.
3. Carrión García JL, Vicente Guillén R, Rodríguez Argente G. Hipertensión arterial pulmonar: fisiopatología, diagnóstico, tratamiento y consideraciones anestésicas. Rev. Esp. Anestesiol. Reanim. 2007;54:93-108.

4. Escribano-Subias P, Jiménez-López-Guarch C. Hipertensión pulmonar. Rev Esp Cardiol Supl. 2009;9:40E-47E.
5. Lin JH, Zhao WX, Su Y, et al. Perinatal management and pregnancy outcome in pregnant women with pulmonary hypertension complicating cardiac disease. Zhonghua Fu Chan Ke Za Zhi. 2006;41:99-102.
6. Bédard E, Dimopoulos K, Gatzoulis MA. Has there been any progress made on preg¬nancy outcomes among women with pul¬monary artery hypertension? Eur Heart J. 2009;30:256-65.
7. Hsu CH, Gomberg-Maitland M, Glassner C, et al. The management of pregnancy and pregnancy-related medical conditions in pulmonary arterial hypertension patients. Int J Clin Pract Suppl. 2011;(172):6-14.
8. Hall ME, George EM, Granger JP, El corazón durante el embarazo. Rev Esp Cardiol. 2011;64:1045–50.
9. Bonnin M, Mercier FJ, Sitbon O, et al. Severe pulmonary hypertension during pregnancy: mode of delivery and anesthetic management of 15 consecutive cases. Anesthesiology. 2005;102:1133-7.
10. Simonneau G, Robbins I, Beghetti M, et al. Updated clinical classification of pulmonary hypertension. J Am Coll Cardiol 2009;54:S43–S54.
11. Lacassie QHJ, Vasco RM. Hipertensión pulmonar en la paciente Embarazada: manejo anestesiológico perioperatorio. Rev Chil Anest 2013;42:88-96.
12. Weiss B, Hess O. Pulmonary vascular di¬sease and pregnancy: current controversies, management strategies, and perspectives. Eur Heart J. 2000;21:104-15.
13. Lane R, Trow T. Pregnancy and pulmonary hypertension. Clin Chest Med. 2011;32:165-74.
14. Denton CP, Cailes JB, Phillips GD, et al. Comparison of Doppler echocardiography and right heart catheterization to asses pulmonary hypertension in systemic sclerosis. Br J Rheumatol. 1997;36:239-43.
15. McQuillan BM, Picard MH, Leavitt M, et al. Clinical correlates and reference intervals for pulmonary artery systolic pressure among echocardiographically normal subjects. Circulation. 2001;104:2797-802.
16. Mukerjee D, St George D, Knight C, et al. Echocardiography and pulmonary function as screening tests for pulmonary arterial hypertension in systemic sclerosis. Rheumatology. 2004;43:461-6.
17. Hidano G, Uezono S, Terui K. A retrospective survey of adverse maternal and neonatal outcomes for parturients with congenital heart disease. Int J Obstet Anesth. 2011;20:229-35.

Capítulo 16. Reanimación cardiopulmonar

Dr. Hugo Mendieta Zerón

Generalidades

Es importante que el personal de una terapia intensiva obstétrica esté familiarizado con las directrices de reanimación cardiopulmonar (RCP).

La RCP en mujeres embarazadas obliga a entender los cambios fisiológicos y anatómicos en el embarazo e implica atender dos vidas. Por ejemplo, en decúbito supino, el útero grávido puede comprimir los vasos ilíacos, la vena cava inferior y la aorta abdominal produciendo hipertensión y reducción de hasta un 25% en el GC.

Las causas más frecuentes de paro cardíaco durante el embarazo son: embolia pulmonar, traumatismos, hemorragia durante el parto con hipovolemia, embolia de líquido amniótico, cardiopatías congénitas y adquiridas, arritmias, insuficiencia cardíaca e infarto de miocardio.

Ante un cuadro de paro cardíaco, antes de la semana 24 de gestación se debe dar prioridad a la madre. En los países más desarrollados, a partir de la 24ª semana de gestación, el feto se considera potencialmente viable.

Manejo

Los objetivos en caso de paro cardiorrespiratorio en el embarazo son aplicar los algoritmos del *Advanced Cardiac Life Support* (ACLS) con cuatro modificaciones: Manejo de la Vía Aérea, Desplazamiento Uterino, Compresiones Torácicas Externas mas profundas, Atención del parto dentro de los primeros 5 min postparo.

1ª. Modificación: vía aérea tracción mandibular con presión cricoidea. Es la presión aplicada sobre el cartílago cricoides, condicionando disminución de la luz esofágica y disminución del reflujo gastroesofágico. Requiere de hasta un tercer rescatador para su aplicación

Para el manejo avanzado de la vía aérea se debe contar con tubos endotraqueales pequeños 6.5 y 7 Fr, hojas rectas de laringoscopio y equipo de cricolirotomia. La incidencia de intubaciones fallidas en pacientes embarazadas es de 1:500 vs 1:2000 de la población en general.

2ª. Modificación: Desplazamiento Uterino. El objetivo es disminuir la compresión de la aorta abdominal y la vena cava en las pacientes embarazadas.

Cuando se dispone se utiliza la Cuña de Reanimación de Cardiff, sin embargo, casi siempre se hará el desplazamiento manual. La paciente debe estar de lado como se muestra en el siguiente enlace de acceso libre: http://es.wikipedia.org/wiki/Reanimaci%C3%B3n_cardiopulmonar

3ª. Modificación: Compresiones torácicas profundas. Las manos se colocan en posición medio-esternal.

4ª. Modificación: Cesárea de rescate. Esta se indica durante los primeros 5 min del paro cardiaco cuando se han alcanzado 24 semanas de gestación o más.

Manejo primario

A) Vía aérea: Presión Cricoidea.

Luego de una adecuada posición se abre la boca, utilizando las maniobras de extensión de la cabeza y elevación del mentón o si se sospecha trauma utilizar solo tracción mandibular. En un ambiente controlado se contará con medios de succión.

B) Ventilación.

En el ambiente hospitalario se proveerá O_2 a 12 L/min con un dispositivo bolsa, válvula o mascarilla. Se realizarán dos ventilaciones de rescate, observando expansión simétrica del tórax como medida que verifica efectividad en las ventilaciones, siempre realizando presión cricoidea (Maniobra de Sellick). La asistencia ventilatoria posterior debe ser de una ventilación cada 5 segundos en caso de que la paciente presente signos de circulación (pulso, tos, movimiento o respiración).

C) Compresiones Torácicas.

Se coloca a la paciente en posición con el desplazamiento uterino, con ratio de compresiones profundas de 30:2 x 5 ciclos.

D) Desfibrilación.

Se da una descarga de 360 Joules en corriente monofásica o de 200 Joules de corrientebifásica.

Manejo secundario

A) Vía aérea: se realiza la orointubación. B) Ventilación: se apoya con ambú y se avanza a ventilación mecánica. C) Compresiones firmes y profundas a nivel medio esternal. D) En el diagnóstico diferencial se identifican las causas tratables y reversibles del paro cardiaco. Considere y trate causas relacionadas con el embarazo, siendo las más comunes el exceso de $MgSO_4$, pre-eclampsia/eclampsia, disección aórtica, TEP, EVC, embolia de líquido amniótico, trauma, síndrome de insuficiencia respiratoria y sobredosis de drogas. Como diagnósticos diferenciales el ACLS señala a la hipovolemia, hipoxia, acidosis, hipo/hiperkalemia, hipoglucemia, hipotermia, toxinas, tamponade cardiaco, neumotórax y trombosis coronaria.

El manejo de los fármacos y la desfibrilación es igual que en mujeres no gestantes.

Bibliografía

1. Villatoro Martínez JA. Reanimación CardioPulmonar en el Embarazo.. Medicina de Urgencias Instructor ACLS - AHA http://www.slideshare.net/urgemedvilla/reanimacin-cardio-pulmonar-en-embarazo
2. Vasco M, Resucitación cardiopulmonar en la embarazada. Rev Col de Anestesia 2004;32:243-251.

Capítulo 17. Insuficiencia renal

Dra. Claudia González León

Insuficiencia renal aguda

La insuficiencia renal aguda (IRA) tiene como característica una disminución del filtrado glomerular que se establece en horas o días impidiendo el desecho de productos nitrogenados y la homeostasis de líquidos y electrolitos. Se debe sospechar la presencia de IRA ante la elevación de BUN y creatinina, característicamente esta segunda aumenta > 0.5 mg/dl (44 mmol) o más del 50% sobre el valor basal; otro término usado es la oliguria (< 400 ml/día).

En la clasificación RIFLE (*risk of renal dysfunction, injury of the kidney, failure of kidney function, loss of kidney function and end stage kidney disease*). El riesgo se establece por aumento de la creatinina sérica mayor a 1.5 veces, por una disminución mayor del 25% en tasa de filtrado glomerular (TFG) o por oliguria menor de 0.5 ml/h durante 6 h. El daño se establece por creatinina sérica 2 veces mayor o disminución de TFG mayor al 50% u oliguria por 12 h. La falla se define como aumento de 3 veces en la creatinina sérica o creatinina mayor de 4 mg/dl o disminución de TFG mayor al 75%, oliguria menor de 0.3 ml/kg/h o anuria por 12 h. La insuficiencia renal persistente es la pérdida completa de la función renal por más de 4 semanas, en estado terminal se establece después de 3 meses de falla renal continua.

El daño renal agudo es resultado de la disminución de la perfusión por isquemia, tóxicos, obstrucción o agresión tubular (inflamación o edema) pero sin daño celular.

Uremia prerrenal

Hay elevación aguda del BUN, creatinina sérica o ambos por hipoperfusión renal, una intensa vasoconstricción renal o ambos, se asocia un sedimento ausente de células o cilindros, se reestablece la función renal dentro de 24 a 72 h posterior a corrección de la hipoperfusión. Sin duda, el daño es prerrenal cuando la relación BUN/creatinina sérica es mayor de 20. Este tipo de daño precede y predispone al desarrollo de un fracaso renal agudo intrínseco.

Las causas reconocidas para este padecimiento son depleción de volumen intravascular secundario a hemorragia, pérdida de líquidos (diuresis osmótica, nefritis perdedora de sal, diabetes insípida) pérdidas gastrointestinales, pérdidas por tercer espacio. Reducción del GC por insuficiencia cardíaca congestiva, choque cardiogénico, derrame pericárdico con taponamiento, embolismo pulmonar masivo.

Hay eventos que pueden simular un cuadro de hipoperfusión como la vasodilatación periférica secundaria a sepsis, antihipertensivos y anafilaxia. El aumento de la resistencia vascular renal secundaria a cirugía, anestesia, síndrome hepatorrenal, inhibidores de prostaglandinas, AINEs, vasoconstrictores y la disminución de la presión intraglomerular. De un 40-70% de los casos de daño renal agudo son de origen prerrenal.

Uremia postrenal

Existe una obstrucción a la salida del flujo urinario en ambos ureteros, vejiga o uretra dando un fallo renal, un 10% de los casos son postrenales.

Causas: obstrucción ureteral bilateral, obstrucción unilateral en riñón solitario.

Intraureteral: cálculos, coágulos, edema posterior a pielografia.

Extrauretrales: tumores prostáticos, vesicales o de cérvix, ligadura accidental, traumatismo en cirugía pélvica

Fracaso renal agudo intrínseco o intrarrenal

El daño es directo a riñón, pudiendo ser de tipo vascular, glomerular, intersticial o tubular, siendo la expresión de daño primario o manifestación de afección sistémica, siendo reconocida por la evolución de daño prerrenal que no ha podido ser cambiado manipulando factores externos al riñón (volumen, función cardíaca, obstrucciones), se presenta en 10-50% de los casos:

Vasculares: a) de grandes vasos: estenosis de arteria renal, trombosis o embolia, clipaje quirúrgico y trombosis bilateral de la vena renal, b) de pequeños vasos: vasculitis, enfermedad ateroembólica, microangiopatías trombóticas (síndrome urémico hemolítico, púrpura trombótica, crisis renal de esclerodermia e hipertensión maligna), microangiopatías trombóticas del embarazo (hemólisis, HELLP, falla renal aguda postparto)

Glomerulares: cuando se desarrolla una IRA bajo contexto de una glomerulonefritis, siendo primaria o secundaria a enfermedad sistémica. Puede ser de tres tipos: a) enfermedades con depósitos lineales de complejos inmunes: síndrome de Goodpasture, hemorragia pulmonar, b) enfermedades con depósitos granulares de complejos inmunes: glomerulonefritis aguda postestreptocócica, nefritis por lupus, endocarditis infecciosa, endocarditis infecciosa, glomerulonefritis por IgA, púrpura de Henoch-Schönlein, c) enfermedad sin depósitos inmunes: granulomatosis de Wegener, poliarteritis nodosa, glomerulonefritis idiopática.

Intersticial: la lesión de una nefritis intersticial aguda es un edema marcado del espacio intersticial con linfocitos, macrófagos, células plasmáticas y polimorfonucleares, las 2 causas son pielonefritis bacteriana y nefritis túbulo intersticial alérgica aguda. Los fármacos que se asocian a una nefritis intersticial aguda son: a) antibióticos betalactámicos (penicilinas, cefalosporinas), rifampicina, sulfonamidas, eritromicina, ciprofloxacino, b) diuréticos (furosemide, tiazidas, clortalidona), c) AINES, anticonvulsivantes (fenitoína, carbamacepina), otros como el alopurinol.

Tubulares: la necrosis tubular, es un descenso de la función renal por isquemia tubular proximal (50%) y por toxinas (35%), sus causas: isquemia renal por choque, hemorragia, traumatismos, bacteremia por gram negativos, pancreatitis, hemorragia postparto. Fármacos nefrotóxicos como aminoglucósidos, anfotericina, aciclovir, contraste radiológico que contenga yodo. Toxinas endógenas como mioglobina por rabdomiólisis, hemoglobinuria, ácido úrico.

Causas de IRA de origen hospitalario

La mayoría cursa con NTA (38%) o daño prerrenal (28%), el resto comprenden uropatía obstructiva, glomerulonefritis aguda, los factores predisponentes para IRA comprenden: depleción de líquidos y electrolitos, anestesia y cirugía que dan lugar a vasoconstricción renal y liberación de hormona antidiurética (ADH) y persistir el cuadro de 12 a 24 h postoperatorio, fármacos nefrotóxicos (Cuadro 17.1).

Fisiopatología

Normalmente el riñón recibe 25% del GC, si disminuye, la presión de perfusión baja, con lo que cae el filtrado glomerular y se inician los siguientes mecanismos de compensación:

- Descenso de resistencias vasculorenales en relación a las sistémicas y se mantiene relación presión aterial sistémica/presión arterial renal para mantener presión glomerular.

- Se constriñe arteriola eferente por efecto de angiotensina II aumentando la fracción de filtración
- Aumenta su actividad el sistema nervioso simpático a nivel de reabsorción tubular del agua y sal por efecto de la aldosterona y de la ADH.

Al existir desequilibrio de estos mecanismos se produce la falla renal y si se aumenta la agresión original y PAM descendida menor a 80 mmHg favorecida por uso de medicamentos nefrotóxicos se rompen los mecanismos compensadores que al no corregirse desencadenan necrosis tubular aguda (nefrotóxico e isquémico).

Cuadro 17.1. Causas de insuficiencia renal aguda

A. Pre-renales
   1. Contracción del volumen del líquido extracelular (hipovolemia, deshidratación)
   2. Insuficiencia cardíaca congestiva
   3. Hipotensión

B. Renales
   1. Necrosis tubular aguda
      a. Post-operatoria
      b. Nefrotoxicidad (antibióticos, metales pesados)
      c. Eclampsia, sepsis
   2. Varias
      a. Glomerulonefritis aguda
      b. Hipertensión maligna
      c. Vasculitis
      d. Nefropatía por ácido úrico
      e. Síndrome urémico

C. Post-renales
   1. Obstrucción de los uréteres (cálculos, coágulos, compresión extrínseca)
   2. Obstrucción vesical (hipertrofia prostática, carcinoma).

Evaluación de la función renal

Fórmula de Cockcroft-Gault o depuración de creatinina (DpCr) inferida para mujeres es:

$$\text{Aclaramiento creatinina} = \frac{(140 - \text{Edad}) \times \text{Peso (en kilogramos)}}{72 \times \text{Creatinina en plasma (en mg/dl)}} \times 0.85$$

En nuestra unidad solemos optar por la fórmula *Modification of Diet in Renal Disease* (MDR):
MDR = 186 x CrP (mg/dl)$^{-1.154}$ x edad$^{-0.203}$ x 0.742

En un estudio que hemos hecho recientemente, encontramos que la fórmula de *Chronic Kidney Disease Epidemiology Collaboration* (CKD-EPI) resulta la más confiable a las 8 h de ingreso a terapia.

En todo caso, el estándar de oro es el cálculo de la depuración de 24 h:
DepCr: CrU (mg/dl) x volumen urinario (ml de orina) /1440/CrP (mg/dl).

Otra fórmula de uso rutinario es la Fracción excretada de Na (FENa): (NaU (mMol/L) x CrP (mg/dl)) x 100 / (NaP (mMol/L) x CrU (mg/dl)), donde NaU: sodio urinario, CrP: creatinina plasmática, NaP: sodio plasmático, CrU: creatinina urinaria.
En la Tabla 17.1 se mencionan diferencias en parámetros renales para diferenciar entre uremia prerrenal y NTA. Una página recomendada para hacer cálculos renales es:
http://www.senefro.org/modules.php?name=calcfg

Tabla 17.1. Parámetros diferenciales entre uremia prerrenal y NTA

Índice	Uremia prerrenal	NTA
NaU (meq/L)	< 20	> 40
OsmU (mosm/kg H_2O)	> 500	< 350
NUU/BUN	> 8	< 3
Relación CrU/CrP	> 40	< 20
FENa	< 1	> 1

BUN: nitrógeno ureico en sangre, CrP: creatinina sérica, CrU: creatinina urinaria, FENa: Fracción excretada de sodio, NaU: sodio en orina, NTA: Necrosis tubular aguda, NUU: nitrógeno ureico urinario, OsmU: Osmolalidad urinaria

Si no se cuenta con osmómetro la densidad urinaria se correlaciona con la osmolaridad empleando la siguiente relación (Cuadro 17.2):

Cuadro 17.2. Relación entre densidad y osmolaridad

Densidad	Osmolaridad
1.000	0
1.010	350
1.020	700
1.030	1,050

Depuración osmolar (DOsm) = OsmU x V (ml/min) / OsmP. Normal 2-3 ml/min, anormal < 1.5 ml/min.
Fracción excretada de K (FEK) = KU (mg/dl) x V (ml/min) X 100 /KP (mg/dl) x DCr. Anormal > 60%.
Índice de falla renal (IFR) = (NaU x CrP)/CrU. Anormal > 1%.
Sedimento urinario:
Prerrenal: densidad discretamente elevada, tiras reactivas normales.
Post-renal: densidad específica 1010, sedimento de hematuria.
Glomerulonefritis/vasculitis: densidad variable, hematuria, proteinuria o ambos, cilindros granulares, eritrocitarios o ambos.
NTA: orina marrón turbio, hematuria o pigmentos hemáticos, cilindros granulares pigmentados, células epiteliales tubulares

Evaluación radiológica

USG renal: se valoran dimensiones de vejiga y riñones, cuando el tamaño es menor de 10 cm sugiere fracaso renal crónico; hidronefrosis o dilatación de tracto urinario infieren obstrucción, el USG doppler valora flujo sanguíneo renal utilizado para descartar presencia de trombosis de la vena renal.
Urografía excretora: informa la cronicidad de la enfermedad y del sitio donde se encuentra la obstrucción urinaria.
Gammagrama renal: para diagnosticar obstrucción de tracto urinario superior por el isopo utilizado y su trayecto en el sistema.
Angiografía renal: en casos seleccionados por ejemplo ateroembolismo y determinar su resolución quirúrgica.
Biopsia renal: sus indicaciones son: a) falla renal rápidamente progresiva sin causa aparente, b) sospecha de glomerulonefritis,

enfermedad sistémica, nefritis intersticial alérgica, c) NTA que no se recupera después de 4-6 semanas de diálisis, sin recurrencia de agresión renal.

Tratamiento

Retención nitrogenada de origen pre-renal

No se debe a enfermedad renal parenquimatosa y siempre es secundaria a un proceso isquémico renal asociado con hipovolemia y bajo gasto cardíaco.

Si hay hipovolemia por hemorragia aguda, la pérdida se corrige con transfusiones sanguíneas; si es debida a deshidratación de otro origen, se repone el volumen vascular con solución salina normal, lactato de Ringer o soluciones coloidales. Si después de haber corregido la hipovolemia no se obtienen volúmenes urinarios adecuados (más de 30 ml/h) se administra furosemide en dosis inicial de 20 mg IV.

Cuando la retención nitrogenada se asocia con bajo gasto cardíaco el manejo se dirige hacia la corrección de la causa que puede ser insuficiencia cardíaca congestiva, choque cardiogénico, arritmia severa o taponamiento cardíaco. Algunos fenómenos vasculares como el aneurisma abdominal, la trombosis de arteria o vena renal también ameritan tratamiento dirigido a corregir la causa.

Si se sospecha isquemia renal por vasoconstricción esplácnica, como acontece en el síndrome hepato-renal, se asocia al manejo la dopamina en dosis dopaminérgicas no superiores a 8 μg/kg/min.

Retención nitrogenada de origen post-renal

Su origen se encuentra en la obstrucción, a cualquier nivel, del aparato urinario. Su detección debe ser precoz, ya que pasadas 36 h existen grandes posibilidades de evolucionar hacia IRA. La obstrucción se debe sospechar cuando hay anuria o cuando los volúmenes urinarios varían intermitentemente y sin relación con los líquidos administrados. El manejo se dirige a eliminar la obstrucción.

IRA

El objetivo del tratamiento es corregir la causa y las manifestaciones inherentes a las alteraciones homeostáticas secundarias a la falla renal.

Manejo nutricional. Se da un alto aporte de calorías para evitar el catabolismo proteico (100-150 g de carbohidratos al día); las proteínas se restringen a 0.5 g/kg/día y los lípidos se administran de tal manera que aporten 25 a 40 kcal/día. Esto se logra por vía oral, parenteral o por sondas enterales.

Manejo de electrolitos. Si existe hiperkalemia se aplican 300 ml de dextrosa al 10% con 5 U de insulina rápida en un lapso de 30 min.

Manejo hídrico. Se instaura un estricto control de líquidos administrados durante las 24 h. La terapia con diurético es útil en algunos casos. En sobrecarga de volumen es esperada la respuesta ante una dosis de hasta 160 mg de furosemide.

Manejo anti-infeccioso. La infección es la causa principal de muerte en los enfermo con IRA. Se sospecha cuando se detecta hipotensión, existe leucocitosis persistente e hipercatabolismo. Su manejo debe ser precoz y enérgico basado en el uso racional y conveniente de los antibióticos.

Terapia de reemplazo renal

Indicaciones no específicas pero a considerar:

- Oliguria (diuresis menor de 400 ml/día).
- Anuria (diuresis menor de 50 ml/día).
- Creatinina sérica superior a 6.7 mg/ml.
- Urea plasmática superior a 100 mg/dl.
- Edema pulmonar que no responde a tratamiento conservador.
- Hiperkalemia: potasio sérico mayor de 6.5 meq/dl.
- Uremia sintomática.
- Acidosis metabólica.

Los trastornos patentes del volumen extracelular y la composición del líquido corporal son el objetivo para la indicación de terapia de reemplazo renal. Se incluyen la sobrecarga de volumen, hiperkalemia, acidosis metabólica severa y síntomas urémicos, la azoemia progresiva es una indicación para apoyo renal, aunque su umbral se encuentra en debate especialmente en pacientes con sepsis o falla orgánica multisistémica.

Hiperkalemia: con evidencia de toxicidad miocárdica. Hay 3 formas de manejo a) terapia con diurético, b) resinas entéricas que se unan al K y c) la diálisis. En falla renal severa la terapia con diurético es ineficaz, la diálisis es la primera opción pero es difícil determinar la cantidad de K que se remueve con ello, tal vez 50-80 mmol en un tratamiento de 4 h pero se han encontrado efectos de rebote aunque es mitigada la respuesta en relación al uso de una hemodiálisis.

Acidosis metabólica: es una indicación inmediata evitando los efectos dañinos como la sobrecarga hídrica e hipernatremia, no hay una cifra umbral de pH o HCO_3 que determinen el uso de la diálisis.

Signos y síntomas de la uremia: anorexia, náuseas, vómito y prurito, no son específicas, los cambios en estado metal, pericarditis, siendo complicaciones extremas, todos estos datos deben diferenciarse de otras patologías en la paciente critica.

Insuficiencia renal crónica

Idealmente toda paciente con insuficiencia renal crónica (IRC) debe ser ingresada en un programa de seguimiento para incorporarla a un programa de trasplante renal. Cuando alguna de nuestras pacientes no recupera función renal se les ha canalizado a la Fundación Mexicana del Riñón A.C. (FMR), http://fundrenal.org.mx/.

Diálisis peritoneal

Ya se ha publicado previamente la utilidad de iniciar diálisis temprana en pacientes con elevación de azoados. En nuestra experiencia la diálisis peritoneal es un procedimiento noble que ofrece excelentes resultados y por medio del cual alcanzamos recuperar la función renal en más del 90% de las pacientes que tuvieron algún compromiso de su depuración.

Hemodiálisis

Está indicado bajo las siguientes premisas: creatinina sérica es superior a 10 mg/dl, hiperkalemia que no cede al manejo médico, anuria persistente por más de 24 h, sepsis, acidosis metabólica severa. Nuestra unidad se apoya para brindar este servicio con la compañía Fresenium (tel: 018004830033).

PRISMA

En casos en los cuales las condiciones de la paciente no permiten iniciar diálisis peritoneal, el uso de la máquina PRISMA ofrece alternativas valiosas para el manejo de la paciente de acuerdo a los objetivos que se planteen.

La elección actual para falla renal aguda es la terapia renal de reemplazo continuo (CRRT); para efectuarlo, existen diferentes técnicas:

• Ultrafiltrado de flujo continuo.
• Hemofiltración de flujo continuo.
• Hemodiálisis de flujo continuo.
• Hemodiafiltración (combinación de hemodiálisis y hemofiltración).

Ultrafiltración lenta continua (SCUF): Proceso para remover líquido plasmático excesivo, por ultrafiltración, sin utilizar solución de reinyección ni dializante. Indicado en insuficiencia cardíaca congestiva, IRA, edema pulmonar, quemados.

Hemofiltración vena-vena continua (CVVH): Modelo utilizado para remover por medio de convección, solutos de mediano y alto peso molecular, con peso mayor a 1200 daltons (IL-1, IL-6, C3a, C5a) permitiendo alcanzar un adecuado balance hídrico a través de la ultrafiltración. Para lograr la convección se requiere del uso de solución de reinyección. Algunas indicaciones son: sobrecarga de líquidos, insuficiencia cardíaca congestiva, IRA, síndrome de Crush, sepsis, síndrome de respuesta inflamatoria sistémica (SIRS), intoxicaciones.

Hemodiálisis vena-vena continua (CVVHD): Modo utilizado para normalizar los niveles plasmáticos de solutos de bajo peso molecular por medio de difusión. Se enfoca en alcanzar un adecuado balance de líquidos a través de ultrafiltración. El balance ácido-base y de electrolitos se logra por remoción de productos de desecho del metabolismo por difusión. Utiliza solución de diálisis para lograr el gradiente de concentración y la subsecuente difusión. Indicado en: IRA, acidosis metabólica, hipercatabolismo, desequilibrio electrolítico.

Hemodiafiltración vena-vena continua (CVVHDF): Modo utilizado para normalizar los niveles plasmáticos de solutos de pequeño, mediano y alto peso molecular y el equilibrio hídrico por medio de difusión, convección y ultrafiltración. Indicado en: sobrecarga de líquidos, insuficiencia cardíaca congestiva, IRA, síndrome de Crush, sepsis, SIRS, rabdomiólisis.

Intercambio terapéutico de plasma (ITP): Modo utilizado para separar el plasma de la sangre a través de los poros de la membrana del filtro. Para mantener la euvolemia se reemplaza el plasma extraído. Indicado en: síndrome de hiperviscosidad (secundario a la

Macroglobulinemia de Waldenstrom), crioglobulinemia, síndrome de Guillain-Barré, enfermedad anti-GBM.

Los flujos sanguíneos se pueden mantener desde 10 hasta 180 ml/min; el promedio puede ser de 150 ml/min. El flujo de líquido de diálisis varía de 0 a 2,000 ml/h, excepto cuando se utiliza bolsa de 5,000 ml de lactosa o acetato para efectuar diálisis más ultrafiltración; el promedio es de 60 a 80 ml/h. El flujo de líquido de reinyección varía de 0 a 2,000 ml/h y dependerá de las condiciones hemodinámicas de la paciente. El flujo del efluente varía de 0 a 5,500 ml/h, dependiendo del tipo de tratamiento y del objetivo terapéutico que desee el médico (pérdida de líquido); el promedio es de 750 a 1,500 ml/h.

Las presiones de los sistemas se deben mantener entre los siguientes parámetros:

a. Línea de entrada entre -250 a +50 torr.
b. Línea de retiro entre -50 a +350 torr.
c. Prefiltro entre -50 a +500 torr.
d. Efluente entre -350 a +50 torr.

Bibliografía

1. Machado S, Figueiredo N, Borges A, et al. Acute kidney injury in pregnancy: a clinical challenge. J Nephrol. 2012;25:19-30.
2. Sivakumar V, Sivaramakrishna G, Sainaresh VV, et al. Pregnancy-related acute renal failure: a ten-year experience. Saudi J Kidney Dis Transpl. 2011;22:352-3.
3. Ganesan C, Maynard SE. Acute kidney injury in pregnancy: the thrombotic microangiopathies. J Nephrol. 2011;24:554-63.
4. Miguil M, Salmi S, Moussaid I, et al. [Acute renal failure requiring haemodialysis in obstetrics]. Nephrol Ther. 2011;7:178-81.
5. Podymow T, August P, Akbari A. Management of renal disease in pregnancy. Obstet Gynecol Clin North Am. 2010;37:195-210.
6. De la Rosa Lemus OI. Tesis de Sub-especialidad en Medicina Crítica en Obstetricia. Tutores: Rodríguez Chávez JL, Mendieta Zerón H. Facultad de Medicina, UAEMex. 2014.

Capítulo 18. Coagulación Intravascular diseminada

Dr. César Humberto Aparicio Albarrán

Dr. Hugo Mendieta Zerón

Generalidades

El sistema de la coagulación se divide en hemostasia primaria y hemostasia secundaria, la primera se refiere a la respuesta celular y la secundaria comprende a los factores solubles circulantes de la coagulación que activan las reacciones enzimáticas que generan fibrina. Didácticamente el sistema de coagulación se divide en tres fases:

1. Fase vascular (contracción vascular).
2. Fase plaquetaria (creación de un tapón de plaquetas).
3. Fase plasmática (activación de la coagulación y disminución de la fibrinólisis).

Fase vascular

Ante la lesión de una vaso sanguíneo se presenta una vasoconstricción activada por reflejos nerviosos, espasmo miógeno local y factores humorales. Durante el transcurso de este proceso se activa el taponamiento plaquetario y la fase plasmática.

Fase plaquetaria

Esta fase se divide en tres etapas, a) adhesión plaquetaria, b) liberación granular y c) agregación plaquetaria.

Fase plasmática

En esta fase (hemostasia secundaria) se forma trombina para convertir el fibrinógeno en fibrina y reforzar así el tapón plaquetario, interviniendo los factores de coagulación que en su mayor parte son formas inactivas de enzimas proteolíticas. Esta fase se divide en cuatro etapas: a) intrínseca o de contacto de la coagulación, b) vía extrínseca o dependiente de un factor tisular (TF), c) vía común, d) conversión de protrombina en trombina en presencia del factor V, calcio y fosfolípidos.

El TF está compuesto por 263 aminoácidos en tres dominios: citoplásmico, transmembrana, extracelular: receptor VII/VIIa. Puede ser encontrado en células subendoteliales y monocitos. El TF es un receptor transmembrana que activa el sistema de coagulación funcionando como un co-factor del factor VIIa.

El TF se expresa, por las citoquinas, en la superficie celular; en ese momento se activa el factor VII. Desencadena la cascada de la coagulación a nivel extracelular empleando la vía extrínseca. Induce el flujo de Ca^{2+} dentro de las células, activando las proteínas mitógenas y potenciando la capacidad de quimiotaxis y de transcripción.

Fibrinolisis

La lisis del coágulo y la reparación del vaso comienzan inmediatamente después de la formación del tapón hemostático definitivo. Existen tres activadores principales del sistema fibrinolítico: los fragmentos del factor Hageman, la urocinasa y el activador tisular del plasminógeno (tPA).

Es necesario que exista un equilibrio entre la formación de coágulos y los anticoagulantes naturales (inhibidores de la coagulación), con el fin de que la sangre mantenga de manera constante una adecuada fluidez. Los anticoagulantes naturales son la proteína C, la proteína S, la anti-trombina III y el inhibidor de la vía del factor tisular (TFPI).

Cuando se presenta alguna coagulopatía existen cuatro posibilidades de falla:

1. Depósitos de fibrina en la microcirculación por una respuesta inflamatoria excesiva.
2. Inhibición progresiva de la coagulación endógena secundaria a elevado consumo.
3. Inhibición de la fibrinólisis.
4. Trombocitopenia multifactorial.

Coagulopatía en la paciente crítica

La agresión crítica en sí misma, así como los subsecuentes eventos fisiopatológicos, pueden condicionar el fracaso de la homeostasis. La patogénesis de la coagulopatía grave post-agresión o trauma es compleja. En las situaciones de hipotermia y acidosis se afecta virtualmente cada aspecto de la cascada normal de la coagulación.

Después de la agresión se puede activar el sistema de coagulación. Esta activación se caracteriza por: consumo de inhibidores, activación del sistema fibrinolítico, alteración en la función y calidad de las plaquetas.

El cuadro clínico de una respuesta descontrolada del sistema de la coagulación tiene dos posibilidades de evolución:

1. Sangrado: consumo de inhibidores, activación del sistema fibrinolítico, alteración en la función y calidad de las plaquetas. Esta respuesta está mediada por citoquinas.
2. Trombosis: la generación descontrolada de trombina es secundaria al descenso de las principales enzimas que tienen capacidad de regular la activación de la coagulación. Los principales inhibidores fisiológicos de la trombina son: proteína C, TFPI, prostaciclina, antitrombina

Coagulopatía obstétrica

Generalmente en las pacientes de UCIO se presentan alteraciones de la coagulación por: hemodilución, trombocitopenia dilucional, consumo de factores de coagulación y anticoagulación (antitrombina III, proteína C, proteína S), hipotermia (ocasiona alteración de la función plaquetaria, alargamiento de los tiempos de coagulación, alteraciones del equilibrio del sistema fibrinolítico, alteraciones metabólicas), acidosis metabólica.

Disfunción plaquetaria

Las alteraciones plaquetarias pueden ser por cantidad (trombocitopenias) o calidad (trombocitopatías), por disfunciones hereditarias, uremia o farmacológicas. Siempre debe descartarse la presencia de pseudotrombocitopenia debida a anticoagulación insuficiente de la muestra o por aglutininas dependientes de EDTA.

El aumento de la destrucción periférica de plaquetas, de causa inmune o no (trombocitopenia asociada con drogas o infección, CID, microangiopatía, destrucción por bombas extracorpóreas, etc.) y el mecanismo por dilución en la transfusión masiva constituyen causas muy frecuentes de patología hemostática.

Se ha detectado trombocitopenia en el 5% de las pacientes en tratamiento con HNF y en el 1% con HBPM. La transfusión de plaquetas ante la presencia de sangrado constituye un recurso de importancia en el tratamiento de estas pacientes

La hemorragia en cirugía no sobreviene si la cifra es superior a 50 X 10^9/L y la hemorragia espontánea es rara con cifras superiores a 10 X 10^9/L. Todas las guías y contextos actuales destacan la necesidad de transfusiones de plaquetas en las pacientes con sangrado mucoso y menos de 50 X 10^9/L.

Otros factores clínicos, como la presencia de alteraciones de la hemostasia agregados, la edad avanzada; el uso de anfotericina B, vancomicina y ciprofloxacina; la esplenomegalia; la CID concomitante y la infección o la fiebre pueden impedir el ascenso de las plaquetas a los niveles postransfusionales pretendidos. Éstas constituyen causas no inmunes frecuentes, y responsables del 20-30% de los casos de refractariedad a las transfusiones de plaquetas; en el 90% de los casos de no elevación plaquetaria de causa no inmune existe la combinación de fiebre, infección y antibióticos.

Las causas de refractariedad de origen inmune han disminuido en los últimos años (40-50% a 10-20%) con el uso de filtros que reducen los leucocitos del producto por transfundir, disminuyendo la cantidad de células presentadoras de antígeno y por ello la formación posterior de anticuerpos.

En numerosos fármacos de uso habitual en la UCI hay nivel de evidencia suficiente para asignarles responsabilidad en la etiología de la trombocitopenia; el mecanismo suele ser inmune y muchos de estos agentes, si no existió exposición previa, requieren un lapso de 14 días de media para inducirla, aunque existen algunos que pueden producirla con rapidez luego de la primera exposición. Generalmente cede entre 5 y 7 días. Hay una base de datos, actualizada periódicamente, que ayuda en la toma de decisiones en este ítem: http://moon.ouhsc.edu/jgeorge.

Hemorragia asociada al uso de antitrombóticos

Básicamente la hemorragia asociada con los antiplaquetarios tiene las características del sangrado de hemostasia primaria; la asociada con heparina y anticoagulantes orales, las de la hemostasia plasmática y por último, la asociada con fibrinolíticos semeja la CID.

La gran mayoría de estos episodios se relacionan con procedimientos quirúrgicos o invasivos o con las llamadas lesiones locales o de base que siempre deben descartarse para lograr un diagnóstico y emprender un tratamiento local eficaz más allá de la sola sustitución. A continuación exponemos las medidas por seguir ante este tipo de hemorragias:

1. Antagonistas de la vitamina K

a) Medidas locales de control de la hemorragia y de reposición hemodinámica.

b) Siempre descartar lesiones locales que justifiquen el sangrado.

c) Reversión del efecto anticoagulante:

Plasma fresco congelado (PFC) o concentrados protrombínicos: a fin de ser más exactos ofrecemos una fórmula para la reversión, con un nivel mínimo hemostático por alcanzar de 30-40%: Quick deseado – Quick real) X kg de peso = U por infundir. Debemos recordar que cada mL de PFC tiene 1 U de factor.

La vitamina K es el antagonista natural. Su efecto se inicia a las 12 h y se completa a las 72 h, por lo que no es útil en la emergencia.

2. Heparina no fraccionada (HNF) y de bajo peso molecular (HBPM)

Su antagonista es el sulfato de protamina, que por cada 1 mg neutraliza aproximadamente 100 U de heparina. Este medicamento debe administrarse siempre en forma lenta IV, a pasar en 15 a 30 min para evitar la hipotensión que puede agravar aún más el deterioro hemodinámico.

Las HBPM, por su peso, pierden su efecto antitrombínico e incrementan su efecto sobre el factor Xa. Esto genera una pérdida de sensibilidad al efecto antagónico de la protamina que casi nunca logra inhibir más del 60% del efecto anticoagulante de las HBPM.

La dosis de protamina por administrar es de 1 mg por cada mg de HBPM, repitiendo una dosis de 0.5 mg por cada mg de HBPM si 2 a 4 h después persiste el TPT prolongado, aunque en general no se prolonga por efecto de estas heparinas.

3. Agentes antiplaquetarios

El sitio de sangrado más frecuente en todas las series son los sitios de punción; la hemorragia en el SNC es muy poco frecuente: 0.1-0.3%. Se debe suspender la infusión de los inhibidores de la glucoproteína IIb-IIIa sólo ante la presencia de una hemorragia mayor y en hemorragias menores que no puedan controlarse con una compresión adecuada y corregir la hipovolemia.

4. Agentes fibrinolíticos

El efecto fibrinolítico produce un descenso de fibrinógeno, factores V y VIII y genera productos de degradación del fibrinógeno (PDF) con efecto antiplaquetario: ésta es la fisiopatogenia del sangrado con estos agentes. La conducta es transfundir crioprecipitados 1 U/10 kg peso para proveer fibrinógeno y factor VIII.

En el caso de que no sea posible controlar el sangrado y con fibrinógeno >100 mg/dL es lícito transfundir PFC a fin de aportar factor V; si por último el sangrado persiste en presencia de niveles de fibrinógeno >100 mg/dL y valores de factores V y VIII > 30% se indica la transfusión de 1 U de plaquetas/10 kg para neutralizar el efecto antiplaquetario generado por los PDF.

Coagulación intravascular diseminada (CID)

La coagulación intravascular diseminada (CID) es un síndrome caracterizado por la activación sistémica de la coagulación con el depósito intravascular de fibrina y el consumo simultáneo de factores de la coagulación y plaquetas. La fisiopatología de la CID comprende: activación del sistema de la coagulación dependiente del TF (habitualmente por IL-6), deficiencia en la cantidad y función de los inhibidores fisiológicos AT III y proteína C (deficiencias provocadas por la disfunción endotelial, el exceso de TNF-α e IL-1).

El TFPI se halla en cantidad normal en la CID; pese a ello no es suficiente para impedir la activación grosera de la coagulación que se induce en la inflamación sistémica.

Por último, la depresión de la fibrinólisis, con la consiguiente disminución de la eliminación de fibrina debido a niveles elevados de PAI-1 y también probablemente al incremento del inhibidor de la fibrinólisis activado por trombina.

Todo lo anterior conduce al incremento de formación primero de trombina y luego de fibrina y a su eliminación limitada desde la luz intravascular, con la persistencia de la malla trombótica, posterior isquemia de órgano, y trombocitopenia y esquistocitosis de los hematíes por retención y fragmentación.

El incremento de trombina provoca también activación plaquetaria, hecho que acelera en gran medida la activación del sistema de la coagulación. Por ello, el aumento de formación de trombina parece ser la llave de los mecanismos patogénicos en la CID.

Hoy se considera que la CID es un partícipe necesario en la fisiopatología de la disfunción de órganos en situaciones como la sepsis, el trauma o la pancreatitis grave y no es un simple fenómeno acompañante.

En la UCIO, las causas más frecuentes, además de las antedichas, son la falla hepática grave y las de origen obstétrico.

Es más común e importante la manifestación de disfunción de órgano, en que el depósito intravascular de fibrina desempeña un papel clave, que la hemorragia significativa, pese a que ambas pueden presentarse simultáneamente.

Factores de riesgo: edad, multiparidad, obesidad, antecedentes de trombosis, trombofilias, congénitas, adquiridas, anticoagulante lúpico, enfermedad hipertensiva, reposo prolongado, parto distócico.

Etiología

1. Causas obstétricas

Preeclampsia severa: activación agregación plaquetaria en el sitio endotelial.

Síndrome de HELLP: deficiencia en el número y/o función plaquetaria. En las fases evolucionadas de esta situación clínica característica, se produce CID de bajo grado con afectación trombótica de la microcirculación sobre todo a nivel de hígado, riñón y SNC.

Alteración de la coagulación, fibrinolisis y plaquetas.

Retención de feto muerto (Síndrome feto muerto): provoca alteración de la coagulación, CID y depósito intravascular de fibrina.

Aborto séptico: la infección es una complicación del aborto, tiene un peso importante en la mortalidad materna.

Desprendimiento prematuro de placenta (DPP) (abruptio placentae) y choque hemorrágico: en ambos se produce consumo de factores coagulación. El DDP se debe a la entrada en la circulación materna de una cantidad importante de sustancias procoagulantes.

Embolia de líquido amniótico: Accidente obstétrico catastrófico. Los trastornos de la coagulación se establecen inmediatamente por la presencia de sustancia procoagulantes que activan el factor X e inhiben mecanismos fibrinolíticos debido al aumento de los niveles de PAI-1, PAI- 2 y disminución del tPA.

2. Septicemia (choque endotóxico)

El trastorno en la cascada de coagulación se inicia por la endotoxina bacteriana o la activación de los mediadores de la inflamación. En algunos casos se debe por activación plaquetaria de la microcirculación lesionada en fases avanzadas de la sepsis.

3. Hemólisis intravascular

Reacción transfusional con hemólisis masiva
Transfusiones masivas.

4. Otras

Enfermedades autoinmunes, enfermedad de von Willebrand, uso de aspirina, enfermedades neoplásicas y mieloproliferativas, quemaduras, enfermedades obstructivas hepáticas, vasculopatías, trastornos vasculorrenales.

Consecuencias clínicas de la coagulopatía por consumo.

- Tendencia hemorrágica.
- Hipoperfusión orgánica.
- Hemorragia microangiopática.

Complicaciones

- Choque.
- Lesiones isquémicas.
- Necrosis tubular/cortical irreversible.
- IRA.
- Falla múltiple de órganos.
- MUERTE MATERNA.

Transfusión masiva

Se entiende la transfusión masiva como el reemplazo del sangrado mayor como ya se definió, con glóbulos rojos, sangre total almacenada, coloides o cristaloides. Algunos autores consideran un límite máximo de tres horas para la reposición de una volemia o una pérdida sanguínea de más de 150 ml/min.

Existen numerosas complicaciones asociadas con la transfusión masiva de sangre, además del conocido efecto por dilución; entre ellas, la alcalosis, la acidosis y la hipocalcemia, todas en grado variable según el tiempo de almacenamiento de los hemocomponentes y las soluciones anticoagulantes y de conservación. La hipotermia es otra de ellas, por el uso de soluciones no calentadas antes de la infusión. Los defectos de la hemostasia son complejos y están relacionados con el volumen de sangre y líquidos transfundido, trastornos preexistentes de la hemostasia, hipotermia, extensión de la lesión tisular, presencia de choque, maniobras terapéuticas realizadas a la paciente y existencia de CID.

Como consecuencia de esta miríada de mecanismos patogénicos y del hecho de que las alteraciones de la hemostasia tienen gran repercusión en la evolución de los enfermos, el tratamiento debe principalmente intentar evitar todos los factores que exacerben la coagulopatía compleja asociada con la dilución y la pérdida de sangre.

Manejo en caso de hemorragia masiva.

Inicialmente, cristaloides o coloides para recuperar la normovolemia. El paso posterior consiste en mantener la normotermia y la concentración de hemoglobina, de preferencia en niveles más elevados que los requeridos para mantener la oxigenación tisular adecuada.

En las pacientes con sangrado o que van a ser sometidos a maniobras cruentas cuyos tiempo de protrombina (TP) y TPT excedan 1.5 veces los del control, el suministro inicial es de PFC 10-20 mL/kg, aunque otros autores recomiendan dosis de 30 mL/kg.

Si la paciente sangra y presenta concentraciones de fibrinógeno menores de 100 mg/dL, se deben suministrar crioprecipitados en dosis de 1-2 U cada 10 kg.

La transfusión de plaquetas se debe realizar cuando exista sangrado con cifras inferiores a 100,000/mm^3 o sospecha de disfunción.

En ocasiones, y si no hay respuesta a los hemocomponentes y a la hemostasia quirúrgica, se utilizan factor VIII, factor VIIr (Novoseven ®) y aprotinina.

Comentarios finales

El 10-15% de las pacientes con alteraciones de la hemostasia cursan con sangrado mayor y en un número elevado presentan alteraciones varias de la hemostasia.

La trombocitopenia puede deberse a déficit de producción, destrucción de etiología inmune o no inmune y dilución por transfusión masiva.

La gran mayoría de los episodios hemorrágicos asociados con el uso de antitrombóticos se relacionan con procedimientos quirúrgicos o lesiones locales, que siempre deben descartarse para poder controlar el episodio.

El sangrado secundario a hepatopatía incluye causas anatómicas y hemostáticas, que en su gran mayoría se asocian.

Los defectos asociados con el trauma y la transfusión masiva son complejos y se relacionan con el volumen de sangre y líquidos transfundidos, trastornos preexistentes de la hemostasia, hipotermia, lesión tisular, terapéuticas ensayadas y coexistencia de CID.

Bibliografía

1. García-Frade Ruiz LF. Capítulo 1. Sistema normal de la coagulación. En: García-Frade Ruiz LF. Manual de trombosis y terapia anti-trombótica. México. Editorial Alfil. 2008.

Capítulo 19. Respuesta inflamatoria sistémica y sepsis

Dr. Hugo Mendieta Zerón

Generalidades

1. Infección: Respuesta inflamatoria a la presencia de microorganismos o la invasión de éstos a tejidos normalmente estériles.
2. Bacteriemia: Presencia de microorganismos viables en la sangre.
3. Síndrome de respuesta inflamatoria sistémica (SIRS): Respuesta sistémica caracterizada por los siguientes hallazgos clínicos: temperatura corporal mayor de 38°C ó menor de 36°C, FC > de 90 latidos/min, FR > 20/min ó $PaCO_2$ menor de 32 mmHg, recuento de leucocitos mayor de 12,000 por mm^3 ó menor a 4,000 por mm^3 ó más de 10% de formas inmaduras. El diagnóstico adecuado de la respuesta inflamatoria sistémica es difícil en la mujer embarazada porque los cambios fisiológicos ocurridos *per se* pueden confundirse con algunos criterios que definen dicha respuesta, por lo que el diagnóstico requiere un alto nivel de sospecha y apoyarse en otros hallazgos.
4. Sepsis simple: Respuesta sistémica a la infección con 2 o más de las manifestaciones del SIRS.
5. Sepsis severa: Sepsis asociada a disfunción orgánica, hipoperfusión o hipotensión que se puede manifestar con oliguria, acidosis láctica o alteración del estado mental.
6. Choque séptico: Hipotensión inducida por la sepsis a pesar de una adecuada administración de líquidos, asociada a los signos de disfunción orgánica.
7. Síndrome de Disfunción Orgánica Múltiple (MODS): alteración o anormalidad funcional grave adquirida en al menos dos aparatos o sistemas, que dure un mínimo de 24 a 48 h.

Infección en obstetricia

La infección es la cuarta causa de mortalidad materna en USA y la séptima en Suecia. En México representa la cuarta causa de muerte entre mujeres en edad reproductiva.

En el embarazo hay factores predisponentes a la infección pero poca evidencia de que sea un estado inmunosupresor. La mujer embarazada puede sufrir las mismas complicaciones que pueden llevar a la sepsis a cualquier adulto y, además, las circunstancias exclusivas del embarazo que pueden ser foco de infección como la corioamnionitis, el aborto séptico y las cesáreas.

Durante el embarazo ocurren cambios fisiológicos que pueden favorecer la morbilidad con respecto a la de una mujer no embarazada como la elevación de los hemidiafragmas, la dilatación de los uréteres y la gran vascularización pélvica. Se ha propuesto además que como la mujer embarazada tiene una mayor permeabilidad vascular por la disminución de la presión coloidooncótica, es más susceptible a complicaciones de la sepsis como el SDRA. La frecuencia de bacteriemia en la población obstétrica con corioamnionitis, pielonefritis o endometritis postparto es del 5-10%; de éstas pacientes, el 4-5% llegan a sepsis y el 3% mueren. En contraste, la mortalidad por choque séptico en mujeres no embarazadas es del 20-50%.

Se ha intentado estadificar el riesgo de sepsis de las pacientes mediante el llamado sistema PIRO (***P****redisposition,* ***I****nsult/****I****nfection,* ***R****esponse,* ***O****rgan disfunction*) de acuerdo con el riesgo basal de un resultado adverso y el potencial de respuesta a la terapia.

El factor de riesgo más importante para la sepsis durante el embarazo es la endometritis postcesárea (70-80%); la siguen la endometritis postparto y la pielonefritis con el 1-4% cada una, las infecciones de herida quirúrgica y las neumonías con el 2% cada una y, por último, la corioamnionitis con el 0.5-1%. En el 20% de los casos la sepsis es multifactorial, pero los gérmenes causales más frecuentes son los bacilos gramnegativos: *Escherichia coli* (50%) y otras especies de enterobacterias (30%), entre ellas: *Klebsiella spp*, *Serratia spp* y *Enterobacter spp*.

Diagnóstico

Clínica

Usualmente los primeros síntomas son la taquipnea, disnea y cambios neurológicos como desorientación y agitación, etc.

Es importante conocer los efectos de la sepsis materna sobre el feto el cual se encuentra en riesgo por la disminución del flujo útero-placentario, ya que los vasos uterinos y placentarios no tienen autorregulación, y la caída de la presión arterial lleva a hipoxia, acidosis, parto prematuro y en los casos muy graves a sufrimiento fetal y muerte.

Lo mejor para disminuir el estado patológico del feto es mejorar las condiciones maternas y la única razón para inducir el parto en casos de sepsis materna es cuando ésta se origina por una amnionitis.

Los factores que son potencialmente responsables del aumento de la incidencia de sepsis y de choque séptico quedan reflejados en la Tabla 19.1.

Tabla 19.1. Factores de riesgo de sepsis

1. Aumento de sensibilización y toma de conciencia para su diagnóstico
2. Aumento del número de pacientes con estados de inmunodeficiencia: • Síndrome de inmunodeficiencia adquirida • Uso de fármacos citotóxicos e inmunosupresores • Malnutrición • Alcoholismo • Enfermedades malignas • Diabetes mellitus • Pacientes trasplantados • Aesplemia • Deficiencia en el complemento o de inmunoglobulinas • Agranulocitosis
3. Incremento en la utilización de procedimientos invasivos en el manejo y diagnóstico de las pacientes
4. Aumento de las resistencias de los microorganismos a los antibióticos

La existencia de alguno de estos factores junto con las manifestaciones clínicas permite el diagnóstico de sepsis, de tal modo que permita instaurar un tratamiento antibiótico precoz, lo cual ha demostrado disminuir la aparición del choque y la mortalidad asociada a sepsis.

La sepsis evoluciona con frecuencia a MODS. El riesgo de muerte aumenta un 15–20% por cada órgano disfuncional y así, una media de dos órganos fallando durante una sepsis severa se asocia a una mortalidad del 30 al 40%. Las disfunciones orgánicas más comunes son las siguientes:

Disfunción termorreguladora: Caracterizada por la presencia de hipertermia o hipotermia, apareciendo ésta última especialmente en caso de edades extremas, sepsis profunda o enfermedad debilitante subyacente.

Disfunción respiratoria: La sepsis se detecta casi siempre por la aparición de taquipnea o hiperventilación e hipoxemia. La sepsis provoca demandas extremas a los pulmones, requiriendo un Vol Min alto precisamente en un momento en el que la distensibilidad del sistema respiratorio está disminuida y la resistencia en la vía aérea aumentada por broncoconstricción, dificultándose la eficacia de la musculatura respiratoria. Casi el 85% de las pacientes necesitan ventilación mecánica de 7 a 14 días y más de la mitad desarrollan LPA o SDRA, detectándose en la Rx de tórax infiltrados algodonosos alveolointersticiales reflejando la existencia de edema pulmonar por aumento de la permeabilidad alveolocapilar, produciéndose hipoxemia marcada.

Disfunción cardiovascular: Aparece hiperdinamia, con mala distribución del flujo sanguíneo a los diferentes órganos (choque distributivo). Aunque el GC puede aumentar inicialmente, pronto aparece una depresión miocárdica con disfunción ventricular izquierda, pudiendo añadirse un componente cardiogénico al edema pulmonar. Por otro lado, la hipoxemia origina una respuesta refleja en forma de vasoconstricción (vasoconstricción pulmonar hipóxica), dando lugar a hipertensión pulmonar con disfunción ventricular derecha por incremento de su postcarga.

Disfunción metabólica: La situación de choque se produce por un inadecuado aporte del sustrato metabólico, especialmente del O_2, o por un uso inadecuado del mismo (disminución de EO_2), resultando una acidosis láctica. En un primer momento el VO_2 tisular es normal o está aumentado en dependencia del aporte, para luego estar disminuido. Otras alteraciones metabólicas encontradas en la sepsis son: hiperglucemia (fase precoz), hipoglucemia (fase tardía), hipomagnesemia, hipofosfatemia, hipokalemia, hiponatremia e hipocalcemia.

Disfunción renal: Es común la oliguria transitoria, en relación a la hipotensión. Sin embargo, el restablecimiento del flujo urinario optimizando la volemia y normalizando la presión arterial no previene la aparición de NTA y fracaso renal. Menos del 5% de pacientes con fallo renal requieren diálisis.

Disfunción gastrointestinal: Es frecuente la existencia de íleo a pesar de haber corregido la hipoperfusión tisular, con disminución del pH gastrointestinal, y hemorragia digestiva por lesiones de stress.

Disfunción hepática: En pacientes con función hepática normal previamente, son comunes las elevaciones de bilirrubina y de los niveles séricos de aminotransferasas, aunque no es frecuente el fallo hepático severo.

Disfunción hematológica: Aparece leucocitosis, leucopenia o desviación izquierda, trombocitopenia o coagulopatía subclínica con alargamientos moderados bien del INR, bien del TPT. La CID no es frecuente, aunque la sepsis severa sí es común que curse con ella. La activación masiva del sistema de la coagulación puede ocasionar la producción y depósito de fibrina, dando lugar a trombosis microvascular en varios órganos, contribuyendo así a la aparición del fracaso multiorgánico. Esta situación origina una depleción de los factores de coagulación y de las plaquetas, incrementando paradójicamente el riesgo de hemorragia.

Disfunción neuromuscular y del SNC: A lo largo de la evolución de la sepsis existe riesgo para el desarrollo del síndrome de debilidad neuromuscular prolongada (polineuropatía del enfermo crítico) por degeneración axonal. Son comunes las alteraciones del estado mental en forma de confusión, desorientación, letargia, agitación, obnubilación e incluso coma.

Es posible que las pacientes debilitadas o inmunosuprimidas no manifiesten las características obvias de una infección localizada, puesto que en ellas los mecanismos inflamatorios están disminuidos, y la incapacidad de formar pus hace que sea difícil demostrar el origen de la sepsis o que presenten fiebre.

Laboratorio

Los estudios básicos de laboratorio son útiles para sugerir un cuadro séptico como causa del estado de choque. Se practicará obligatoriamente un hemograma, función renal, ionograma, oximetría arterial y equilibrio ácido-base, estudio de la coagulación, sedimento de orina, y cualquier otra determinación analítica que la clínica de la paciente requiera. La leucocitosis y desviación izquierda son casi constantes; cuando la cifra leucocitaria es baja, casi todos los leucocitos periféricos son formas jóvenes o inmaduras, en pacientes sépticas que no reciben tratamiento citotóxico previo. La trombopenia es frecuente. Incluso cuando no hay hiperventilación clínica evidente, los gases sanguíneos arteriales con frecuencia demuestran alcalosis respiratoria, a veces con ligera hipoxemia. También es frecuente la acidosis metabólica, con ascenso de la concentración de lactato, antes de la reanimación adecuada, con alcalosis respiratoria para intentar compensar dicha acidosis.

Se recomienda practicar de manera rápida estudios diagnósticos de imagenología y obtención de muestras de los sitios probables de la infección, con el fin de determinar su fuente y el agente causal. En caso de que la paciente esté muy inestable y no se le puedan practicar procedimientos invasivos o no pueda ser transportado fuera de la unidad de cuidado intensivo, puede recurrirse a estudios que puedan hacerse al lado de la cama, tales como el USG.

Es muy importante efectuar el diagnóstico microbiológico del agente infectante, pues ello nos permitirá a posteriori adaptar la pauta antibiótica empírica que inicialmente se adopte. Para ello se efectuarán un mínimo de dos hemocultivos, un urocultivo y cultivo de esputo y/o de cualquier otra secreción o producto biológico de la paciente que pueda estar infectado. La búsqueda de posibles focos como origen de sepsis obligará a efectuar una Rx de tórax u otra exploración pertinente, según la clínica de la paciente. La ecografía abdominal puede ser de gran utilidad para localizar colecciones o para demostrar dilatación y/u obstrucción de vísceras huecas, como colédoco y uréter.

Hemodinámico

Deben adoptarse rápidamente y de forma simultánea, una serie de medidas encaminadas a diagnosticar etiológicamente a la paciente, mientras se mantiene la hemodinámica, paro lo cual nos será de gran utilidad la colocación de un catéter de Swan-Ganz, siendo lo característico del choque séptico un estado hiperdinámico con IC elevados de 3.5–7 L/min/m^2 después de corregir la hipovolemia, indicada por una PCPC mayor de 10 mmHg; con una disminución de las RVS que conducen a hipotensión (PAS < 90 mmHg) a pesar de un IC normal ó por encima de lo normal, taquicardia, disminución del índice de trabajo ventricular tanto izquierdo como derecho, que no mejora a pesar de aumentar la precarga como ocurre en otras pacientes críticas no sépticas, VO_2 normal o reducido incluso en presencia de una aporte de O_2 aumentado, índice de extracción de O_2 disminuido, Da-vO_2 disminuida con una SvO_2 aumentada.

Otras enfermedades con desviación de la sangre arterial a la circulación venosa también producen estos patrones; incluyen fístulas arteriovenosas, cortocircuitos intracardiacos de izquierda a derecha por defectos en el tabique interauricular o interventricular y enfermad ósea de Paget. Las pacientes con hipotensión atribuible a múltiples causas pueden presentar un patrón hemodinámico que no es típico de ninguna alteración en particular. La circunstancia más común es el compromiso grave de la función cardíaca relacionado con la sepsis. En estos casos la RVS es baja o sólo menor a la esperada en una paciente con disfunción cardíaca, sin embargo, el GC no es tan alto como podría encontrarse en un choque séptico, ni tan bajo como se observaría en un choque cardiogénico.

Tratamiento

Se basa en los siguientes principios: alto grado de sospecha, pronto reconocimiento, tratamiento temprano e intensivo y prevención de las noxas agregadas. En cuanto a los objetivos, este tratamiento tiene la siguiente finalidad: recuperar la PAS por encima de 90 mmHg, mantener un gasto urinario mayor de 30 ml/h, una PO_2 mayor de 60 mmHg y un estado mental normal; normalizar la perfusión y oxigenación tisulares, erradicar el foco infeccioso y proteger la mucosa gástrica.

El manejo efectivo de la sepsis grave y el choque séptico requiere reanimación, terapia antibiótica, drenaje del foco de infección, monitoreo, medidas específicas y medidas de soporte.

Hemodinámicamente se recomiendan las siguientes metas para ser alcanzadas durante las primeras 6 h: PVC = 8 a 12 mmHg, PAM = 65 mmHg, gasto urinario > 0.5 ml/kg/h, SvO_2 = 70%. En este sentido, la administración de líquidos IV es prioritario de manera inicial, prefiriéndose cristaloides debido a su disponibilidad, costo y bajos efectos adversos pero con el conocimiento de administrar coloides de manera juiciosa.

Se debe considerar la administración de HCO_3^- cuando persista un pH sanguíneo menor de 7.1 después de haber corregido las variables respiratorias y cuando persista la inestabilidad hemodinámica.

Si pese a una adecuada infusión de líquidos persiste la hipoitensión, será necesario el uso de vasopresores. Arbitrariamente se ha elegido como objetivo tener una PAS de 90 mmHg o una PAM entre 60-65 mmHg. El aumento de la vasoconstricción puede hacer disminuir el GC por lo que hay que elegir muy bien el vasopresor o la combinación de vasopresor e inotrópico.

El objetivo al restituir líquidos y administrar aminas no sólo es elevar la presión arterial sino lograr también que sean adecuados el flujo esplácnico, la perfusión renal, la filtración glomerular y la perfusión cerebral con conservación del eje hipotálamo-hipofisiario. Se recomienda el uso de norepinefrina o dopamina como medicamentos de primera línea para la hipotensión en choque séptico.

El soporte inotrópico con dobutamina también puede requerirse en el choque séptico, especialmente, cuando persiste el GC bajo a pesar de una adecuada reanimación con fluidos o cuando hay depresión miocárdica séptica grave o disfunción miocárdica preexistente. Si es necesario usarlo, podría combinarse con terapia vasopresora, incluso en presencia de hipotensión.

Microbiológicamente se recomienda iniciar una terapia empírica temprana de amplio espectro que incluya uno o más medicamentos con actividad contra los patógenos bacterianos más probables, de acuerdo con el contexto clínico, y que tengan buena penetración a los presuntos focos de la infección. La elección de los medicamentos antibióticos debe guiarse por los patrones de susceptibilidad de los microorganismos en la comunidad y en cada hospital. En nuestra unidad generalmente nos basamos en las Guías de Sanford.

Se recomienda evaluar el esquema antibiótico después de 48 a 72 h, según los datos clínicos, microbiológicos y de susceptibilidad obtenidos, para enfocar la terapia antibiótica hacia un espectro más reducido. Con esto se busca disminuir el desarrollo de resistencia, reducir la toxicidad y evitar costos innecesarios. Si se determina que el síndrome clínico corresponde a causas no infecciosas, la terapia antibiótica se debe descontinuar para minimizar el desarrollo de patógenos resistentes y la infección agregada por otros gérmenes.

Se recomienda utilizar terapia antibiótica, por lo menos, durante 7 a 14 días, con variaciones en algunas situaciones específicas. Se puede iniciar con una terapia combinada empírica, pero, una vez identificado el patógeno, se deben suspender los antibióticos que no agreguen mayor cubrimiento. La terapia antibiótica combinada se recomienda en pacientes inmunocompetentes con sospecha o evidencia de sepsis (con bacteriemia o neumonía) por *Pseudomonas aeruginosa*. El uso de terapia empírica antimicótica puede estar justificado en un grupo selecto de pacientes sépticas con alto riesgo de candidiasis invasiva.

La paciente inmunocomprometida (virus de inmunodeficiencia humana (VIH), con cáncer, post-transplantada, etc.), difiere en términos del posible patógeno que puede causar sepsis grave o choque séptico, incluyendo bacterias inusuales y hongos que pueden tener susceptibilidades únicas a antibióticos y que requieren tratamientos muy específicos. Sin embargo, se recomienda el uso de antibióticos de amplio espectro mientras se obtienen los resultados de los cultivos.

Como tratamiento empírico en casos de fiebre y neutropenia, de acuerdo con el estado clínico y las posibles contraindicaciones, se recomienda usar anfotericina B, fluconazol o caspofungina. En aspergilosis invasiva se recomienda el uso de voriconazol. En candidiasis diseminada aguda se recomienda usar anfotericina B, fluconazol o caspofungina. No se recomienda la terapia antiviral empírica en pacientes inmunocomprometidas.

Es importante recordar que pacientes con enfermedades reumatológicas o autoinmunes pueden cursar con infecciones afebriles, esto por la propia enfermedad subyacente o por los medicamentos indicados para controlar la enfermedad.

En pacientes neutropénicas febriles podrían utilizarse los factores estimuladores de colonias de granulocitos y el factor estimulador de colonias de granulocitos y macrófagos.

Los estudios auxiliares como TAC, USG y RMN, permitan establecer o confirmar el foco causante de la sepsis. Estos también ayudan en el proceso de toma de decisiones sobre el mejor abordaje terapéutico.

Una vez se haya identificado un foco de infección como causa de la sepsis, se recomienda utilizar intervenciones dirigidas a controlar el foco infeccioso, según el sitio de origen de la sepsis. El foco infeccioso debe manejarse adecuadamente con medidas de control de la fuente de infección, después de la reanimación inicial. Este es el caso en abscesos intraabdominales, perforación de víscera hueca, colangitis o isquemia mesentérica. Si las vías de acceso vascular son la fuente presuntiva de la sepsis, deben suspenderse rápidamente después de establecer otro acceso vascular.

Metabólicamente es muy importante controlar la hiperglucemia en la sepsis, mediante la infusión continua de insulina. El nivel de glucemia para iniciar el manejo con insulina debe ser de 150 mg/dl, y se deben evitar los episodios de hipoglucemia.

En relación al uso de esteroides, lo ideal es hacer la prueba de función suprarrenal. La medición del cortisol basal con un valor umbral de 25 µg/dl es útil para definir el diagnóstico de insuficiencia suprarrenal en el choque séptico. Si no se cuenta con pruebas de función suprarrenal, puede utilizarse la respuesta hemodinámica de la paciente a los corticosteroides como una forma para orientar el tratamiento.

El uso de una prueba rápida de estimulación con 250 µg de corticotropina (ACTH) IV, con la medición de los cambios en los niveles séricos del cortisol es útil para clasificar las pacientes como respondedoras y no respondedoras; también permite orientar la terapia con corticosteroides, sin embargo, esta prueba se considera opcional y la espera de los resultados no debe retrasar la administración de corticosteroides cuando estén indicados.

Toda paciente con choque séptico quien, a pesar de una adecuada reposición de líquidos, continúe dependiendo del tratamiento vasopresor, debe ser estudiada para determinar si hay insuficiencia suprarrenal relativa. La terapia con corticosteroides debe iniciarse tan pronto como se sospeche esta disfunción suprarrenal.

En pacientes con choque séptico quienes, a pesar de una adecuada reposición de líquidos continúen dependiendo de la terapia vasopresora, se recomiendan dosis bajas de corticosteroides (hidrocortisona 200 a 300 mg/día, en tres o cuatro dosis divididas o en infusión continua). El tiempo de tratamiento debe ser de 5 a 7 días o mientras la paciente permanezca con vasopresores.

En el caso específico de sepsis de origen abdominal se sugiere usar inmunoglobulina enriquecida en el tratamiento de la.

En pacientes sépticas, se recomienda la terapia de reemplazo renal en presencia de sobrecarga de volumen, hiperkalemia, acidosis metabólica y signos y síntomas de uremia.

De manera usual es adecuado el uso de bloqueadores H2 (ranitidina o famotidina) como profilaxis antiulcerativa en todo paciente con sepsis grave y choque séptico.

En la sepsis, y en ausencia de enfermedad coronaria significativa o sangrado activo, se recomienda transfundir GR sólo cuando la Hb sea menor de 7 g/dl. En las primeras 6 h de manejo de la sepsis grave o el choque séptico, se recomienda transfundir para llevar la Hb a títulos superiores a 10 g/dl, si la SvO_2 es menor de 70% y se han corregido la hipovolemia y la hipotensión.

También se recomienda la administración de PFC (10 a 15 ml/kg) en las pacientes sépticas que cursen con alteración de los factores de coagulación, demostrada mediante anormalidades de los tiempos de coagulación, y que presenten sangrado activo o estén siendo preparados para procedimientos quirúrgicos o invasivos.

En pacientes sépticas se recomienda la transfusión de plaquetas cuando: 1) están por debajo de 5,000/mm^3; 2) están entre 5,000 y 50,000/mm^3 y existe sangrado activo o un riesgo inminente de sangrado (por ejemplo, presencia de petequias en el exámen clínico); 3) están por encima de 50,000/mm^3, como preparación para un procedimiento quirúrgico o invasivo.

Neurológicamente se recomienda establecer metas para alcanzar una óptima sedación y analgesia, utilizando escalas previamente validadas en pacientes con sepsis y con asistencia respiratoria. El uso de protocolos para la titulación de agentes sedantes y analgésicos orientados hacia la consecución de metas clínicas o la interrupción diaria de estos medicamentos, disminuye el tiempo de asistencia respiratoria, la estancia en la unidad de cuidado intensivo y la estancia hospitalaria en pacientes con sepsis que se encuentran con respiración mecánica asistida.

En la sepsis, el uso de agentes relajantes musculares se debe evitar hasta donde sea posible.

Como en todo paciente crítico y con poca movilidad, se recomienda utilizar profilaxis de TEV en todas las pacientes sépticas. Mundialmente ha ido ganando terreno la HBPM sobre la HNF. En pacientes con muy alto riesgo de TEV o con varios factores de riesgo, podría considerarse la combinación de profilaxis farmacológica y profilaxis mecánica con compresión neumática intermitente.

En pacientes con sepsis grave o choque séptico adecuadamente reanimadas, se recomienda el uso de nutrición enteral o parenteral, según un protocolo adecuadamente establecido, dando preferencia al uso de nutrición enteral para evitar la atrofia de las vellosidades.

En resumen, para el tratamiento de la sepsis en la mujer embarazada se recurre a las siguientes medidas:

1. Administración de cristaloides, 500 ml c/20 min y luego 250 ml/h. Si no mejora se administra vasopresor e inotrópicos: dobutamina más norepinefrina.
2. Sonda vesical abierta.
3. Erradicar los focos infecciosos.
4. Administrar antibióticos, por ejemplo: clindamicina + gentamicina.
5. Administrar insulina para mantener la glucemia entre 80-110 mg/dl, evitando la hipoglucemia.
6. Administrar esteroides si la respuesta suprarrenal es inadecuada.

Aportación propia

Se ha teorizado que la combinación de ketoconazol, pentoxifilina e indometacina reduce la respuesta inflamatoria. En nuestra unidad comenzamos un estudio comparativo entre Xigris (drotrecogina alfa activada) y la combinación de fármacos mencionada; estudio que no pudo finalizarse pues aunque estadísticamente no había diferencias en las variables que se registraban, el medicamento Xigris fue retirado del mercado. Queda pendiente hacer más estudios con la combinación de ketoconazol, pentoxifilina e indometacina, que además de efectiva es accesible económicamente.

Bibliografia

1. Acosta CD, Bhattacharya S, Tuffnell D, et al. Maternal sepsis: a Scottish population-based case-control study. BJOG. 2012;119:474-83.
2. Trikha A, Singh P. The critically ill obstetric patient - Recent concepts. Indian J Anaesth. 2010;54:421-7.
3. Publicaciones del Dr. Manuel Díaz de León.

Capítulo 20. Choque

Dr. Hugo Mendieta Zerón

Definición

Choque: desequilibrio entre el aporte y las demandas de O_2. De forma genérica el estado de choque se define como un estado patológico, desarrollado de forma aguda, en el que los tejidos están insuficientemente perfundidos.

Clasificación

El estado de choque se clasifica en función del trastorno fisiopatológico primario.

Para comprender los mecanismos que pueden conducir al choque debemos recordar que el aporte de sangre a los órganos depende de la presión de perfusión, que es la arterial, y del calibre de las arteriolas propias. Para mantener la presión se precisa el buen funcionamiento de la bomba cardíaca y que la precarga sea suficiente; esto último exige un volumen circulante normal y que el tono vascular general permita que la relación entre continente y contenido sea adecuada.

Teniendo en cuenta esto, los distintos tipos de choque en función de su mecanismo de producción se clasifican en:

1. Choque hipovolémico
2. Choque cardiogénico
3. Choque obstructivo
4. Choque distributivo
    - Choque séptico
    - Choque anafiláctico
    - Choque neurogénico

Choque hipovolémico

El choque hipovolémico se define como un síndrome secundario a la pérdida aguda del volumen circulante, con incapacidad cardiorrespiratoria y baja disponibilidad de O_2 para suplir las necesidades tisulares, causando daño en diversos parénquimas por incapacidad para mantener la función celular.

La reducción del flujo produce hipoxia tisular, alteraciones estructurales, cambios en el pH intra y extracelular y alteraciones de la coagulación. La hemorragia o pérdida de grandes cantidades de plasma, agua y electrolitos producen disminución del GC, y la respuesta directa del organismo consiste en vasoconstricción progresiva de la piel, vísceras y músculo esquelético para preservar el flujo sanguíneo de los riñones, corazón y cerebro. A nivel celular se produce metabolismo anaeróbico que incrementa el ácido láctico y el desarrollo de acidosis metabólica. Si se prolonga la hipoperfusión, evoluciona al deterior pudiendo desarrollar edema pulmonar, acidosis láctica, daño irreversible y muerte.

Fases del estado de choque

Se distinguen tres estadios evolutivos del estado de choque:

1. Choque compensado: En una etapa precoz estos cambios actúan como mecanismos compensadores que intentan preservar la función de órganos vitales, de tal forma que al corregirse la causa desencadenante se produce una recuperación total con escasa morbilidad.
2. Choque descompensado: Cuando los mecanismos de compensación se ven sobrepasados, se entra en una segunda fase en la que ya se aprecia disminución del flujo a órganos vitales e hipotensión, que clínicamente se traduce en deterioro del estado neurológico, pulsos periféricos débiles o ausentes y ocasionalmente pueden aparecer arritmias y cambios isquémicos en el electrocardiograma. En esta fase los signos de hipoperfusión periférica se hacen más evidentes, la diuresis disminuye aún más y la acidosis metabólica progresa. De no corregirse rápidamente, el choque se acompaña de una elevada morbilidad y mortalidad.
3. Choque irreversible: Si el choque no se corrige, las posibilidades de que sobreviva la paciente se reducen drásticamente y finalmente se entra en una fase irreversible, donde la resucitación es difícil y aunque inicialmente se consiga, la paciente desarrollará un fallo multisistémico y fallecerá.

Fisiopatología

1. Hemodinámica del choque. La disminución del GC, y de la TA, pone en marcha los siguientes mecanismos compensadores:
   a. Reacción simpaticoadrenal.

   La activación del sistema simpático secreta catecolaminas al torrente circulatorio que aumentan la frecuencia y la contractilidad del corazón y disminuyen el lumen de las arteriolas y venas con el intento de movilizar la sangre que albergan. Se intenta, de esta forma, elevar el GC y mantener la TA.

b. Activación del sistema renina-angiotensina-aldosterona.
Aumenta el tono vascular por la acción constrictora de la angiotensina II y consigue mantener la volemia gracias a la retención de Na que se reabsorbe por la acción de la aldosterona en túbulos renales.

c. Aumento de la secreción de ADH.
Estimulado por la hipovolemia, se consigue retener agua por medio de la acción de la ADH.

2. Microcirculación. Se afecta en distintas formas:
   a. Aumento de la permeabilidad vascular.
   Permitiendo el paso de líquido desde el espacio intravascular al intersticial con lo que disminuye la volemia y se concentra la sangre.
   b. Alteración del juego de los esfínteres precapilar y poscapilar.
   La anoxia y la acidosis relajan el esfínter precapilar y aumentan las resistencia del poscapilar, con lo que aumenta la presión hidrostática en los capilares y el resultado es, igualmente, paso de líquido hemático al espacio intersticial.
   c. Circulación lenta.
   Atribuible a la hemoconcentración. Dificulta la rápida llegada de O_2 a los tejidos.
   d. CID.
   Constitución de trombos que ocupan la luz de los pequeños vasos como consecuencia de daño directo, e indirecto, del endotelio vascular y consecuente activación de la cascada de la coagulación, como ocurre en el choque séptico.
3. Alteraciones funcionales y estructurales de los órganos y sistemas. Como consecuencia de la anoxia puede ocurrir:
   a) Aparato respiratorio: taquipnea.
   b) Tracto gastrointestinal: lesión de la mucosa.
   c) Hígado: decaen todas sus funciones.
   d) Riñón: se reduce la cantidad de filtrado y aumenta la reabsorción de Na y agua para aumentar la volemia.
   e) Cerebro y corazón: En las primeras fases del choque son órganos “privilegiados” ya que, debido a la presencia de

determinados receptores, mantienen sus funciones, aunque a la larga también sufren y se tornan insuficientes.

4. Trastornos metabólicos. A destacar, por ejemplo, el hallazgo de glucemias altas al inicio del cuadro, como consecuencia de la acción glucogenolítica de las catecolaminas, y más adelante, cuando se ha consumido la reserva de glucógeno, desciende. Otro hallazgo característico es la hiperlactacidemia por aumento de la producción de ácido láctico.

Manifestaciones clínicas

En la Tabla 20.1 se enlistan los principales signos y síntomas de acuerdo a la gravedad del mismo.

Tabla 20.1. Signos y síntomas de acuerdo a la gravedad de pérdida sanguínea

Clases o estadios				
Pérdidas hemáticas (%)	< 15%	>15 %	> 30%	> 40%
Pérdidas hemáticas (ml)	< 750 ml	>750 ml	> 1,500 ml	> 2,000 ml
Frecuencia cardíaca	< 100	>100	> 120	> 140
Presión sistólica (mmHg)	normal	normal	< 90	< 70
Llenado capilar (s)	< 1	1– 2	> 2	nulo
Frecuencia respiratoria	< 20	> 20	> 30	> 35
Estado mental	apropiado	ansioso	confuso	comatoso
Diuresis (ml/h)	> 30	20 – 30	5 - 15	insignificante

Piel: pálida y fría con llenado capilar lento (vasoconstricción), sudorosa (acción simpática) y cianótica.

Aparato respiratorio: Taquipnea (acción simpática o compensatoria de la acidosis)

Aparato circulatorio: Taquicardia e hipotensión., pulso rápido y filiforme, disminución de la PVC: hasta 2-3 mmHg, excepto en el choque cardiogénico en el que está aumentada.

Riñón: Oliguria.

SNC: En estadios precoces irritabilidad (catecolaminas), en estadios avanzados disminuye también la perfusión cerebral con lo que se evoluciona a la obnubilación progresiva hasta llegar al coma.

Cambios bioquímicos: Acidosis metabólica, hiperlactacidemia, azoemia prerrenal, trastornos de la coagulación e hidroelectrolíticos.

Manejo del choque hemorrágico

Los lineamientos generales del tratamiento son:

- Control de la hemorragia
- Corrección del estado de choque
- Reposición de la masa globular
- Sustitución de los factores de coagulación y plaquetas consumidas
- Corrección de todo otro factor deletéreo: acidosis, hipotermia

1. Reposición de la volemia

Iniciar la reposición de la volemia, con el inicio del sangrado, mediante el uso de cristaloides cuyo monto guardará proporción de 3:1 con relación a las pérdidas medidas y/o estimadas.

La reposición de la volemia se efectuará en forma precoz y suficiente con Ringer lactato o solución salina normal 50 ml/kg peso en 10-15 min, esto representa una cantidad de 3,000 ml aproximadamente. Podrá asociarse soluciones coloides del tipo poligelina o almidón en proporción de 1:3 con respecto a los cristaloides. Los dextranos y los almidones de alto peso molecular están contraindicados cuando el volumen a infundir es elevado, recurriendo en estos casos a las poligelinas y los almidones de bajo peso molecular.

Si la hemorragia continúa se inicia la reposición globular mientras continúa la expansión con cristaloides y/o coloides en cantidad que deberá superar las pérdidas estimadas y que se ajustará según los parámetros fisiológicos y de laboratorio.

Con pérdidas equivalentes a una volemia los factores de la coagulación disminuyen, por efecto dilucional, a un nivel crítico y favorece la aparición de coagulopatía. Poco antes que esto ocurra, el PFC reemplazará parte de los cristaloides administrados, en proporción creciente.

Se requieren pérdidas equivalentes a 1.5 volemias para que el valor de las plaquetas descienda debajo de 100,000/mm^3, en cualquier momento de la evolución y requerirá tratamiento específico.

2. Transfusión de hemoderivados

Para lograr una hemostasia efectiva se requieren unos valores límite de factores de coagulación que se sugieren a continuación:

- TPT: hasta 1.5 veces el valor basal.
- TP: igual o mayor de 40% o < 1.6 veces del valor de control.
- Concentración de fibrinógeno: 100 mg/dl.
- Recuento de plaquetas: mayor de 50,000/mm^3 durante la cirugía abdominal.
- Concentración de factores: mayor de 30% del normal.

Si a pesar de estos valores el sangrado persiste, no es adjudicable a coagulopatía.

a) Transfusión de glóbulos rojos (GR)

En presencia de hemorragia aguda, el objetivo de la transfusión con GR es restaurar la capacidad de transporte de O_2 para cumplir con las demandas tisulares. Durante la anemia aguda existe aumento del gasto cardíaco, pero este podrá afectarse por disfunción ventricular izquierda, requiriendo mayores concentraciones de Hb para mantener una adecuada disponibilidad de O_2 en los tejidos. Teniendo en cuenta que se trata de una patología potencialmente exanguinante y mortal, debe disponerse en quirófano de un mínimo de 4 U de GR isogrupo compatibilizadas y en el banco de suficiente cantidad como se estime necesario, para su pronta utilización. La transfusión de GR no deberá ser usada como expansión del volumen intravascular, cuando la capacidad de transporte de O_2 es adecuada.

El umbral mínimo de Hto tolerable es individual en cada sujeto, pero tomando a favor un pequeño margen de seguridad, podríamos afirmar que hemoglobinemias entre 7 y 8 g/dl resultarán adecuadas para una mujer con función cardíaca y respiratoria normal. Cada unidad de GR

transfundida debería aumentar, en una mujer de 70 kg, la concentración de Hb en 1 g/dl y el valor del Hto en 3 puntos.
Se transfundirá a la enferma con GR cuando la Hb se encuentre entre 6-10 g/dl asociado con signos de oxigenación tisular inadecuada. La transfusión de GR no está indicada cuando la concentración es mayor de 10 g/dl, excepto en la hemorragia no controlada. Casi siempre está indicada con niveles de Hb menores de 6 g/dl, excepto en pacientes renales crónicas.
Otras formas de mejorar el suministro de O_2 con relación a la demanda, independientemente de la transfusión, comprende: a) aumento de la perfusión tisular, optimizando en rendimiento cardíaco (dopamina), b) incremento de la saturación de O_2 de la Hb (oxigenoterapia), c) disminución de las demandas tisulares de O_2 (hipotermia controlada).

b) Transfusiones de plasma

La reposición con PFC no solo aporta los factores de coagulación sino además sus inhibidores naturales en cantidades equivalentes. El plasma normal contiene suficiente cantidad de factores de la coagulación para permitir que su concentración no resulte por debajo del límite de la coagulabilidad cuando la pacientes que recibe casi una volemia de reemplazo con cristaloides/coloides. Sus indicaciones son:

- Si los resultados de laboratorio no están aún disponibles, tres U de PFC podrán transfundirse para intentar controlar el sangrado no quirúrgico luego de la 4a o 5a U de GR.
- En el contexto de una transfusión masiva (más de una volemia), si hay sangrado microvascular asociado con un incremento del TP y TPT >1.5 veces superior al valor normal (coagulopatía dilucional).
- En pacientes con coagulopatía por consumo con sangrado obstétrico activo o con CID (sangrado múltiple).
- Para algunos autores el camino es mantener el TP en 40%, para otros debe continuarse hasta 2 U de plasma c/3 U de GR o 1:1.

Dosis: El cálculo de la dosis dc PFC a administrar debe realizarse como para lograr un mínimo del 30% de la concentración plasmática de los factores de la coagulación. La dosis recomendada es 10-15 ml/kg peso.

Efectos adversos y riesgos asociados:

- Reacciones hemolíticas de tipo inmunológicas

- Sobrecarga de volumen
- Reacciones alérgicas o anafilácticas
- Edema agudo de pulmón no cardiogénico
- Transmisión de agentes infecciosos

Uso indebido:

- Expansor del volumen circulante
- Corrección del efecto anticoagulante de la heparina

c) Transfusión de crioprecipitados

Es la fracción coagulante obtenida a partir de una unidad de PFC, descongelado a una temperatura inferior a 4ºC y concentrado en un volumen final de 10-20 ml que contiene: factor VIII: 80-120 UI, factor de von Willebrand: 70% del que contenía el plasma original, fibrinógeno: 250 mg/dl, factor XIII. Con pérdidas cercanas a una volemia la concentración de los factores de coagulación llega a su punto crítico: 30%. Por tal motivo se considerará la transfusión de PFC y de crioprecipitados si la concentración plasmática de fibrinógeno se reduce por debajo de 100 mg/dl.

Otras indicaciones:

- Hemofilia A
- Enfermedad de von Willebrand
- Deficiencia de factor XIII

d) Transfusión de plaquetas

La dosis estándar es una unidad de plaquetas por cada 10 kg de peso corporal, que en condiciones ideales, debería elevar el recuento entre 5,000-10,000/mm^3 por cada unidad transfundida. Sus indicaciones son:

- Cuando el recuento se encuentra por debajo de 50,000/mm^3. La compatibilidad ABO no es esencial, pero si se consigue, la sobrevida plaquetaria es mayor. Con 50,000/mm^3 se logra actividad plaquetaria normal, pero si hay hemorragia masiva e hipotermia y/o acidemia el valor es 100,000/mm^3.
- Disfunción plaquetaria con tiempo de sangrado mayor de dos veces el límite superior de lo normal. En presencia de sangrado microvascular o en el postoperatorio inmediato.
- Cirugía con sangrado microvascular y tiempo de sangrado mayor de dos veces el límite superior normal.

- En pacientes con hemorragia por trombocitopenia o por trastornos funcionales de las plaquetas. También se indica en quienes recibieron transfusiones masivas (una o más volemias en 24 h o el 50% de su volemia en tres horas). En estos casos se puede presentar una disminución del recuento plaquetario con la consecuente coagulopatía dilucional. Su manifestación clínica es el sangrado del lecho microvascular (borde de la herida, mucosas y sitios de punción).
- La severidad del cuadro hemorrágico, el recuento de plaquetas y la causa de la trombocitopenia, son factores que deben valorarse antes de decidir la transfusión. Si el recuento se encuentra entre 40,000 y 50,000/mm^3, es suficiente para poder realizar un procedimiento quirúrgico con seguridad, en ausencia de alteraciones de la coagulación asociada. En las trombocitopenias con estos recuentos, se transfundirán plaquetas sólo si hay hemorragia o riesgo de ella.
- El riesgo hemorrágico es importante si el recuento es menor de 20,000/mm^3, sobre todo si la paciente tiene una historia de hemorragia, se encuentra en tratamiento con ciertos fármacos o tiene un deterioro de la función renal y/o hepática.

Efectos adversos:

Sensibilización Rh (paciente Rh negativa debe recibir anti D post trasfusión de plaquetas Rh positivas).

La activación consecuente del sistema fibrinolítico podrá aportar daño adicional por medio de los productos de degradación del fibrinógeno y la fibrina disminuyendo la contractilidad miocárdica y ocasionando hipotensión no dependiente de la hipovolemia y disminuyendo el tono uterino y favoreciendo el sangrado obstétrico. A su vez, ambos deterioran aun más la coagulación y retroalimentan la hemorragia.

Apoyo respiratorio

En todos los casos de descompensación hemodinámica se incrementará la fracción inspirada de O_2 con el fin de optimizar la disponibilidad del mismo a nivel tisular. Podrá resultar necesario iniciar o continuar la asistencia respiratoria mecánica.

Apoyo hemodinámico

Si a pesar de la reposición adecuada de la volemia, la paciente evoluciona hacia el deterioro de la función cardíaca podrá recurrirse al uso de drogas vasoactivas.

Adrenalina: Es una catecolamina endógena que actúa sobre los receptores adrenérgicos alfa-1, alfa-2, beta-1 y beta-2. Su acción es dosis dependiente; por debajo de 0.02 µg/kg/min tiene un efecto predominantemente beta, produce vasodilatación sistémica y aumenta la frecuencia y el GC con poco efecto sobre la presión arterial, a dosis superiores tiene un efecto predominantemente alfa y produce vasoconstricción importante.

Noradrenalina: Al igual que la adrenalina tiene efecto beta-1 a dosis bajas, pero a las dosis empleadas habitualmente tiene un potente efecto alfa-1, produciendo una vasoconstricción que es especialmente útil para elevar la PAM.

Dopamina: Es un precursor de la noradrenalina, también tiene acción mixta y dosis dependiente: por debajo de 4 µg/kg/min tiene efecto sobre los receptores dopaminérgicos, favoreciendo la perfusión renal (aumentando la diuresis) esplácnica, coronaria y cerebral, entre 4 y 10 µg/kg/min su acción es predominantemente beta y por encima de 10 µg/kg/min tiene un predominio alfa produciendo vasoconstricción con aumento de la presión arterial.

Dobutamina: Es una catecolamina sintética que actúa sobre los receptores beta-1 y beta-2, aumenta la contractilidad miocárdica, elevando el GC y por su efecto beta-2 disminuye ligeramente las RVS.

Choque séptico (ver información complementaria en el capítulo 21)

Las infecciones siguen siendo una de las principales causas de morbimortalidad en las pacientes obstétricas. En ellas, los cambios fisiológicos del embarazo pueden enmascarar el inicio de un cuadro infeccioso. Se sabe que las pacientes obstétricas tienen mayor riesgo de sufrir cuadros infecciosos pero también tienen mucho mejor pronóstico que la población general por sus condiciones, por los gérmenes causales y por la accesibilidad de los focos sépticos. La principal causa de infección y sepsis en las pacientes obstétricas es la endometritis postcesárea. Un factor predisponente para la aún alta tasa de mortalidad por choque séptico materno es el hecho de que las mujeres acudan a abortar de manera furtiva al no haber en México la legalización para el aborto salvo en el D.F.

Fisiopatología

Existen datos suficientes como para pensar que tanto el riesgo de adquirir la infección como el riesgo de desarrollar complicaciones severas están determinados por factores genéticos del huésped. Estos incluyen defectos de genes únicos que afectan a receptores celulares; variantes genéticas que alteran la función de distintos mediadores inmunológicos, fisiológicos y metabólicos; o polimorfismos del ADN específicos de determinadas regiones génicas.

La presencia de microorganismos o de la endotoxina/Lipopolisacaridasa (endotoxina/LPS), que es el componente polisacárido de la toxina bacteriana, además de activar al complemento, produce la activación de los macrófagos, los cuales sintetizan el TNF-α, el cual se une principalmente al pulmón, riñón e hígado, estimulando la producción en linfocitos, macrófagos y células endoteliales de interleuquinas, interferón, factor estimulante de colonias de neutrófilos (FECN) y factor activador plaquetario (PAF). El interferón y la IL-1 estimulan la síntesis y liberación endotelial de NO. Todos estos mediadores mencionados, junto con el complemento activado, inducen la quimiotaxis de neutrófilos en los órganos diana. La activación del complemento da lugar además a la degranulación de los mastocitos, liberándose histamina y serotonina, y a la activación del sistema kalikreína (K-K), con la producción de bradikinina.

La activación de los neutrófilos tiene dos consecuencias: su degranulación, con la liberación de sus enzimas proteolíticos y la producción de radicales libre de O_2, estos últimos originan la peroxidación de los fosfolípidos de la membrana celular, cuya consecuencia es la producción de leukotrienos y prostanoides, estación última de la cascada inflamatoria.

Cuadro clínico

Disfunción termorreguladora: Debida fundamentalmente a IL-1, IL-6, tromboxano A2 (TxA2), prostaglandina E2 (PGE2) y prostaciclina.

Disfunción respiratoria: La taquipnea y la hiperventilación se deben al TxA2, la PGE2 y la prostaciclina. El aumento de la permeabilidad alveolocapilar está producida por el TNF-α, la IL-1, la IL-8, el PAF, las fracciones activadas del complemento C3a y C5a, la bradikinina, la histamina, la serotonina, la β-glucuronidasa, la elastasa, los leucotrienos (LT)B4 y LTC4 y el TxA2. La histamina, los LTC4, LTD4 y LTE4, la PGF2 y el TxA2 originan un incremento de la resistencia de la vía aérea. El aumento de la permeabilidad alveolocapilar es el causante del edema pulmonar alveolointersticial y LPA, origen de la disminución de la distensibilidad pulmonar y de la hipoxemia a pesar de la taquipnea refleja.

Disfunción cardiovascular: La taquicardia obedece a la PGE2, a la prostaciclina y al TxA2, además de respuesta refleja ante la hipotensión por la vasodilatación producida por el TNF-α, el PAF, la bradikinina, la histamina, la serotonina, los LTs y la PGE2. Por otro lado, la hipotensión se debe también a la caída del GC originada por el PAF y por factores depresores miocárdicos entre los que están el NO, el TNF-α, la IL-1 y la IL-6. La alteración del flujo coronario, consecuencia de la vasoconstricción coronaria de los leukotrienos y de la vasodilatación coronaria mediada por los factores mencionados anteriormente y especialmente por la prostaciclina, juega también un papel importante en la disfunción miocárdica. En el territorio pulmonar, la hipertensión obedece a tres causas: a la vasoconstricción hipóxica pulmonar; a la contracción del músculo liso vascular producida por el TxA2, C3a y C5a, y a la agregación plaquetaria en los capilares pulmonares que da lugar a trombosis en los pequeños vasos, mediada por el TNF-α, IL-1 y PAF.

Disfunción metabólica: El NO inhibe la respiración mitocondrial, originando una alteración de la utilización tisular del O_2. La situación de choque, junto con las acciones del TxA2, la PGE2 y la prostaciclina, son los responsables de la acidosis láctica. A su vez, el TNF-α desencadena la liberación de las hormonas de estrés (GH, ACTH y cortisol), dando lugar a la hiperglucemia de la fase inicial del choque séptico y la IL-1 estimula síntesis de ACTH, cortisol e insulina.

Disfunción renal, gastrointestinal y hepática: Tienen su origen además de en la hipoperfusión tisular, en la citotoxicidad del NO y en la citolisis producida por la activación del complemento y en el edema intersticial consecuencia del aumento de la permeabilidad capilar producida por el TNF-α, la IL-1, la IL-8, el PAF, C3a y C5a, la bradikinina, los LTB4 y LTC4 y el TxA2. Por otro lado, el sistema reticuloendotelial del hígado actúa como filtro mecánico e inmunológico de la sangre portal, pero en la sepsis suele estar disfuncionante; la consecuencia es el paso de neutrófilos y citoquinas a través de la microcirculación hepática hacia la circulación sistémica, dando lugar a la adhesión, acumulación y degranulación de neutrófilos en los órganos diana y a la potenciación de la respuesta sistémica inflamatoria.

Disfunción hematológica: La IL-1 y el FECN estimulan la liberación de neutrófilos de la médula ósea dando lugar a la leucocitosis y desviación izquierda. Por otra parte, la acumulación de los neutrófilos en los órganos diana con la consiguiente activación y degranulación, sería la responsable de la leucopenia. Esta adhesión de neutrófilos está mediada por el TNF-α, por la unión de las fracciones activadas del complemento con sus receptores a nivel celular, por la IL-1, IL-8 y el PAF. Además, la IL-1 estimula la producción de linfocitos. Las alteraciones de la coagulación en la sepsis (activación de la coagulación, depresión de los mecanismos inhibitorios de la coagulación e inhibición del sistema fibrinolítico) están mediados por el TNF-α, la IL-1, la IL-6, el PAF y la activación del complemento.

Disfunción del SNC: Aunque existen datos que sugieren que las citoquinas proinflamatorias suprimen directamente la función del SNC, los efectos acumulativos de la hipotensión y la hipoxemia suelen ser los responsables de los cambios en el estatus mental.

Tratamiento

Las pacientes deben ser estabilizadas con líquidos, sangre y O_2 si es necesario. Se debe colocar una línea arterial, catéter venoso central y sonda uretral. Todas las pacientes deben iniciar triple esquema de antibióticos tan pronto como sea posible, siendo una opción cefalosporina de segunda generación + metronidazol + aminoglucósido.

Después de estabilizar existen indicaciones para la histerectomía:

1. Choque séptico de origen obstétrico que no mejora.
2. Disfunción multiorgánica.
3. Aspecto necrótico del cuello uterino.
4. Pus en el abdomen a través de sitios quirúrgicos.

La prontitud en la laparotomía con histerectomía significa aumentar la probabilidad de supervivencia.

Se mantiene la hidratación intensa hasta que toleran los líquidos orales y una dieta blanda.

Bibliografía

1. Malvino E, Curone M, Lowenstein R. Hemorragias Obstétricas graves en el periodo prerparto. Med Intensiva. 2000;17:21-9.
2. Guía práctica clínica para la transfusión de hemocomponentes. Rev Htal Iliano. 2004;24:76-80.
3. Kreimeier U, Messimer K. Perioperative hemodilution. Transfus Apheresis Sci. 2002;27:59.
4. Becquer E, Aguila PC. Shock hipovolémico. En: Caballero Lópes A, Bequer Gracía E, Domínguez Perera M, et al. Terapia Intensiva. 2da ed. La Habana: Editorial Ciencias Médicas; 2008.
5. Carrillo R, Cedilo HI. Nuevas opciones terapeúticas en la hemorragia postraumática. Rev Asoc Mex Med Crit y Ter Int. 2005;19:60-70.
6. Chatterjee C, Joardar GK, Mukherjee G, et al. Septic abortions: a descriptive study in a teaching hospital at North Bengal, Darjeeling. Indian J Public Health. 2007;51:193-4.
7. Pattinson RC, Snyman LC, Macdonald AP. Evaluation of a strict protocol approach in managing women with severe disease due to abortion. S Afr Med J. 2006;96:1191-4.
8. Kavak ZN, Başgül A. Septic shock resulting in death after operative delivery. Infect Dis Obstet Gynecol. 2001;9:51-4.

Capítulo 21. Estados hipertensivos asociados al embarazo

Dr. Leonardo Ramírez Arreola

Introducción

La preeclampsia-eclampsia es un término utilizado para describir una enfermedad de la mujer embarazada que se caracteriza por el desarrollo secuencial de acumulación de líquido en el intersticio tisular (edema), hipertensión arterial y proteinuria, que se presenta habitualmente después de la semana 20 de gestación ó antes en las formas atípicas, así como también en el puerperio. El diagnóstico de eclampsia se integra con la existencia de convulsiones tónico-clónicas o pérdida del estado de alerta. Esta entidad patológica junto con la hemorragia y los procesos infecciosos son la causa más común de muerte materna en el embarazo tardío, particularmente en países en vías de desarrollo.

En México la tasa de mortalidad materna muestra una tendencia descendente con una distribución y magnitud que varía en nuestro país con respecto a los diferentes Estados de la República. En la población general se estima una tasa de mortalidad materna de 57 a 90 x 100,000 nacidos vivos y en el Instituto Mexicano del Seguro Social (IMSS) se calcula de 29.9 x 100,000 nacidos vivos, coincidiendo en que la principal causa de morbimortalidad es la preeclampsia-eclampsia, que representa alrededor de un 36%. Relacionándose con una alta prevalencia de complicaciones que llevan a la muerte a la mujer; se agrega además la muerte perinatal tardía del neonato, implicando un alto costo al individuo, la familia, la institución y la sociedad.

Del análisis por el Comité de Mortalidad Materna se observó que hasta un 85% de las muertes son potencialmente previsibles, destacando que el factor de responsabilidad más comúnmente involucrado fue el juicio clínico y quirúrgico errado, seguido de escasez de recursos a nivel hospitalario, y que las principales complicaciones asociadas con la muerte en la paciente con preeclampsia-eclampsia son: hemorragia cerebral, síndrome de HELLP y CID.

Clasificación

La hipertensión asociada al embarazo es un diagnóstico sindromático que de acuerdo con el Colegio Americano de Ginecología y Obstetricia (ACOG), ubica a la preeclampsia-eclampsia como el principal grupo de éste contexto y se clasifica de la siguiente manera:

I. Preeclampsia-eclampsia
II. Hipertensión crónica
III. Hipertensión crónica más preeclampsia-eclampsia sobreagregada
III. Hipertensión gestacional

Diagnóstico

El diagnóstico clínico de preeclampsia se basa en la presencia de hipertensión (presión arterial igual o mayor de 140/90 mmHg) o PAM igual o mayor a 106 mmHg (fase IV de Korotkoff), asociada a proteinuria significativa cuantificada como mayor a 0.3 g/L en orina de 24 h. El edema no es criterio diagnóstico, puede no estar presente o ser de magnitud variable.

La preeclampsia severa se establece cuando cumple los criterios de preeclampsia; es decir: hipertensión y proteinuria significativa después de la semana 20 de gestación y se agrega uno o más criterios de severidad. Estos criterios de severidad establecidos por los Institutos Nacionales de Salud (NIH) y el ACOG son:

Para los NIH:

1. Presión arterial igual o mayor a 160/110 mmHg.
2. Proteínas en orina de 24 h igual o mayor de 2 g o 2+ a 3+ en una muestra de orina.
3. Creatinina sérica igual o mayor a 1.2 mg/dl.
4. Plaquetas menor a 100,000 cel/mm^3 con elevación de enzima deshidrogenasa láctica (DHL) (esto es evidencia de anemia hemolítica microangiopática).
5. Elevación de transaminasa glutámico pirúvica (TGP) o transaminasa glutámico-oxalacética (TGO) igual o mayor a 70 UI/dl.
6. Alteraciones neurológicas como cefalea, alteraciones visuales, etc.
7. Epigastralgia.

Para el ACOG:

1. Presión arterial igual o mayor a 160/110 mmHg.
2. Proteínas en orina de 24 h mayor a 5 g o 3+ en una muestra de orina.
3. Oliguria (menos de 500 ml/24 h).
4. Alteraciones visuales.
5. Edema agudo pulmonar o cianosis.
6. Epigastralgia o dolor abdominal en el cuadrante superior derecho.
7. Disfunción hepática.
8. Trombocitopenia.
9. RCIU.

Por lo tanto, el diagnóstico de preeclampsia leve se establece al descartarse todos los criterios de severidad antes mencionados.

Monitorización orgánica continua

Neurológico

Examen del fondo de ojo: búsqueda de angio-espasmo, aumento de la refringencia, edema o hemorragia de la papila.

Reflejos de estiramiento muscular: determinar si se encuentran normales, abolidos o aumentados (clonus).

Alteraciones neurológicas: cefalea, acúfenos, fosfenos, visión borrosa o amaurosis, irritabilidad o somnolencia, desorientación, mareo, náusea, vómito, delirio.

Medición de la velocidad de flujo sanguíneo cerebral (Doppler transcraneal): búsqueda de cambios que sugieran vasoespasmo o isquemia (arteriolas terminales).

Valoración pronóstica mediante escala de Glasgow.

Hemodinámica

Medición de PVC: mediante el catéter central, corroborar mediante Rx de tórax.

Prueba de reserva cardíaca (prueba de Max Harry Weil): a) determinar PVC basal, b) administrar 3.5 ml/kg de solución mixta en carga rápida, c) medir nuevamente la PVC. Interpretación: Si la PVC aumenta más de 5 cm de agua sobre la basal, considerar baja reserva cardíaca, y debe administrarse líquidos con cautela y valorar uso de inotrópicos. Si la PVC no se modifica más de 5 cm de agua sobre la basal, se considera buena reserva cardíaca y el aporte de líquidos se puede manejar con mayor libertad.

Valoración del GC: Se determina mediante gasometría simultánea arterial y venosa (ver capítulo 2).

Valoración de la PCOc: mediante la fórmula de Landis-Pappenheimer = 2.1 (PT) + 0.16 $(PT)^2$ + 0.009 $(PT)^3$ + 2.04. Donde PT = proteínas totales.

Cálculo del índice de Briones (IB) = PCOc/PAM.

En la Tabla 21.1 se ejemplifican las diferencias de parámetros hemodinámicos en embarazo normal y preeclampsia

Tabla 21.1. Comparación de parámetros hemodinámicos en embarazo normal y preeclampsia

Variables	Embarazo normal	Preeclampsia
$Da\text{-}vO_2$	4-6 ml/dl	Disminuido
CO	5-6 L/min	Aumentado
PCO_c	21-24 mmHg	Disminuido
PAM	95-105 mmHg	Aumentada
IB	0.19 ± 0.1	Disminuido

CO: gasto cardíaco, $Da\text{-}vO_2$: diferencia arteriovenosa de oxígeno, IB: índice de Briones, PAM: presión arterial media, PCO_c: presión coloidosmótica calculada.

Hematológico

Biometría hemática completa con diferencial.

Determinación de Hb y Hto.

Cuenta de plaquetas

Examen de frotis de sangre periférica tomado directamente y teñido con tinción Wright (en busca de equinocitos, eritrocitos espiculados o fragmentados) y aglutinación de plaquetas.

Pruebas de coagulación y fibrinolisis: TP, TPT, tiempo de trombina (TT), fibrinógeno, dímero D, productos de degradación de la fibrina.

Hepato-metabólico

Cuantificación de la actividad enzimática de aminotransferasas (TGO, TGP), DHL y fosfatasa alcalina (FA), cuantificación de bilirrubinas, colesterol, triglicéridos, proteínas totales, glucosa y electrolitos séricos.

Renal
Vigilar y cuantificar diuresis horaria.
Determinar urea, creatinina, ácido úrico, electrolitos urinarios y examen general de orina.
Calcular las siguientes fórmulas: DpCr, FENa, FeK, IFR (ver capítulo 18).

Prueba farmacológica para insuficiencia renal aguda (IRA):
a) Asegurar un volumen circulante suficiente (precarga) y una adecuada perfusión renal (PAM mayor de 65 mmHg).
b) Administrar 100 a 200 mg de furosemide (bolo), o bien, administrar 250 ml de manitol al 10% (bolo) y se espera una hora.
c) Interpretación: > 60 ml de orina se considera negativa, entre 30 a 40 ml dudosa, < 30 ml positiva.

Perinatal
PCFSS, o bien la prueba de tolerancia a las contracciones, prueba de estrés o prueba de Posé (PTO espontánea o inducida), valora la capacidad cardíaca fetal de tolerar la actividad física (actividad uterina), indirectamente es una valoración dinámica de la unidad "fetoplacentaria". USG obstétrico para evaluar las condiciones del "microambiente fetal" (perfil de Manning).

Tratamiento

Manejo médico

El manejo médico tiene tres objetivos fundamentales, reexpandir volumen, controlar las resistencias vasculares incrementadas y proteger órganos blanco.

A. Reexpandir el volumen circulante

Aproximadamente el 30% de las pacientes con preeclampsia-eclampsia mejoran con sólo reexpandir el volumen intravascular depletado; el 70% restante requieren además manejo con antihipertensivos.

a. Cristaloides y expansores plasmáticos a razón de 125 a 150 ml/h.

Se puede utilizar solución salina al 0.9%, solución mixta, solución Hartman, gelatina polimerizada o almidón al 6 o 10% (basar su infusión de acuerdo a PVC y previa prueba de reserva cardíaca, ó de Max Harry Weil).

b. Coloides (albúmina o plasma).

50 ml de albúmina humana al 25%, diluida en solución Hartman (250 a 950 cc) y administrar de acuerdo a parámetros establecidos ó 15 ml/kg de plasma c/6 a 8 h (mejoran la redistribución de líquidos al incrementar la presión coloidosmótica, se debe valorar su utilización de acuerdo con el cálculo de la presión coloidosmótica y pruebas de coagulación).

B. Controlar resistencias vasculares incrementadas (tratamiento de la hipertensión)

1. Fármacos antihipertensivos orales.

1.1) Vasodilatadores arteriales: hidralazina, la dosis varía de 10 a 50 mg c/6 h, se recomienda no utilizar dosis mayores a 400 mg/día (puede haber taquicardia y cefalea).

1.2) Falsos neurotransmisores: alfa-metil-dopa: la dosis oral es de 250 a 500 mg c/6–8 h. No se deben rebasar 3 g en 24 h. Se debe valorar la función hepática, puede causar anemia hemolítica autoinmune.

1.3) Calcio-antagonistas: nifedipina: por vía SL puede tener efectos indeseables por hipotensión súbita no controlable e impredecible, por lo que su utilización es limitada; la dosis SL u oral varía de 10 a 20 mg c/8 h. No rebasar de 60 mg en 24 h.

1.4) Betabloqueadores: propranolol: la dosis oral es de 20 a 120 mg/día, metoprolol: de 100 a 200 mg/día, dividido en 2 dosis.

1.5) Vasodilatadores venosos: nitratos (Isorbide): a dosis de 5 a 40 mg/día (puede haber taquicardia y cefalea).

1.6) Vasodilatadores mixtos: nitroglicerina: indicado en caso de toxemia severa asociada a edema agudo pulmonar, dosis de 5 a 20 mg/día.

Pueden asociarse a hidralazina, alfa-metil-dopa o nifedipina.

2. Fármacos antihipertensivos parenterales (fase aguda).

2.1) Hidralazina: vasodilatador directo, inotrópico y cronotrópico positivo, recomendado en la preeclampsia-eclampsia. Su efecto se observa entre el minuto 10 al 20, con duración de acción de tres a seis horas. Dosis: 5 a 10 mg IV c/20 min, no rebasar 400 mg en 24 h. Se puede observar hipotensión, sufrimiento fetal, taquicardia, cefalalgia, náusea, vómito, tromboflebitis local.

2.2) Isoxuprina: agonista beta, inotrópico y cronotrópico positivo, recomendado en el manejo de la preeclampsia-eclampsia. Se maneja a dosis-respuesta, se puede observar discreta taquicardia materna, en

los productos pretérmino puede mejorar la síntesis de surfactante, no se ha demostrados efectos adversos sobre el binomio.
2.3) Diazóxido: vasodilatador directo que no tiene efecto en circulación venosa, se puede observar retención de Na y agua e incremento en glucemia y GC. Inicia efecto entre el minuto uno al cinco, duración de acción de seis a doce horas, dosis: 1–3 mg/kg IV en 20 s, no exceder 150 mg en cada bolo; la dosis puede repetirse c/5-15 min; se puede observar hipotensión, taquicardia, náusea, vómito, retención de líquidos, hiperglicemia, puede empeorar la isquemia del miocardio, insuficiencia cardíaca ó disección aórtica. A veces se necesita un beta-bloqueador en forma simultánea.
2.4) Nitroprusiato de Na: relaja el músculo liso arterial y venoso. De inicio inmediato con una duración de dos a tres min. Dosis: 0.1 a 0.3 µg/kg/min (dosis inicial 0.25 µg/kg/min en eclampsia e insuficiencia renal); se puede observar hipotensión, náusea, vómito, aprensión, la toxicidad de los tiocianatos (producto de su metabolismo en hígado) y el cianuro (producto de su metabolismo en eritrocitos) aumentan en caso de insuficiencia renal y hepática, respectivamente y estos metabolitos se acumulan en caso de usarse en infusión duradera o a dosis altas.

C. Protección a "órganos blanco"

Los órganos más vulnerables son el encéfalo, riñón e hígado, territorio microvascular y hemorreológico.
1. Neuroprotección
1.1. Sulfato de magnesio ($MgSO_4$): por vía IV a través de catéter largo: 4 g diluidos en 250 ml de solución glucosada al 5% para infusión en 20 min, se puede repetir la dosis, 1 g c/h. La dosis máxima es de 12 g en 24 h (es recomendable cuantificar niveles de Mg en sangre). Se recomienda su uso en caso de preeclampsia severa/eclampsia. Se debe vigilar durante su administración el reflejo patelar, la diuresis horaria y la FR.
Nivel normal de Mg en plasma: 1.5 a 2.5 mg/dl, nivel de Mg terapéutico recomendado: 4.8 a 8.4 mg/dl, niveles alcanzados con la dosis de impregnación de 4 g: 5 a 8 mg/dl, niveles de Mg con la dosis de mantenimiento de 1 g x h: 3 a 4 mg/dl. Es necesario tener precauciones con los niveles de Mg en sangre (Cuadro 21.1).

Cuadro 21.1. Toxicidad por $MgSO_4$*

Signo	Nivel en plasma de Mg (mg/dl)
Pérdida del reflejo patelar	9 a 12
Paro respiratorio	14.6
Parálisis muscular	15
Paro cardiaco	30

* Antídoto: gluconato de calcio 1 amp de 1 g por vía IV.

1.2. Fenitoína o difenilhidantoinato de sodio (DFH): dosis de impregnación: 3 ampolletas en 250 ml de solución salina 0.9%, administrar en 20 min. Dosis de mantenimiento: 125 mg IV c/8 h o 100 mg VO c/8 h.
1.3. Fenobarbital: oral a razón de 100 mg/día o parenteral 0.33 mg IV c/8-12 h. Es la alternativa cuando no hay fenitoína.
1.4. Tiopental: 1.5 a 3.5 mg/kg en bolos.
1.5. Diacepam: solamente se utiliza para yugular la crisis convulsiva a razón de 10 mg IV lentamente (tener presente la posibilidad de requerir intubación y ventilación mecánica asistida, al igual que con los fármacos anteriormente descritos).
1.6. Cloropromazina: de uso limitado (disminuye el umbral a la convulsión) la dosis es de 12.5 mg IV y 12.5 mg IM (dosis única)
1.7. Dexametazona: Dosis de impregnación: 32 mg IV, posteriormente 8 mg c/8 h (durante 24 a 48 h). El fundamento para utilizarlo es favorecer la síntesis de surfactante pulmonar fetal, manejo protector del endotelio vascular y como manejo antiedema cerebral.

2. Protección renal
Diuréticos: de utilidad en el manejo del edema cerebral, IRA, cardíaca y pulmonar aguda.
Furosemide: Secretada activamente en el túbulo proximal. Inhibe la resorción de NaCl del lado luminal de la porción ascendente del asa de Henle. Bloquea la entrada acoplada de Na, K y Cl.
Manitol al 20%: Polisacárido que se filtra libremente en el glomérulo. No se reabsorbe. Carga abrumadora de solutos y líquidos para el túbulo distal y el conducto colector.

3. Protección hepático-microvascular-hemorreológica
3.1. Antiagregantes plaquetarios como el dipiridamol: 60–80 mg diluidos en sol. mixta c/6 h, a razón de 125–150 ml/h. Tiene efecto

vasodilatador y antiagregante plaquetario mejorando la microcirculación y hemorreología (puede provocar cefalea intensa).

3.2. Agonistas de receptores dopa como la dopamina: a dosis (2-4 gamas/kg/min) mejora la microcirculación esplácnico-renal.

3.3. Anticoagulantes como la heparina: a dosis profiláctica 5,000 a 10,000 UI en infusión c/24 h (inhibe el complejo protrombínico, evitando la conversión de fibrinógeno a fibrina, mejorando con esto la microcirculación y la hemorreología). Vigilar actividad con TPT en rangos fisiológicos. En algunos casos se puede utilizar 5,000 UI SC c/12 h.

Manejo obstétrico

Los parámetros subclínicos y la detección oportuna permiten valorar la magnitud y el impacto a órganos "blanco", para establecer un manejo médico-quirúrgico-perinatal adecuado que culmine con la interrupción de la gestación; que es la única forma de resolver en forma definitiva ésta grave complicación del embarazo, admitiendo la posibilidad en casos seleccionados de manejo conservador con el objeto de mejorar el pronóstico perinatal.

El manejo conservador de la preeclampsia severa/eclampsia, se establece en las pacientes con embarazos pretérmino con viabilidad (semana 26 a la 34) que se pueden beneficiar por la aplicación de inductores de maduración pulmonar fetal y prolongar la gestación mientras las condiciones maternas lo permitan, para mejorar el pronóstico fetal.

En los casos en que no exista urgencia obstétrica, o bien la paciente no se encuentre en trabajo de parto, se valorarán las condiciones generales y de laboratorio para ofrecer la posibilidad de prolongar la gestación, siempre y cuando:

1. Las cifras tensionales sean menores a 160/110 o PAM < 123 mmHg.
2. Las pruebas funcionales hepáticas, pruebas de coagulación y biometría hemática sean normales.
3. No exista alteración del estado de conciencia, sin datos de vasoespasmo.
4. Sin síndrome de HELLP.
5. No evidencias de edema agudo pulmonar.
6. Sin sufrimiento fetal, retraso del crecimiento intrauterino, oligoamnios.

7. No exista desprendimiento prematuro de placenta normoinserta.
8. Sin datos de eclampsia.
9. Sin datos sugestivos de tromboembolia pulmonar.
10. Sin hematoma hepático.
11. Sin oliguria refractaria a la reposición de líquidos.
12. Sin fenómenos hemorrágicos.

La paciente con preeclampsia severa complicada (con una o más fallas orgánicas) debe ingresar a la UCIO o a Cuidados Intermedios; se instala por medio de punción un catéter venoso central que se corrobora por Rx, se coloca sonda de Foley para cuantificar diuresis horaria, y se realiza monitoreo continuo: cardiaco, respiratorio, presión arterial, oximetría, etc.

Se debe contar con muestras para exámenes de laboratorio (biometría hemática, tiempos de coagulación, química sanguínea, enzimas, gases y electrolitos en todas las pacientes), estudios de gabinete como Rx, USG, pruebas periódicas de condición fetal, electrocardiogramas en reposo, TAC de cráneo o RMN, electroencefalogramas, Doppler transcraneal, biopsias, etc., individualizando cada caso en particular.

El tratamiento definitivo de la preeclampsia-eclampsia es la interrupción de la gestación. El problema fundamental es decidir el momento oportuno para hacerlo. Tomando en cuenta que esta patología con frecuencia se presenta en embarazos menores a 34 SDG y que esto implica inmadurez fetal, sobre todo a nivel pulmonar, la decisión de interrumpir un embarazo, se debe basar en tres aspectos fundamentales: a) respuesta al manejo médico, b) repercusión materna, c) repercusión fetal.

Como respuesta al manejo se considera: control de la presión arterial, lograr un adecuado gasto renal y la ausencia de datos clínicos ominosos multiorgánicos. La repercusión materna se valora monitorizando los órganos más vulnerables mediante: exploración neurológica, cardiopulmonar, hemodinámica, renal, hepático-metabólico y hematológico, así como la repercusión fetal, mediante la vigilancia de la frecuencia cardíaca fetal (FCF), USG obstétrico y prueba de condición fetal sin estrés (PCFSS).

En todos los casos de eclampsia en su variedad convulsiva o comatosa, se debe proceder a dar manejo médico intensivo y multidisciplinario, a fin de compensar ó estabilizar (control de la hipertensión, restablecer un gasto renal, corregir alteraciones hematológicas-hemostáticas e impregnar con fármacos para proteger órganos "blanco"), y posteriormente se valora la resolución obstétrica (interrupción del embarazo), individualizando cada caso, valorando expeditamente estos aspectos.

El médico de la UCIO iniciará el manejo médico-obstétrico de acuerdo al siguiente protocolo en el cual hay que destacar que dichas medidas son muy importantes, pues permiten disminuir la morbilidad y mortalidad materna y fetal en tanto se decide el mejor momento para interrumpir el embarazo.

Antes de proceder al manejo obstétrico-quirúrgico, en todos los casos se dará manejo médico previo (UCIO o en Cuidados Intermedios); siempre deberá individualizarse cada caso en particular, inclinando la balanza en su mayoría por la vía abdominal (operación cesárea) haciendo revisión sistemática del área hepática, utilizando técnica-quirúrgica depurada (hemostática) y contemplando la posibilidad de complicaciones quirúrgicas (como la ruptura hepática, sangrado incoercible por atonía uterina, inserciones anómalas de la placenta, ruptura uterina, etc.) que requerirán de maniobras quirúrgicas alternas o simultáneas (como la compresión tipo Mickulikcs, para contener sangrado de tipo venosos ó la ligadura de vasos hipogástricos ó hepáticos, para cohibir sangrados arteriales). El decidir una resolución vaginal dependerá de que las condiciones obstétricas así lo permitan y la vigilancia obstétrica estrecha.

Criterios para interrumpir el embarazo

Causas maternas:

- Estados fisiopatológicos con mala respuesta terapéutica.
- Crisis hipertensivas continuas.
- Oliguria persistente (menos de 30 ml x h o 400 ml en 24 h).
- Proteinuria severa (> 5 g en 24 h).
- DpCr < de 50 ml/dl.
- Trombocitopenia severa.
- Hemólisis microangiopática.
- Alteraciones de la función hepática.
- Hematoma subcapsular o ruptura hepática.
- Eclampsia.
- Desprendimiento de placenta.

Causas fetales:

- Sufrimiento fetal agudo o crónico agudizado.
- Oligoamnios severo.
- RCIU.
- Óbito

Analgesia/anestesia obstétrica

El bloqueo epidural lumbar mejora la hipertensión arterial dado que bloquea el sistema simpático abdominal con la consiguiente vasodilatación periférica. La técnica epidural lumbar tiene muchas ventajas que mejoran las condiciones generales de las pacientes con esta patología: facilita el control y la estabilización de la presión arterial, mejora la circulación útero-placentaria, disminuye los niveles circulantes de catecolaminas, mantiene función renal y el gasto cardíaco, propicia relajación y cooperación materna, alivio completo del dolor obstétrico, no produce depresión neonatal, disminuye los requerimientos maternos de O_2, minimiza el riesgo de vómito y bronco aspiración, previene la hiperventilación materna. La técnica epidural ofrece la posibilidad de brindar anestesia y analgesia con un solo procedimiento en tres periodos diferentes; trabajo de parto, cesárea y postoperatorio inmediato.

El bloqueo epidural lumbar es una técnica muy utilizada actualmente para la analgesia y anestesia obstétricas; los anestésicos locales más utilizados son la lidocaína, ropivacaína y bupivacaina.

En los casos convulsivos-comatosos o con trastornos hemostáticos se debe valorar la anestesia general IV con AVM.

Asistencia pediátrica

Los productos de madres con toxemia severa nacen en condiciones desfavorables (fetopatía toxémica), por lo que requieren de atención especializada.

Bibliografía

4. Bobadilla JL, Reyes FS, Karchmer S. La magnitud de las causas de mortalidad materna en el Distrito Federal (1988-1989). Gac Méd Méx 1996;132:5-18.
5. Briones GJC, Castañón GJA, Díaz de León PM, et al. Hemodinamia cerebral en el embarazo normal y en preeclampsia-eclampsia. Rev Asoc Mex Med Crit y Ter Int. 1997;11:106-11.
6. Briones GJC, Díaz de León PM, Castañón GJA, et al. Presión

coloidosmótica en el embarazo normal y puerperio fisiológico. Rev Asoc Mex Med Crit y Ter Int 1997;11;2:45-6.

7. Briones GJC, Díaz de León PM, editores. Preeclampsia-eclampsia. Diagnóstico, tratamiento y complicaciones. México: Distribuidora y Editora Mexicana, 2000.
8. Briones GJC, Díaz de León PM, Gómez-Bravo TE, et al. Medición de la fuga capilar en la preeclampsia-eclampsia Cir Ciruj 2000;68:194-7.
9. Briones GJC, Díaz de León PM, Gómez-Bravo TE, et al. Disfunción orgánica múltiple en obstetricia. Rev Asoc Mex Med Crit y Ter Int 1998;12:107-10.
10. Briones GJC, Zamora GM. Tratamiento de la toxemia gravídica (pre-eclampsia/eclampsia). Acta Médica 1994;30:47-52.
11. Palma CP, Briones GJC, Molinar RF, et al. Perfil hemodinámico en pacientes con preeclampsia severa y eclampsia. Rev Asoc Mex Med Crit y Ter Int 1994;1:9-15.
12. Reyes FS, Lezana FA, García PMC, et al. Maternal mortality regionalization and trend in Mexico (1937-1995). Arch Med Res 1998;29:165-72.
13. Velasco MV, Navarrete HE, Cardona PJA, et al. Mortalidad Materna por preeclampsia eclampsia en el Instituto Mexicano del Seguro Social 1987-1996. Rev Méd IMSS (Méx) 1997;35:451-6.

Capítulo 22. Microangiopatías

Dra. Claudia Angélica Martínez Mejía

Síndrome de HELLP

Es una complicación de la preeclampsia en la cual además de la hipertensión arterial y proteinuria hay presencia de anemia hemolítica, enzimas hepáticas elevadas y recuento bajo de plaquetas

Epidemiología

Se presenta en un 4 a 10% de las pacientes preeclámpticas, diagnosticándose anteparto en un 70% de los casos preferentemente antes de las 37 semanas, mientras que el 30% de los casos restantes enferma en los primeros 7 días del puerperio, sobre todo en las 48 h iniciales. La mortalidad materna es del 24% y la mortalidad perinatal es del 30-40%.

Manifestaciones clínicas

Malestar general, fatiga y molestias inespecíficas (90%), cefalea (70%), epigastralgia (64%), vómito (22%), fosfenos (15%), visión borrosa (11%), acúfenos (3%), ictericia, anemia no explicada, oliguria.

Hay equimosis en los sitios de punciones venosas, petequias en los sitios de presión del brazo, pero pueden tener pruebas de Rumpel Leed negativas. Si se añade una hemorragia hepática, la paciente puede quejarse de dolor en el hombro derecho, además de las molestias abdominales. En casos severos se puede presentar ascitis como causa de hipertensión portal

Diagnóstico

El diagnóstico clínico del síndrome de HELLP se plantea en gestantes o puérperas con preeclampsia severa-eclampsia, excepto en el 15-20%, en las cuales esta asociación no puede ser demostrada.

Clasificación

Clasificación de Mississippi (Tabla 22.1).

Tabla 22.1. Clasificación de Mississippi del síndrome de HELLP

CLASE	Plaquetopenia	DHL	TGO-TGP
1	Severa < 50,000	> 600 UI/L	> 70 UI/L
2	Moderada > 50,000 <100,000	> 600 UI/L	> 70 UI/L
3	Ligera > 100,000 <150,000	> 600 UI/L	> 40 UI/L < 70 UI/L
Preeclampsia severa/ eclampsia (sin HELLP)	> 150,000	< 400 UI/L	< 40 UI/L
DHL: deshidrogenasa láctica, TGP: transaminasa glutámico pirúvica, TGO: transaminasa glutámico oxalacética			

Criterios de la Universidad de Tennessee, Memphis.
Hemólisis: Frotis periférico anormal (eritrocitos fragmentados), Hto (>24%), bilirrubina indirecta (>1.2 mg/dl), DHL (> 600 UI/L o más que el doble del límite superior de referencia del laboratorio).
Enzimas hepáticas elevadas: DHL > 600 UI/L, TGO > 70 UI/L, TGP > 60 UI/L.
Trombocitopenia: <100,000/mm^3.

Manejo

1.- Evaluar y estabilizar las condiciones maternas
a. Profilaxis anticonvulsivante con $MgSO_4$.
b. Tratamiento de la hipertensión.
c. Traslado a un centro de atención terciario si así lo indica.
d. Recuento de plaquetas y pruebas de función hepática a la admisión, c/6 h en las primeras 12 h, y a seguir c/12 a 24 h según el estado de la paciente.
e. Corrección de las alteraciones de la coagulación si son presentes.
f. Ecografía o TAC de abdomen si hay sospecha clínica de hematoma subcapsular hepático, especialmente si las plaquetas están por debajo de 20,000 mm^3.

2.- Valorar el bienestar fetal
a. Test de no estrés/Perfil biofísico.
b. Ecografía para estimar el peso fetal (Descartar RCIU).
c. Estudio de la arteria umbilical con ecografía Doppler.

3.- Corticoides para el beneficio materno y fetal
a. Para beneficio fetal (edad gestacional menor de 34 semanas).
I. Betametasona 12 mg IM, repetida en 12 h, o preferentemente dexametasona 8 mg c/ 6 h, tres dosis.
II. Intentar obtener latencia de 24 a 48 h antes del nacimiento.
b. Para beneficio materno (edad gestacional mayor de 35 semanas).
I. Dexametasona como descrita anteriormente.
II. Considerar 24 h de latencia para mejorar recuento plaquetario y la probabilidad de anestesia regional.
III. Nacimiento mayor o igual a 24 h postcorticoide.

4.- Indicaciones para la terminación del embarazo.
a. Evidencia de empeoramiento de la enfermedad materna:
- Eclampsia.
- Desprendimiento de placenta.
- CID
- Hipertensión arterial severa descontrolada.
- Cefalea severa persistente.
- Dolor epigástrico severo recurrente.
- Hematoma subscapular hepático.
b. Ausencia de garantías del estado fetal.

5.- Terapia trasfusional en el síndrome de HELLP
Para mejorar el efecto hemostático
Parto vaginal: Sólo trasfundir si las plaquetas son menor de 25,000.
Cesárea: Sólo trasfundir si las plaquetas son menor de 75,000.
Todos los casos deben recibir dexametasona antes y después del parto o cesárea, 8 mg IV c/6 h para efecto sobre la coagulación. Si 24 h posterior a la interrupción de la gestación esta no hay mejoría se deberá considerar otra patología como SUH/PTT o hematoma hepático

Bibliografía

1. Díaz de León PM, Espinosa MML, Briones GJC, et al. Microangiopatía trombótica y hemólisis intravascular en preeclampsia-eclampsia. Los eslabones perdidos en el síndrome de HELLP. Rev Asoc Mex Med Crit y Ter Int 1997;11:4-8.

2. Witlin A, Sibai BM. Diagnosis and Management ofWomen with Hemolysis, Elevated Liver Enzymes, and Low Platelet Count (HELLP) Syndrome. Hospital Physician. 1999;49:40-5.

Capítulo 23. Hepatopatías

Dr. Marco Aurelio Espero Cárdenas

Generalidades

Las enfermedades hepáticas constituyen una complicación rara en el embarazo, pero cuando se hacen presentes pueden adoptar una forma grave tanto para la madre como para el feto.

El diagnóstico diferencial de la ictericia con o sin insuficiencia hepática durante el embarazo incluye enfermedades no relacionadas con el mismo, tales como las hepatitis virales o tóxicas, y enfermedades asociadas con la gestación tales como el hígado graso agudo del embarazo, la colestasis intrahepática del embarazo, el síndrome de HELLP y las manifestaciones hepáticas de la preeclampsia (Cuadro 23.1).

Cuadro 23.1. Clasificación de la patología hepática durante el embarazo

Enfermedades hepáticas propias del embarazo
Colestasis intrahepática del embarazo. Hígado graso agudo del embarazo. Hiperemesis gravídica. Preeclampsia/eclampsia Síndrome de HELLP
Enfermedades hepáticas sobreimpuestas al embarazo
Hepatitis viral (A, B, C, D, E). Litiasis biliar y colestasis. Síndrome de Budd-Chiari. Tumores hepáticos.
Enfermedades hepáticas preexistentes al embarazo
Hepatitis crónica. Cirrosis hepática. Cirrosis biliar primaria. Enfermedad de Wilson. Síndrome de Dubin-Johnson.

Las enfermedades hepáticas que pueden aparecer durante el embarazo pueden ser clasificadas por su relación con el tiempo gestacional (Cuadro 23.2). Las enfermedades que no están asociadas etiológicamente con el embarazo, tales como las hepatitis virales o tóxicas, pueden presentarse en cualquier momento del mismo. Las enfermedades crónicas del hígado pueden descompensarse en el curso del embarazo, siendo el tercer trimestre el período más común para manifestarse. Las enfermedades que se asocian con el embarazo, en cambio, aparecen en general en momentos predecibles de la gestación.

Cuadro 23.2. Tiempo de ocurrencia de las enfermedades hepáticas en el embarazo

Primero o segundo trimestre	Tercer trimestre
Ictericia con hiperémesis gravídica	Colestasis intrahepática del embarazo
Colestasis intrahepática del embarazo	Hígado graso agudo del embarazo
	Eclampsia
	Síndrome de HELLP

Hiperemesis gravídica

La hiperémesis gravídica se define por la presencia de náuseas y vómitos intratables durante el embarazo, lo suficientemente graves como para requerir hospitalización. Su verdadera incidencia no ha sido documentada, oscilando entre 0.3 y el 1%.

La hiperémesis gravídica es un desorden del primer trimestre, comenzando entre la cuarta y la decima semana de gestación resolviéndose habitualmente alrededor de las 20 semanas. Las pacientes afectadas presentan nauseas y vómitos incoercibles asociados con deshidratación, cetosis y trastornos hidroelectrolíticos. La hiperémesis gravídica se ha asociado a otros procesos patológicos incluyendo hipertiroidismo, hiperparatiroidismo y dislipidemias.

Es un diagnóstico clínico de exclusión, basado en una presentación típica, concurrente a la ausencia de otras entidades que pudieran explicar los hallazgos. Los criterios más comúnmente citados incluyen:

1) Vómitos persistentes e incoercibles, no relacionados a otras causas.
2) Alteración hidroelectrolítica.
3) Pérdida de peso de 5% o mayor.
4) Cetosis con trastorno neurológico.
5) Alteraciones hepáticas, tiroideas y/o renales.

La etiopatogenia de la náusea y vómito del embarazo es desconocida. Entre las posibles causan figuran toxinas, proteínas extrañas, reflejos originados en el útero aumentado de tamaño o en el aparato digestivo, alteraciones hormonales, tirotoxicosis, serotonina, anormalidades hepáticas, disfunción autonómica, deficiencias nutricionales, *Helycobacter pylori*, neurosis y factores psicosomáticos.

Los niveles de fracción β de la hGC se incrementan rápidamente en el primer trimestre y alcanzan su pico máximo entre la décima y duodécima semana de gestación. Esto corresponde con el inicio y pico máximo de la presencia de síntomas en la mujer.

Asociado con el incremento de la concentración de β-hGC, los niveles de estradiol muestran un incremento paulatino. Estos hechos y la incidencia incrementada de hiperémesis gravídica que se observa con gestaciones múltiples, síndrome de Down y enfermedad trofoblástica gestacional sugieren que la β-hGC, estradiol y 17-hirdroxiprogesterona podrían jugar un papel central en la patogénesis de la nausea y vómito del embarazo.

Los datos de laboratorio incluyen cetosis, incremento de la densidad de la orina, aumento de la urea y del Hto por hemoconcentración. Las alteraciones electrolíticas incluyen Na, K y Cl disminuidos que se pueden encontrar entre el 15 y 25% de pacientes.

La afectación hepática se caracteriza por un aumento de las transaminasas en el 50% de los casos (usualmente menor de 300 UI/L), y bilirrubinas séricas, que no supera los 4 mg/dl, afectando ambas fracciones, y de la fosfatasa alcalina.

Las mujeres con hiperemesis gravídica requieren particular atención en la reposición hídrica y electrolítica, la cual deberá realizarse de manera inicial por vía parenteral.

Colestasis intrahepática del embarazo

Si bien no se trata de una afección que ponga en peligro la vida de la gestante, deberá considerarse en el momento de proceder al diagnóstico diferencial con otras enfermedades hepáticas graves. La fisiopatología de la enfermedad posiblemente se asocie a factores endocrinos, ambientales y hereditarios. Es una enfermedad exclusiva del embarazo que ocurre comienza habitualmente entre el segundo y tercer trimestre, con un promedio habitual en las 30 SDG.

En relación con el cuadro clínico de la colestasis intrahepática del embarazo el prurito es el síntoma principal, presente en el 80% de los casos, de severidad creciente, que afecta al tronco, extremidades, palmas de las manos, y plantas de los pies, y que puede exacerbarse durante la noche, puede llegara a ser intolerable con lesiones cutáneas traumáticas autoprovocadas. Este es producido por el incremento en los niveles de ácidos biliares. La mitad de los casos presentan prurito exclusivamente, y la otra mitad asocian coluria e ictericia varias semanas después. Entre 20-60% de los casos presentan ictericia de diferente grado, que se inicia dentro de las cuatro semanas posteriores al inicio del prurito. El aumento de la bilirrubina, rara vez supera 5 mg/dl.

Pocos días luego del parto, el prurito desaparece, mientras el resto del laboratorio se normaliza lentamente en las 4-6 semanas posteriores. La colestasis del embarazo recurre en 60-70% de ulteriores embarazos, en general con manifestaciones más floridas.

Los exámenes de laboratorio muestran una patente de colestasis, incluyendo aumento de los ácidos biliares, con predominio del ácido cólico sobre el quenodesoxicólico, invirtiendo la relación normalmente observada en el embarazo. La concentración sérica de los ácidos biliares llega hasta 100 veces el valor normal, elevación de las transaminasa hepáticas en el rango de 100 a 200 U/L, de la fosfatasa alcalina hasta cuatro veces los valores normales y de la 5-nucleotidasa. En aproximadamente 40% de los casos no hay elevación de las bilirrubinas; si se identifica su incremento, este no es superior a 6 mg/dl. La normalidad de la gamma-glutamil-transpeptidasa (GGT) es característica de la colestasis intrahepática del embarazo y contribuye al diagnóstico diferencial de otras afecciones colestásicas.

La colestasis del embarazo es una enfermedad benigna para la madre, pero se asocia con un riesgo incrementado de hidramnios, prematurez (38%), restricción del crecimiento intrauterino (7%) y mortalidad perinatal (11-20%), los cuales se correlacionan con la severidad del prurito y la ictericia. Los ácidos biliares atraviesan la placenta y provocan efectos tóxicos sobre el feto. La prematuridad se relacionó con la duración del periodo pruriginoso, y no con la magnitud de la bilirrubinemia. No resulta conveniente sobrepasar las 38 SDG.

Cuando la esteatorrea se presenta, es de carácter leve. Podrá observarse deficiencia de vitamina K debido a mala-absorción intestinal; en general, sin compromiso de otras vitaminas liposolubles. Esta alteración se incrementa en aquellas pacientes que recibieron tratamiento con colestiramina. En casos en los que la esteatorrea es severa, podrá alterarse el estado nutricional materno. Se observa mayor incidencia de litiasis vesicular coincidiendo con el aumento del colesterol, fosfolípidos y triglicéridos plasmáticos

Se ha reportado un 20% de hemorragia postparto, la cual se debe a un descenso en los niveles de factores K dependientes por inadecuada absorción de la vitamina K.

El tratamiento con ácido ursodesoxicólico es de elección, al incrementar el flujo biliar de ácidos biliares, mejorar el prurito y normalizar las alteraciones bioquímicas, sin efectos adversos sobre el feto. Además favorece la prolongación del embarazo hasta la maduración fetal. La dosis es 15 mg/kg/día dividido en tres tomas y queda reservado para casos moderados y severos. La colestiramina disminuye la absorción ileal de ácidos biliares. El tratamiento se inicia con bajas dosis 4 g/día podrá incrementarse hasta 16 g/día en dosis divididas, según la tolerancia, ya que puede ocasionar esteatorrea, y provocar déficit de vitamina K. La hidroxizina es un anti-histamínico que en dosis de 25-50 mg/día podrá mejorar el prurito, pero ejerce efectos adversos sobre el aparato respiratorio del feto. Algunos autores aconsejan el tratamiento con vitamina K en todos los casos. La interrupción del embarazo cura la enfermedad y deberá considerarse a partir de la semana 34-36 con fetos maduros cuando la colestasis es severa.

Hígado graso agudo del embarazo

Es una enfermedad poco frecuente y exclusiva de la gestación, pero se trata de una causa directa de insuficiencia hepática aguda. Se caracteriza por la infiltración microvesicular de los hepatocitos, en especial de localización central, que producen ictericia de comienzo en el tercer trimestre de embarazo, asociada a cefalea, náuseas y vómito, dolor abdominal, estupor e insuficiencia hepática progresiva.

La mortalidad en los primeros años de identificación de esta enfermedad alcanzó el 80%. Los avances en el reconocimiento del cuadro clínico y la detección de alteraciones en las pruebas de función hepática han permitido el diagnóstico precoz. Con la finalización del embarazo, se logró reducir la mortalidad a menos del 20%. Castro et al., analizando 200,000 nacimientos en un periodo de 15 años, comprobó una incidencia de 1 en 6,659 nacimientos. La enfermedad es más frecuente en presencia de embarazos múltiples, tal vez producto de mayor producción fetal de ácidos grasos libres; 10-15% de los casos ocurren en embarazos gemelares. Las más afectadas son las primíparas y las mujeres que presentan embarazo gemelar o fetos varones.

Recientes avances moleculares sugieren que el hígado graso agudo del embarazo resulta de una disfunción mitocondrial. La espiral de la β oxidación de ácidos grasos a nivel mitocondrial consiste en una serie de múltiples pasos de transporte y cuatro reacciones enzimáticas. Los ácidos grasos son transportados a la membrana mitocondrial interna por transportadores específicos. A nivel de la membrana interna, los mismos son desintegrados por una serie de cuatro enzimas. La tercera enzima es la 3-hidroxiacil-CoA deshidrogenasa de cadena larga (LCHAD), cuya deficiencia resulta en un aumento de la excreción y acumulación de ácidos grasos de cadena media y larga.

La acumulación de ácidos grasos en el hígado materno provoca toxicidad y una hepatopatía por infiltración grasa en los hepatocitos. Como resultado de esta infiltración grasa, se presentan diversos grados de insuficiencia hepática.

El hígado es de tamaño pequeño, de consistencia blanda y coloración amarillenta. Cuando la cantidad de grasa hepática excede el 5% del peso de la glándula, o más del 30% de los hepatocitos se encuentran infiltrados, el diagnóstico queda certificado en la anatomía patológica. Al examen microscópico se aprecian hepatocitos con micro-vesículas citoplasmáticas de predominio centrolobulillar, conteniendo ácidos grasos libres que se tiñen con aceite Rojo Congo.

Cuadro clínico

La enfermedad comienza habitualmente en forma abrupta, en promedio a las 32 semanas de embarazo. La ictericia es poco intensa y puede no aparecer en el inicio del cuadro clínico. La hipoglucemia es un elemento fundamental en el diagnóstico.

Al inicio se presentan síntomas inespecíficos: decaimiento del estado general, anorexia, debilidad, cefaleas, náuseas, hasta que la ictericia de intensidad creciente aparece una semana después de las manifestaciones iniciales. Vómitos, dolor abdominal, ascitis y deterioro del estado de conciencia secundario a encefalopatía hepática, orientan sobre su etiología. El hígado rara vez es palpable. Finalmente, surgen graves complicaciones: coma hepático, hemorragia digestiva (20-60%) y con elevada frecuencia se asocia IRA (40-60%). Hipertensión arterial, edema y proteinuria son frecuentes de observar dada su asociación con la preeclampsia en la mitad de los casos.

La ecografía demuestra la hipoecogenicidad del parénquima. La TAC y la RMN ponen en evidencia áreas de hipodensidad debido a la infiltración grasa del hígado.

El estudio histopatológico del material obtenido mediante una biopsia hepática representa el método de elección para el diagnóstico de certeza.

En las hepatopatías graves, las alteraciones de la hemostasia son complejas. Inicialmente descienden los niveles de los factores dependientes de la vitamina K, luego el de todas las proteínas de la coagulación sintetizadas total o parcialmente por el hígado. El TP es el primero en prolongarse, pero en los casos severos, el TPT también se altera. Los factores V y VII son los indicadores más sensibles de la síntesis hepática deficiente y pueden utilizarse como guía para evaluar la severidad de la enfermedad. El nivel de fibrinógeno se encuentra por debajo de los valores normalmente elevados del embarazo.

En los exámenes de laboratorio existe hiperbilirrubinemia entre 5-15 mg/dl, las transaminasas están elevadas entre 3 y 10 veces su valor basal, la fosfatasa alcalina se encuentra elevada y también aumenta el ácido úrico sanguíneo. La hipoalbuminemia es habitual. Habitualmente se encuentra leucocitosis de 15-20,000 mm^3 con neutrofilia. La hemólisis microangiopática con glóbulos rojos fragmentados y eritrocitos nucleados se considera de valor diagnóstico. La hipoglucemia no debe orientar al diagnóstico. Además existen evidencias de CID.

Tratamiento

El tratamiento una vez diagnosticado el cuadro se focaliza en el soporte de las funciones vitales, adecuado manejo hemodinámico para prevenir el deterioro renal, administración de soluciones glucosadas hipertónicas y albúmina, lactulosa y vitamina K como complemento de la terapéutica además de PFC y AT-III acorde a los niveles plasmáticos con el fin de equilibrar los valores de los factores activados y los inhibidores hasta la mejoría del cuadro. La administración de plaquetas no resulta necesaria si estas son superiores a 50,000/mm^3. Una vez estabilizada la paciente posterior a la instauración del diagnóstico se debe interrumpir el embarazo, la vía de interrupción de este dependerá de las condiciones obstétricas.

Pronóstico

El pronóstico materno-fetal ha mejorado en la última década citando una mortalidad materna del 20% y fetal de aproximadamente el 18% debido a que se ha incrementado el diagnóstico oportuno, a los avances en los cuidados de soporte y la realización precoz del parto.

Bibliografia

1. Goodwin TM. Hyperemesis gravidarum. Obstet Gynecol Clin N Am. 2008;35:401-17.
2. Cappell MS. Hepatic disorders severely affected by pregnancy: Medical and Obstetric management. Med Clin N Am. 2008;92:739-60.
3. Steingrub JS. Pregnancy-associated severe liver dysfunction. Crit Care Clin 2004;20:763-76.
4. Guntupalli SR, Steingrub JS. Hepatic disease and pregnancy: An overview of diagnosis and management. Crit Care Med. 2005;33(10 Suppl):S332-9.
5. Schilsky ML, Honiden S, Arnott L, Emre S. ICU management of acute liver failure. Clin Chest Med. 2009;30:71-87.

Capítulo 24. Síndrome de hiperestimulación ovárica

Dra. Araceli Elideth Sevilla Muñoz de Cano

Generalidades

Es el desarrollo de múltiples folículos. En un ciclo normal se tiene el desarrollo de un número limitado de folículos, en la hiperestimulación se rompe este equilibrio Es la principal y más temida complicación de estimulación ovárica, actualmente una de las técnicas de reproducción más utilizadas.

Este síndrome fue reportado por primera vez en los años 40, a aquellas pacientes que les fueron administradas gonadotropinas con fines reproductivos

Clasificación

Leve: con niveles suprafisiológicos de estradiol e incremento en el tamaño ovárico por más de 5 cm, con distención abdominal, esto se ve en casi todos los casos de estimulación ovárica, se considera una hiperestimulación controlada no implica mayor riesgo para la paciente

Moderada: el tamaño ovárico es entre 5 a 12 cm con mayor distención abdominal, diarrea y/o vómito

Severa: tamaño ovárico mayor de 5 asociado con ascitis y/o derrame pleural.

Se tiene otra clasificación propuesta por Golan la cual contempla 5 grados (Tabla 24.1) y la de Navot y cols. (Tabla 24.2).

Fisiopatología

El evento principal es la alteración en la permeabilidad vascular, la cual origina fuga capilar con alto contenido proteico hacia el espacio extravascular. Esta fuga al tercer espacio genera ascitis, derrame pleural, hidrotórax incluso anasarca, sin embargo dentro del espacio intravascular se genera una hipovolemia por ende hemoconcentración, desequilibrio hidroelectrolítico, lesión renal, lesión hepática hasta llegar a falla orgánica múltiple si no se corrige a tiempo, generando un estado de "choque".

Tabla 24.1. Clasificación de Golan del síndrome de hiperestimulación ovárica

Grado	Leve	Moderado	Severo
1	Distención abdominal leve, dolor abdominal leve		
2	Distensión abdominal leve, dolor leve, nausea y/o vómito, diarrea, ovario entre 5-12 cm		
3		Evidencia de ascitis por ultrasonido	
4			Evidencia clínica, de ascitis, dificultad respiratorio, derrame pleural, y/o hidrotórax
5			Hemoconcentración, coagulopatia, alteración de la función renal

Tabla 24.2. Clasificación de Navot y cols. de la gravedad del síndrome de hiperestimulación ovárica

Severo	Crítico
Ascitis severa	Ascitis a tensión
Hematocrito mayor de 45%	Hematocrito mayor a 55%
Creatinina sérica 1.0-1.5 mg/dl	Creatinina sérica mayor o igual 1.6 mg/dl
Depuración de creatinina mayor o igual a 50 ml/h	Depuración de creatinina menor de 50 ml/h
Disfunción hepática	IRA
Anasarca	Evento tromboembólico
Disnea	SDRA
IRA: insuficiencia renal aguda; SDRA: síndrome de dificultad respiratoria aguda	

La maduración final y luteinización de múltiples folículos en el ovario son productoras de prorrenina y renina activa las cuales se han encontrado en altas concentraciones en este tipo de paciente, así como los factores inflamatorios como histamina y algunas prostaglandinas las cuales originan la alteración en la permeabilidad vascular, otro factor es el factor de crecimiento endotelial (VEGF) la cual es una glucoproteína producida a nivel ovárico responsable de promover la proliferación de células endoteliales para la angiogénesis. Por lo tanto se tiene:

1. Reclutamiento de gran numero de folículos antrales.
2. Desarrollo sostenido de grandes folículos antrales hasta ovulación o luteinización.
3. Producción excesiva de VEGF por los grandes folículos en desarrollo.
4. Exagerada neovascularización perifolicular.
5. Salida a la cavidad peritoneal a través de los vasos sanguinos de líquido folicular y perifolicular (este líquido con gran cantidad de VEGF que es absorbido por el lecho vascular general).
6. Daño funcional al lecho vascular.
7. Desplazamiento del líquido intracelular al tercer espacio.
8. Desarrollo de edema, ascitis, hidrotórax, derrame pericárdico.
9. MODS.

Se han encontrando otros factores adicionales los cuales conducen a un aumento en la retención de Na como son un incremento en la producción de renina, incremento en la secreción de aldosterona, incremento de andrógenos, incremento de la progesterona la cual produce efecto natriurético el cual incrementa la secreción de aldosterona con aumento en la retención de Na y H_2O. Citoquinas como las IL-1, 3 y 6, las cuales tienen efecto en la permeabilidad vascular.

Todos estos cambios de manera normal se observan en el embarazo (en el cual sólo un folículo ha sido estimulado y fecundado), los cuales son necesarios para que se lleve a cabo un adecuado embarazo, en la hiperestimulación ovárica este proceso normal se rompe generándose un incremento en todos los procesos normales con elevada producción de factores ya comentados, cambios a los cuales el organismo humano no está acostumbrado, generando un desequilibrio importante, con el riesgo de lesiones graves a órganos inclusive a la muerte

Factores de riesgo

Se tienen como factores de riesgo: edad joven (ya que se tiene mayor producción folicular y mayor estradiol), bajo peso, niveles de estradiol sérico elevado, número de folículos, número de ovocitos capturados, síndrome de ovario poliquístico.

La principal causa de la presentación de este síndrome es no identificar que se presentará. La mayoría de las veces es predecible al reconocer los factores de riesgo y se pudiera modificar el tratamiento para evitarlo (ya que es una complicación netamente iatrogénica).

En aquellas pacientes con una respuesta folicular exagerada en número es importante solicitar un estradiol sérico. Si es mayor de 3,000 pg/ml, se deberá valorar la cancelación del ciclo en caso de inseminación intrauterina o de fertilización in vitro si es mayor de 5,000 pg/ml.

El realizar paracentesis durante la captura ovocitaria ha mostrado disminuir el riesgo, otra forma es la aplicación de albúmina al 25% 200 cc IV por 4 h, la cual se realiza después de la captura ovocitaria.

Diagnóstico

El diagnóstico se realiza con el cuadro clínico, el antecedente de ser paciente en manejo de estimulación ovárica (tratamiento para la fertilidad), se debe de realizar USG el cual indique el número de folículos y su tamaño, niveles de estradiol y hGC principalmente.

Cuadro clínico

Se tiene una aparición temprana del cuadro que va de los 3 a 10 días posteriores a la administración de hCG y un inicio tardío el cual inicia entre los 12 y 17 días posteriores de la administración de hCG este se encuentra más relacionado con un embarazo.

Dependiendo del estadio, las pacientes pueden cursar con: distención abdominal, náuseas, vómito, fiebre, dolor abdominal importante, malestar general, disnea, datos clínicos de choque como taquicardia, hipotensión, oliguria, taquipnea, alteración en el estado de conciencia, hemoconcentración, tromboembolismo, anasarca.

La distención ovárica se atribuye tanto a incremento de volumen ovárico, el cual puede sobrepasar los 10 cm, como a la ascitis.

El secuestro de líquido a tercer espacio es el generador de ascitis, derrame pleural, hidrotórax, hasta llegar a derrame pericárdico y anasarca, incluso se puede establecer un choque de tipo distributivo debido al secuestro de líquido, contribuyendo si no es resuelto a tiempo a lesión renal, lesión hepática, desequilibrio hidroelectrolítico, desequilibrio ácido-base, hasta desencadenar falla orgánica múltiple.

La fiebre se le atribuye ya sea a alguna infección agregada generalmente a vías urinarias o a la elevación de IL-1, 6, 8, así como TNF-α.

La hemoconcentración y tromboembolismo se le atribuye a la disminución del volumen circulante, además, las altas concentraciones séricas de estrógenos es otro factor para el desarrollo de tromboembolias.

Tratamiento

A) Ambulatorio

Sólo para pacientes con clasificación leve o moderada, las cuales no tengan afección a órgano blanco sin alteración de signos vitales y con tolerancia a la vía oral:

1.- Reposo relativo para disminuir el riesgo de torsión ovárica cuidando de no tener reposo absoluto ya que por las condiciones inherentes de la paciente tiene alto riesgo a desarrollar trombosis venosa profunda con sus riesgos.
2.- Adecuada hidratación, para evitar el estado de choque distributivo (fuga capilar) además de hemoconcentración de manera empírica con buenos resultados se indican las bebidas deportivas ya que tiene electrolíticos además de ser hiperosmolares por lo menos 1 L/día.
3.- El dolor ocasional se disminuye con AINES de tipo de la indometacina a dosis de 25 mg VO c/8 h o paracetamol 500 mg VO o IV c/6 h.
4.- La ascitis asintomática se deja en vigilancia con hidratación ya comentada. En casos específicos se puede realizar paracentesis vía endovaginal bajo guía ultrasonográfica en caso de dolor moderado, pudiéndose manejar de manera ambulatoria posteriormente, con bajo riesgo de descompensación.

B) Intrahospitalario

Se debe de ingresar a la paciente en caso de que inicie con alteraciones en alguno de los signos vitales, ascitis a tensión, dolor abdominal severo, oliguria o anuria, disnea o taquipnea, hipotensión, alteración del estado de alerta, desequilibrio hidroelectrolítico, alteración en biometría hemática, alteración en pruebas de funcionamiento hepático.

A su ingreso se debe de monitorizar a la paciente, con colocación de sonda Foley para vigilar uresis, en caso de que la vía aérea este comprometida asegurarla con intubación orotraqueal, en caso necesario, se debe de realizar biometría hemática, tiempos de coagulación, química sanguínea completa, electrolitos séricos, pruebas de funcionamiento hepático, gasometría arterial, USG abdominal y en caso necesario vaginal para vigilar el grado de ascitis, volumen ovárico, embarazos múltiples, Rx de tórax, electrocardiograma

En caso necesario se debe de realizar paracentesis, por lo general 48 h posteriores a la paracentesis se resuelve espontáneamente el derrame pleural por lo que la toracocentesis pudiera no ser necesaria.

La paracentesis se puede realizar vía vaginal bajo guía ultrasonográfica inclusive durante la captura de ovocitos pudiendo vaciar entre 1 y 2 L en 24 h, se han utilizado drenajes continuos por sonda Foley colocada en una incisión transumbilical con drenaje continuo y al ser menor de 300 cc valorar su retiro, nosotros sugerimos colocación de catéter de Tenchkoff blando ya que además de ayudar al drenaje del liquido de ascitis, se pudiera utilizar en caso necesario en diálisis peritoneal temprana.

En caso de torcimiento ovárico, folículo hemorrágico será necesaria la intervención quirúrgica, el manejo anestésico debe considerar que la paciente cuenta con una capacidad ventilatoria disminuida además de ser consideradas pacientes con estómago lleno con alto riesgo de broncoaspiración.

Por lo tanto en caso de hiperestimulación ovárica la cual este clasificada en grave la paciente debe de ser internada e iniciar las medidas ya indicadas si la paciente se encuentra sin alteraciones neurológicas, sin compromiso de la vía aérea, sin datos de daño a órgano blanco, sin alteración grave en los signos vitales (taquipnea, disnea, taquicardia mayor de 100 latidos/min, oximetría menor a 90% por oxímetro de pulso), puede ser manejada por el servicio correspondiente, sin embargo si hay alteraciones en el estado de alerta, alteraciones en los signos vitales, por laboratorio daño a órgano blanco, algún tipo de insuficiencia (cardíaca, respiratoria, renal), de deberá valorar su ingreso a una unidad de cuidados intensivos

1. Verificar el estado de alerta de la paciente, y asegurar vía aérea en caso necesario intubación orotraqueal.
2. Mantener en ayuno hasta estabilizar a la paciente
3. Monitoreo continuo de los signos vitales y electrocardiograma
4. Colocación de una vía venosa central con monitorización de presión venosa central y de acuerdo a la misma el manejo de líquidos IV, de acuerdo a las condiciones de la paciente manejo de 1 a 2 L en 24 h con cargas de preferencia hipertónicas en nuestra experiencia con buenos resultados hemos utilizado solución Hartman 500 cc más 50 g de albumina humana al 25% para 3 o 4 h dependiendo el resultado de la PVC.
5. Medidas antitrombóticas con uso de HBPM, como enoxaparina a dosis de 1 mg/kg peso en 24 h.
6. Diurético de ASA en caso necesario con dosis c/6 u 8 h a dosis de 20-40 mg, sin embargo dependiendo el caso inclusive en infusión continua
7. Evaluar paracentesis evacuadora si:

Progresa más de 2.5 cm. Cada 25 h la distensión abdominal
Sin hay embarazo (efecto de hCG endógena)
Si inician datos de insuficiencia renal o respiratoria por compresión.
8. Indometacina rectal cada 12 hrs por 3 a 6 dosis en caso necesario
Se debe recordar que el efecto hormonal es el que precede al cuadro, se debe de evaluar si existe embarazo y en caso de que la paciente se encuentre en terapia intensiva y las medidas antes mencionadas no mejoren el cuadro es imprescindible la interrupción del embarazo.

Bibliografia

1. Budev MM, Arroliga AC, FalconeT. Ovarian hyperestimulation syndrome. Crit Care Med. 2005; 33(10 Suppl):S301-6.
2. Navot D, Bergh PA, Laufer N. Ovarian hyperestimulation syndrome in novel reproductive technologies: Prevention and treatment. Fertility Steril. 1992;58:249-61.
3. Delvigne A, Rozenberg S. Epidemiology and prevention of ovarian hyperestimulation syndrome (OHSS). Hum Reprod Update 2002;8:559-77.
4. Asch RH, Li HP, Balmaceda JP, et al. Severe ovarian hyperestimulation syndrome in assisted reproductive techonology: definition of high risk groups. Hum Reprod 1991;6:1395-9.
5. Practice Committee of American Society for Reproductive Medicine. Ovarian hyperstimulation syndrome. Fertil Steril 2008;90(Suppl 5):188-93.
6. Cohen BM. Role of human albumin in ovarian hyperstimulation syndrome. Fertil Steril 2008; 89:1845-6.
7. Aboulghar MA, Mansour RT. Ovarian hyperstimulation syndrome: calsifications and critical analysis of preventive measures. Human Reprod Update 2003;9:275-89.

Capítulo 25. Cetoacidosis diabética y estado hiperosmolar

Dr. Hugo Mendieta Zerón

Generalidades

El embarazo es un estado de resistencia a la insulina. Las fórmulas que usamos para evaluar la resistencia a la insulina son:
HOMA-R: [insulina (mU/L) X glucosa en ayuno (mM/L)]/22.5
HOMA-β: [20 X insulina (mU/L)]/[glucosa (mM/L)-3.5]

Para abordar el tema de las complicaciones por diabetes en el embarazo y puerperio es necesario tener presente los criterios diagnósticos de diabetes gestacional (Tabla 25.1), así como los criterios para diagnosticar diabetes en el embarazo (Tabla 25.2).

Tabla 25.1. Criterios para diagnosticar diabetes gestacional*

Tiempo	Límites en la concentración de glucosa
En ayuno	5.1 mmol/L (92 mg/dl)
1 h después de la carga	10 mmol/L (180 mg/dl)
2 h después de la carga	8.5 mmol/L (153 mg/dl)

* La carga se hace con 75 g de de glucosa.

Tabla 25.2. Criterios para diagnosticar diabetes en embarazo

Medición	Límites
Glucosa en ayuno	> 7 mmol/L (126 mg/dl)
Hb glucosilada A1C	≥ 6.5%
Glucosa al azar	≥ 11.1 mmol/L (200 mg/dl) + confirmación
Hb: hemoglobina.	

Es necesario solicitar hemoglobina glucosilada, péptido C, así como anticuerpos anti-islote y anti-ácido glutámico descarboxilasa (anti-GAD) para tener la certeza del tipo de diabetes que se presenta.

Cetoacidosis diabética y estado hiperosmolar

Estos cuadros son precipitados principalmente por procesos infecciosos, principalmente bucodentales, de vías urinarias, de tejidos blandos como erisipela o celulitis y pulmonares como neumonía.

El estado fisiopatológico primordial de ambas entidades es la depleción intravascular de volumen, con o sin trastornos electrolíticos, siendo la característica principal de la cetoacidosis diabética el desarrollo de acidosis severa y formación de cetonas, como ácido acetoacético, y butirato, y en el estado hiperosmolar un estado de hiperglucemia severa con cifras que rebasan generalmente 600 mg/dl de glucosa, y por lo tanto aumento en la tonicidad y osmolaridad del suero o plasma, generalmente por arriba 320 mmol/L, tanto calculada o de medición directa, así mismo puede haber un estado de alteración en el estado de conciencia, incluso llegando al coma.

La cetoacidosis diabética generalmente se presenta en pacientes diabetes tipo 1 y el estado hiperosmolar se presenta más en casos de tipo 2, no obstante ambas complicaciones pueden presentarse en cualquier tipo de diabetes e incluso puede haber estados mixtos.

Cetoacidosis diabética

La cetoacidosis diabética es una complicación metabólica grave de la diabetes con alta mortalidad si no se detecta. La presencia de esta complicación en el embarazo es perjudicial tanto para el feto como para la madre. Es más frecuente en diabetes tipo 1, así como en la diabetes gestacional especialmente con el uso de corticosteroides para maduración pulmonar fetal y beta 2 agonistas para tocolisis. La cetoacidosis usualmente ocurre en el 2o y 3er trimestre por la resistencia a la insulina. Con el incremento de la práctica en la vigilancia y la atención prenatal la incidencia y los resultados de la cetoacidosis diabética en el embarazo han mejorado, sin embargo sigue siendo un problema clínico importante.

La incidencia de cetoacidosis diabética en el embarazo es de 1-3% con una tasa de pérdida fetal del 9%, la mayoría se producen en el 2o y 3er trimestre del embarazo (78-90%).

Diagnóstico

Los criterios diagnósticos se muestran en la Tabla 25.3.

Tabla 25.3. Criterios diagnósticos para cetoacidosis diabética

	Leve (glucosa plasmática >250 mg/dl)	Moderada (glucosa plasmática >250 mg/dl)	Severa (glucosa plasmática >250 mg/dl)
pH arterial	7.25–7.30	7.00 a < 7.24	< 7.00
Bicarbonato sérico (mEq/l)	15–18	10 a <15	< 10
Cetonas urinarias*	Positivo	Positivo	Positivo
Cetonas séricas*	Positivo	Positivo	Positivo
Osmolalidad sérica efectiva†	Variable	Variable	Variable
Anion gap‡	> 10	> 12	> 12
Estado mental	Alerta	Alerta/ confundido	Estupor/coma

Factores predisponentes

El embarazo es un estado de resistencia a la insulina. La sensibilidad a la insulina se ha demostrado hasta en un 56% a las 36 SDG. La producción de hormonas antagónicas a la insulina como el lactógeno placentario humano, prolactina y cortisol, contribuyen a la resistencia a insulina. El requerimiento de insulina, por esta razón, se eleva progresivamente durante el embarazo y explica la mayor incidencia de la cetoacidosis diabética en el segundo y tercer trimestres. Además, el aumento fisiológico en la progesterona durante el embarazo disminuye la motilidad gastrointestinal que contribuye a un aumento en la absorción de carbohidratos lo que potencia la hiperglucemia.

El embarazo puede ser un estado relativo de inanición acelerada, especialmente en los trimestres segundo y tercero. El feto y la placenta utilizan grandes cantidades de glucosa materna como una importante fuente de energía y esto conduce a un estado de ayuno materno con disminución de la glucosa. Esto, asociado con la deficiencia relativa de insulina conduce a un aumento de los ácidos grasos libres, que luego se convierten en cetonas en el hígado.

Las náuseas y los vómitos son comunes debido al aumento de hGC en el embarazo temprano y por el aumento de reflujo gastroesofágico en etapas posteriores. Esto junto con la deshidratación que conlleva, contribuye al desarrollo de la cetoacidosis.

El incremento de la ventilación alveolar en el embarazo lleva a la alcalosis respiratoria y esto se ve compensado por el aumento de la excreción renal de HCO_3^-. El resultado neto es una baja capacidad de amortiguación cuando se expone a una carga de ácido como cetonas. La implicación clínica de estos cambios metabólicos no es sólo que las pacientes diabéticas embarazadas corren el riesgo de desarrollar cetoacidosis, sino que puede ocurrir rápidamente y mucho más con bajos niveles de glucosa en comparación con las embarazadas no diabéticas.

Factores precipitantes

Los factores desencadenantes son las habituales enfermedades intercurrentes, en especial las infecciones de las vías urinarias y respiratorias, vómitos y deshidratación, fallo de la bomba de insulina, y en embarazo no diagnosticado. Se ha documentado que los casos de diabetes de nueva aparición representan el 30% de los casos de cetoacidosis diabética. El incumplimiento en el tratamiento médico puede ser responsable hasta en 17% de los casos de cetoacidosis diabética. El comienzo prematuro del trabajo de parto en los embarazos complicados por la diabetes, representan un mayor riesgo para la cetoacidosis diabética debido a la necesidad de tocólisis y esteroides sistémicos para la maduración pulmonar fetal. Los β2-agonistas, utilizados para suprimir la contracción uterina prematura causan un aumento de la glucosa en la sangre, ácidos grasos libres y cetonas por medio de la estimulación de la gluconeogénesis, la glucogenólisis, y la activación de la lipólisis que conduce a la hiperglucemia y cetosis.

Presentación

Se caracteriza por hiperglucemia (glucosa > 250 mg/dl), acidosis (pH < 7.35), disminución de HCO_3^- sérico, anion gap alto y cetonas positivas en suero y orina. Se puede agregar disfunción renal. No obstante este cuadro típico, es posible encontrar casos de cetoacidos diabética euglicémica.

Valoración inicial

Es necesario el cálculo de la osmolaridad por lo menos la efectiva, cuando no se dispone de una medición directa, así como del Na sérico real y corregido en base a la hiperglucemia, dislipidemia e hiperproteinemia, etc., para obtener el déficit de agua, en base al agua corporal total, para calcular la fluidoterapia, que será necesario usar, tomando en cuenta las pérdidas insensibles y las urinarias, para la reposición de volumen.

Es de gran utilidad la colocación de un acceso venoso central para registrar la PVC. Lo ideal es colocar un catéter de flotación para asegurar una fluidoterapia óptima en base a la monitorización de la PCPC, el GC y el índice trabajo-latido de ventrículo izquierdo (curva de Frank-Starling).

Es importante señalar que este tipo de pacientes también cursan con SIRS, y síndrome de fuga capilar multisistémico, por lo que la elección de fluidoterapia en calidad, es similar a los estados de choque séptico, buscando una relación coloide-cristaloide de 2 a 1, 3 a 1, inclusive 4 a 1, para favorecer mayor estancia intravascular.

La acidosis puede ser tan severa que requiera reposición con HCO_3^- exógeno. Actualmente prevalece el criterio de administración de HCO_3^- sólo con un pH de 7.20 o menos.

Es posible la necesidad de intubación y AVM en las pacientes con acidosis severa. Para el estado hiperosmolar, cuando existe alteración del estado de conciencia, y llega a un Glasgow de 8 o menor, requerirá intubación endotraqueal y AVM.

- Diagnóstico diferencial

  Acidosis láctica y alcohólica.
  Hiperglucemia por estrés.
  Coma por otras causas.
  Coma mixedematoso.
  Administración de esteroide

- Estudios de diagnóstico pertinentes
  Estudios de laboratorio completos, con gasometría arterial, reactivo de orina para evaluar cetonas, Rx de tórax, osmolaridad sérica y urinaria por medición directa. USG renal para evaluar foco infección a nivel urinario. Cultivos a diferentes niveles con antibiogramas.
- Procedimientos
  Colocación de acceso venoso central.
  Colocación de catéter de flotación o colocación de bioimpedancia transtorácica para medición de GC en forma indirecta.
  Colocación de línea arterial.
  Intubación endotraqueal y AVM.

Manejo

La cetoacidosis diabética en el embarazo es una emergencia que exige un tratamiento rápido y vigoroso para reducir la mortalidad materna y fetal. El tratamiento incluye la reposición agresiva de volumen, insulina en infusión, reposición de electrolitos, así como la búsqueda y corrección de los factores desencadenantes. El déficit de líquido inicial es más alto que el de la no embarazada con cetoacidosis diabética. Las pacientes pueden requerir dextrosa simultánea para permitir un tratamiento de infusión de insulina.

El monitoreo fetal continuo es obligatorio para evaluar bienestar fetal. Un trazo cardiaco fetal no reactivo indica un cierto grado de compromiso fetal en la paciente con cetoacidosis. Someter a una paciente con cetoacidosis diabética a cesárea de emergencia podría causar más deterioro de la madre al tiempo que ofrece un mínimo beneficio para el feto. Una vez que la hiperglucemia y la acidosis se revierten y la estabilización materna se ha logrado, el compromiso fetal ya no puede ser evidente. Si se produce parto prematuro, el $MgSO_4$ es el tocolítico de elección y los β2-agonistas tienen contraindicación relativa. En esencia, la hidratación y la reversión de hiperglucemia y de la acidosis metabólica en combinación con la estrecha vigilancia médica y obstétrica son la piedra angular en el manejo de esta complicación metabólica.

Fluidoterapia

Uso de fluidoterapia en base a coloides-cristaloides, con reposición de su déficit de agua el 50% a la primera hora, programando el otro 50% en las próximas 6 horas, recalculando el déficit en caso de poliuria intensa (muy frecuente, debido a fase recuperacional de la IRA), ya que este tipo de pacientes presenta falla prerrenal, así como a las pérdidas insensibles, principalmente en caso de fiebre.

Si no se cuenta con electrolitos para hacer los cálculos de déficit de agua, se puede indicar una solución salina al 0.9% a pasar 15-10 ml/kg/h. En experiencia de nuestra UCIO, al ser en su mayoría pacientes jóvenes pueden tolerar cargas de cristaloide en cantidades promedio de 500 cc a 1 L o incluso más si la clínica indica deshidratación severa.

Administración de insulina

Insulina de acción rápida clásica o lispro, inicialmente en infusión a una dosis de 0.1 U/kg/h (por ejemplo diluir 50 U, aforados en 250 ml de solución fisiológica, quedando una dilución de 0.2 U/ml de solución). Si a la primera hora no hay reducción considerable en base a toma de glucosa central o por glucometría capilar, se procede a duplicar la infusión previa, si a la hora no hay respuesta, se vuelve a duplicar la infusión. En caso de mostrar respuesta se disminuye doblando a la inversa, hasta evaluar si continúa con infusión basal para evitar rebote o se suspende ante la aparición o riesgo de hipoglucemia. Se refiere que ante cifras de 250 mg/dl o menores debe disminuirse la infusión e iniciar soluciones con glucosa por el riesgo de hipoglucemia.

Es frecuente el uso de glucemia capilar con tira reactiva, la cual tiene alta sensibilidad y especificidad para hipoglucemia, para dar dosis horaria de insulina rápida subcutánea al 2% del valor de la glucosa.

El inicio de insulina regular lenta, ultralenta o intermedia (más frecuente) es en base a la regla de los seis (0.666 es la biodisponibilidad de la insulina rápida en relación a la intermedia), por ejemplo, determinada paciente mantuvo una infusión de insulina de 2 U/h por 24 h, multiplicado por dos y posteriormente por 0.666, nos da un total de 32 U de insulina NPH, la cual se recomienda repartir en dos tercios en la mañana y un tercio en la tarde-noche.

Los análogos de insulina rápida tales como insulina lispro, glulisina y aspart pueden usarse en pacientes no complicadas una vez que se ha logrado disminuir la glucemia y si se cuenta con una supervisión adecuada.

Para pacientes con diabetes tipo 1, el uso de bomba de insulina subcutánea es una opción funcional por suprimir los piquetes continuos que se deben aplicar en caso de no contar con ella.

Manejo de la bomba subcutánea de insulina

Indicaciones

Enfocándonos en mujeres diabéticas dependientes de insulina ya embarazadas o que planean un embarazo: niveles elevados de HbA1C o variabilidad glucémica importante (hipoglucemia o/y cetoacidosis diabética frecuentes, fenómeno del alba, gastroparesia).

Dosis total diaria

Método 1. Reducir un 25% de la dosis diaria pre-microinfusora. Ej., de 60 U = 60 X 0.75 = 45 U/día.

Método 2. La mitad del peso del paciente. Ej., de 80 kg = 80 X 0.5 = 40 U.

A continuación se promedian ambos valores. Ej., (45 + 40)/2 = 42.5 U/día.

En caso de hipoglucemias constantes se utiliza el valor más bajo, por el contrario, para una hiperglucemia constante, un nivel elevado de HbA1C o en caso de embarazo se utiliza el valor más alto. Para un control de glucosa variable o en caso que la paciente esté cambiando de terapia oral a terapia de insulina utilice de preferencia el método basado en peso.

Dosis basal

Dividir a la mitad la dosis total diaria. Ej., 42.5 U/2 = 23.75 U. El resultado se divide entre 24 h. Entonces 23.75/24 = 0.98 U/h. La dosis basal de inicio será de 0.1 U/h (dependiendo del modelo de bomba las aproximaciones de la dosis son en 0.025 o 0.05 U al valor más cercano de la división).

Cuando se inicia la bomba de insulina por primera vez, generalmente se comienza con un sólo índice basal. Por ejemplo, si su índice basal inicial es de 0.5 U/h, esto significa que recibirá un total de

12 U de insulina basal por día. Si sus lecturas de GS indican que necesita más de un índice basal, se pueden agregar más índices basales. Generalmente es necesario esperar 2 a 3 días para los ajustes de la dosis basal.

Ratio

Es el número de gramos de hidratos de carbono que cubre una unidad de insulina. Puede cambiar para distintos alimentos o distintas horas del día.

Método 1. Constante del tipo de insulina/ dosis total diaria. Para lispro la constante es 450 y para Novo rapid y Shorant 500. Ej., 450 (lispro)/42.5 = 10.58.

Método 2. (Peso en kg X 6)/dosis total diaria. Ej., (80 X 6)/42.5 = 11.29.

Bolo

Un bolus puede administrarse por dos motivos: compensar alimentos que contienen carbohidratos o para corregir niveles de glucosa más altos de lo deseado. La bomba de insulina le permite ingresar a la función de bolus de varias maneras.

Bolo fijo: (dosis total diaria X 0.5)/3. Ej., (42.5 X 0.5)/3 = 7.08 U por comida. Este método se utiliza con pacientes que no son capaces de contar hidratos de carbono.

El Bolus Wizard: calcula la cantidad de insulina bolus que se necesita de acuerdo a la glucemia actual y al número de carbohidratos que se ingerirán. El Bolus Wizard usa una programación individualizada que incluye ración de carbohidrato, factor de sensibilidad de insulina, glucosa sérica objetivo y hora de insulina activa.

Factor de sensibilidad

Es el número de mg/dl de glucosa que reduce una unidad de insulina. Se calcula como: constante/dosis total de insulina. La constante para insulina Lispro es 1700, para Novorapid y Shorant es 1800. Ej., 1700/42.5 = 40.

Dosis de corrección

Es la cantidad de insulina que se agrega o substrae de un bolo para corregir una cifra de glucosa sérica que está por arriba y debajo del objetivo. Fórmula: (glucosa sérica actual – glucosa sérica objetivo)/factor de sensibilidad. Ej., (180-100)/40 = 2.

Objetivo de glucosa sérica

Es el valor de glucosa sérica que se determina cuando se requiere una corrección. Puede cambiar para cifras pre-prandiales, post-prandiales y pre-cena.

Modelo MiniMed Paradigm® Veo™

Conectada al sensor de glucosa y el transmisor MiniLink™, esta bomba de insulina además de monitorizar y registrar los niveles de glucosa las 24 horas del día, los 7 días de la semana, permite identificar las tendencias y realizar los ajustes adecuados, avisando cuando los niveles de glucosa se desvían del rango objetivo.

Con este modelo de bomba se pueden administrar índices basales mínimos de 0.025 U/h y el índice de bolus máximo es de 75 U.

Introducción al software de control del tratamiento CareLink

El software de control del tratamiento CareLink Personal es un programa de Internet que Medtronic ofrece gratuitamente. Este software permite cargar los datos de la bomba y del glucómetro a una computadora y organizarlos en informes y cuadros fáciles de leer. Estos informes le brindan un panorama general de cómo la insulina, la toma de alimentos y el ejercicio afectan el control de la glucosa.

Factores que contribuyen al aumento de la pérdida fetal

El mecanismo exacto por el cual la madre con cetoacidosis diabética afecta al feto es desconocido. Los mecanismos posibles incluyen:

- Disminución del flujo sanguíneo uteroplacentario debido a: a) la diuresis osmótica que conduce a la depleción de volumen y b) acidosis materna que puede causar lesión hipóxica fetal.
- La acidosis materna podría conducir a acidosis fetal y desequilibrio electrolítico.
- La hipokalemia e hiperinsulinemia materna y fetal severas pueden causar hipokalemia fetal que puede conducir a depresión miocárdica fetal y muerte por arritmia.

• La hipofosfatemia materna asociada con la cetoacidosis diabética puede causar disminución de 2,3-difosfoglicerato, principal limitante para la entrega de O_2 al feto.

• La hiperinsulinemia fetal resultante de la hiperglucemia materna aumenta el requerimiento de O_2 del feto mediante la estimulación de metabolismo oxidativo.

El efecto a largo plazo de los episodios de cetoacidosis diabética durante el embarazo sobre el feto sobreviviente es desconocido. Algunos estudios han demostrado una relación directa entre los niveles de cetonas en plasma en mujeres diabéticas embarazadas y un menor coeficiente intelectual en el niño. Resumo en la Figura 25.1. el abordaje para cetoacidosis diabética en embarazo.

Figura 25.1. Flujograma para cetoacidosis diabética en embarazo

Glucosa sérica mayor de 250 mg/dl (13.9 mmol/dl), pH < 7.3, HCO_3 < 15 mmol/L, cetonas en orina.

Obtener agua corporal total, Na corregido, déficit de agua, osmolaridad, electrolitos, biometría.

Administrar 1/3 del déficit de agua en 1 hora como solución salina y 2/3 en 8 horas, iniciar insulina IV, dextrostix c/h, cuando la glucosa sea ≤ 250 mg/dl cambiar a solución glucosada, vigilar estado fetal, si pH < 7.0 administrar bicarbonato.

Considerar colocar bomba de insulina subcutánea.

Estado hiperosmolar

En esta complicación los niveles de insulina aparentemente son suficientes para prevenir la lipólisis pero la diuresis osmótica asociada a la glucosuria produce pérdida de agua, Na, K, y otros electrolitos.

Los niveles de HCO_3^- son > 15 mEq/L y el pH está normal pero puede estar disminuido si hubiera acidosis láctica asociada. Por otra parte las cetonas están ausentes o mínimamente elevadas, siendo ese aumento resultante de ayuno prolongado.

Diagnóstico

Los criterios diagnósticos se muestran en la Tabla 25.4.

Tabla 25.4. Criterios diagnósticos para estado hiperosmolar

Glucosa en plasma (mg/dL)	≥ a 600 mg/dl
pH arterial	> 7.30
Bicarbonato sérico (mEq/L)	> 15mEq/L
Cetonas en orina	Ausentes o trazas
Cetonas en suero	Ausentes o trazas
Osmolaridad sérica efectiva	≥ a 320 mOsm
Anión gap (brecha aniónica)	Variable
Alteraciones del estado mental (20-25%)	Estupor/coma
Estado de hidratación	Deshidratación severa (aproximadamente 9L)

La Osmolaridad puede calcularse mediante la fórmula siguiente:

Osm = (2 × Na) + (nitrógeno ureico sanguíneo/2.8) + (glucosa/18).

La mayoría de las fórmulas publicadas se basan en Na, urea y la glucosa. Una nueva fórmula desarrollada por Zander se basa en todos los componentes que contribuyen a la osmolalidad (Na, K, Cl, glucosa, urea, lactato y bicarbonato.

Tratamiento

Para la hipovolemia generalmente son necesarios 6-8 L de solución salina durante las primeras 12 h de tratamiento, además, se pasará K de acuerdo a los resultados séricos. Es importante tener en cuenta que la mayoría de las pacientes con estado hiperosmolar son más sensibles a la insulina que aquellos con CAD. Resumo en la Figura 25.2. el abordaje para estado hiperosmolar en embarazo.

Figura 25.2. Flujograma para estado hiperosmolar en embarazo

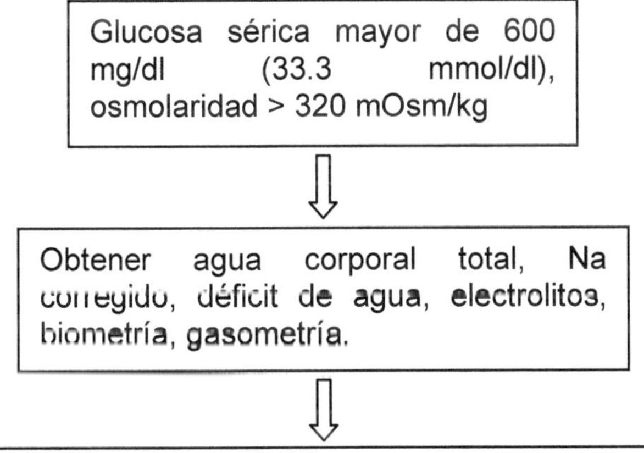

Prevención

La orientación previa a la concepción, el control metabólico intensivo, la atención prenatal en una clínica obstétrica y la educación son importantes para prevenir esta complicación catastrófica en los embarazos con diabetes. El uso de tiras reactivas para detectar cetonas en la sangre puede ayudar a detectar de manera oportuna esta complicación. Ciertamente si hay signos de descompensación la hospitalización temprana es obligatoria.

Conclusión

La prevención, detección precoz y el manejo agresivo siguen siendo los pilares para reducir al mínimo los resultados fatales de esta complicación metabólica.

Bibliografía

1. International Association of Diabetes and Pregnancy Study Groups Consensus Panel, Metzger BE, Gabbe SG, Persson B, et al. International association of diabetes and pregnancy study groups recommendations on the diagnosis and classification of hyperglycemia in pregnancy. Diabetes Care. 2010;33:676-82.
2. Kitabchi AE, Umpierrez GE, Fisher JN, et al. Thirty years of personal experience in hyperglycemic crises: diabetic ketoacidosis and hyperglycemic hyperosmolar state. J Clin Endocrinol Metab. 2008;93:1541-52.
3. Kamalakannan D, Baskar V, Barton DM, et al. Diabetic ketoacidosis in pregnancy. Postgrad Med J. 2003;79:454-7.
4. Tarif N, Al Badr W. Euglycemic diabetic ketoacidosis in pregnancy. Saudi J Kidney Dis Transpl. 2007;18:590-3.
5. Golbert A, Campos MA. [Type 1 diabetes mellitus and pregnancy]. Arq Bras Endocrinol Metabol. 2008;52:307-14.
6. Fazekas AS, Funk GC, Klobassa DS, et al. Evaluation of 36 formulas for calculating plasma osmolality. Intensive Care Med. 2013;39:302-8.

Capítulo 26. Tiroidopatías

Dr. Hugo Mendieta Zerón

Generalidades

Durante el embarazo y después del parto, la glándula tiroidea de la madre se enfrenta a varios cambios metabólicos, hemodinámicos e inmunológicos.

A partir del inicio de la gestación, la producción de la hormona tiroidea materna normalmente aumenta aproximadamente un 50%, en respuesta al aumento de los niveles séricos de la globulina fijadora de tiroxina (TBG) (resultante del aumento en los niveles de estrógeno) y debido a la estimulación de los receptores de tirotropina (TSH) por hGC.

La placenta es una fuente rica en deiodinasa tipo 3, lo que aumenta la degradación de tiroxina (T4) a la forma bioinactiva triyodotironina reversa (rT3). Por lo tanto, aumenta la demanda de la hormona tiroidea, lo que requiere un suministro adecuado de yodo que se obtiene principalmente de la dieta. Además, la producción de la hormona tiroidea fetal se incrementa durante la segunda mitad del embarazo.

La enfermedad de Graves es la causa más frecuente de hipertiroidismo, mientras que la tiroiditis de Hashimoto es la causa más frecuente de hipotiroidismo.

Debido a que la TSH aumenta durante el embarazo, mientras que T3L y T4L disminuyen, varios autores han sugerido que se manejen de referencia apropiados para el embarazo.

Hipotiroidismo

Diagnóstico

El hipotiroidismo materno se produce en un estimado del 2.5% de todos los embarazos en el Reino Unido. La TSH sérica > 2.5 mU/L en las mujeres embarazadas debe ser utilizada como una guía para la disfunción tiroidea.

Debido a los cambios relacionados con el embarazo en la T4 en la gestación temprana, cualquier nivel por debajo del rango de referencia trimestre-específicos de T4 sugiere hipotiroidismo manifiesto. En la gestación tardía, un valor disminuido de T4L de alrededor del 20%-30% de los niveles pre-embarazo puede ser fisiológico. Una TSH > 2.5 mU/L es demasiado alto para el primer trimestre, y cuando es > 4 mU/L, no hay duda sobre la existencia de disfunción tiroidea.

Tratamiento

Para lograr un embarazo eutiroideo se requiere aumentar 20-40% la producción de T4 materna, que en mujeres sanas se logra espontáneamente y en pacientes con hipotiroidismo se logra con mayor dosis de levotiroxina. En estos casos se requiere monitorización del perfil tiroideo una vez al mes.

En el supuesto caso de una paciente que llegara a urgencias en coma mixedematoso, debería administrarse levotiroxina intravenosa no disponible en el mercado Mexicano, siendo una asignatura pendiente de las autoridades el conseguirla en caso necesario.

Hipertiroidismo

Diagnóstico

El hipertiroidismo durante el embarazo ocurre en el 0.05-3.0% de los casos. El diagnóstico clínico puede ser difícil en las mujeres embarazadas, ya que los síntomas y signos de nerviosismo, sudoración, disnea, taquicardia y soplo sistólico se ven en la mayoría de los embarazos normales. Datos más específicos, tales como la pérdida de peso, el bocio y oftalmopatía puede sugerir enfermedad de Graves. Además, el diagnóstico se puede complicar en presencia de hiperemesis gravídica. El diagnóstico de hipertiroidismo debe ser siempre confirmado con la medición de T4L y TSH.

La hGC puede inducir hipertiroidismo gestacional, que ocurre en 2-3% de los embarazos. El exceso de hormonas tiroideas puede ser el reflejo de las hormonas tiroideas de la madre o anticuerpos maternos que atraviesan la placenta. Estos anticuerpos tienen un impacto sobre el feto sólo después de la duodécima semana de gestación, cuando la tiroides fetal comienza a responder a la estimulación.

Está sin duda que el hipertiroidismo tiene efectos adversos sobre los resultados del embarazo, por lo tanto, el reconocimiento y el manejo adecuado del hipertiroidismo durante la gestación es de suma importancia. Por ejemplo, la tirotoxicosis puede ser la responsable de la presencia de taquicardia supraventricular e incluso taquicardia sinusal.

Tratamiento

El yodo radiactivo está contraindicado durante la gestación y la tiroidectomía requiere un tratamiento previo con fármacos antitiroideos y puede ser complicado por los efectos adversos quirúrgicos.

Los fármacos antitiroideos son el tratamiento de elección para el hipertiroidismo durante el embarazo. Dichos medicamentos inhiben la síntesis de hormona tiroidea mediante la reducción de la organificación del yodo y el acoplamiento de mono-yodo-tironina (MIT) y di-yodo-tironina (DIT). El metimazol, el propiltiouracilo (PTU) y el carbimazol se han utilizado para el tratamiento del hipertiroidismo durante el embarazo. La farmacocinética del primero no se altera en el embarazo, mientras que las concentraciones séricas de PTU pueden ser menores en el tercer trimestre que en el primero y segundo. Se recomienda el uso del PTU en el primer trimestre del embarazo y después hacer el cambio a metimazol. Desafortunadamente en México no se comercializa el PTU y quedan como única opción el metimazol o tiamazol.

A pesar de que los β-bloqueantes adrenérgicos pueden utilizarse para el manejo de los síntomas hiper-metabólicos, su uso debe limitarse a unas pocas semanas por el riesgo de RCIU y, si se utiliza al final del embarazo, puede asociarse con transitorios de hipoglucemia neonatal, apnea y bradicardia.

La tirotoxicosis causada por la tiroiditis posparto generalmente no requiere tratamiento, por lo que es de suma importancia diferenciarla con la enfermedad de Graves. Los anticuerpos del receptor de TSH son negativos en el primero y positivos en el segundo.

Aportaciones personales

Derivado de mi interés en esta enfermedad, y aprovechando la posibilidad de tener acceso a pacientes, me he dado a la tarea de tener un dato del porcentaje de heredabilidad de hipotiroidismo en el sexo femenino, entendido como el porcentaje de madres con esta afección y que tienen una hija también enferma. Esto me ha llevado a obtener el dato de 12%, es decir, 12 de cada 100 mujeres afectadas y que tienen hijas, transmiten por mecanismos genéticos complejos, la patología a sus hijas.

Derivado de lo anterior, un siguiente paso, ya en marcha, es cuantificar la expresión de genes de riesgo para desarrollar hipotiroidismo. Este proyecto se está llevando a cabo con un alumno Pasante de Servicio Social en Investigación y esperamos tener una publicación en el año 2015.

Bibliografía

1. Azizi F, Amouzegar A. Management of hyperthyroidism during pregnancy and lactation. Eur J Endocrinol. 2011;164:871-6.
2. Bahn RS, Burch HB, Cooper DS, et al. Hyperthyroidism and other causes of thyrotoxicosis: management guidelines of the American Thyroid Association and American Association of Clinical Endocrinologists. Endocr Pract. 2011;17:456-520.
3. Matuszek B, Zakościelna K, Baszak-Radomańska E, et al. Universal screening as a recommendation for thyroid tests in pregnant women. Ann Agric Environ Med. 2011;18:375-9.
4. Leung AM, Pearce EN, Braverman LE. Iodine nutrition in pregnancy and lactation. Endocrinol Metab Clin North Am. 2011;40:765-77.
5. Gaberšček S, Zaletel K. Thyroid physiology and autoimmunity in pregnancy and after delivery. Expert Rev Clin Immunol. 2011;7:697-706; quiz 707.
6. Yassa L, Marqusee E, Fawcett R, Alexander EK. Thyroid hormone early adjustment in pregnancy (the THERAPY) trial. J Clin Endocrinol Metab. 2010;95:3234-41.
7. Galofre JC, Davies TF. Autoimmune thyroid disease in pregnancy: a review. J Womens Health (Larchmt). 2009;18:1847-56.
8. Mendoza González C, Nava Towsend S, Rodríguez Chávez L. Arritmias cardíacas. En: Martínez Sánchez CR. Urgencias cardiovasculares. 2a ed. México. Intersistemas S.A. de C.V.

Capítulo 27. Trastornos suprarrenales

Dr. Hugo Mendieta Zerón

Generalidades

Los trastornos suprarrenales en el embarazo son relativamente raros, pero pueden conducir a una morbi-mortalidad materna y fetal significativa. Hacer el diagnóstico de esta alteración es un reto porque el embarazo puede alterar la manifestación de la enfermedad ya que muchos signos y síntomas asociados con el embarazo también se observan en la enfermedad suprarrenal, de hecho, la unidad feto-placentaria altera el metabolismo endocrino materno y los mecanismos de retroalimentación hormonal. Por ejemplo, los niveles de cortisol libre se incrementan a partir de la 11 ª semana de gestación llegando a una meseta en el tercer trimestre, mientras que los niveles plasmáticos de ACTH siguen aumentando durante todo el embarazo, llevando a un estado de hipercortisolismo fisiológico.

Síndrome de Cushing

La causa más común del síndrome de Cushing en el embarazo es un adenoma suprarrenal, seguida de la etiología hipofisaria, el carcinoma adrenal, y otras causas extremadamente raras.

La terapia médica del síndrome de Cushing incluye metirapona y ketoconazol, pero el tratamiento quirúrgico generalmente es más eficaz. La administración de corticosteroides exógenos es la causa más común de insuficiencia suprarrenal, seguido de las causas endógenas de ACTH o la secreción de CRH.

Insuficiencia suprarrenal

La insuficiencia suprarrenal primaria es menos común que el síndrome de Cushing. La etiología de esta enfermedad puede ser por destrucción directa de las glándulas suprarrenales (insuficiencia suprarrenal primaria) o por deficiencia de glucocorticoides y mineralocorticoides o atrofia de la corteza suprarrenal debido a disminución de la estimulación de ACTH causado por daño hipotalámico o hipofisario, o por administración excesiva de glucocorticoides (insuficiencia suprarrenal secundaria).

La insuficiencia suprarrenal es poco frecuente en el embarazo, con una incidencia de 1:3,000 nacimientos. Debido a que la madre puede recibir cortisol del feto de manera creciente a partir de la semana 33 de embarazo, en ocasiones el cuadro cursa asintomático hasta que se desencadena una crisis de insuficiencia suprarrenal en el postparto.

También se debe tener especial cuidado en pacientes que tomen esteroide, principalmente postrasplantadas, pues al suspenderse en la gestación llevan a un cuadro de crisis adrenal.

Se puede sospechar insuficiencia suprarrenal primaria cuando hay antecedentes personales o familiares de enfermedades autoinmunes incluyendo síndrome poliglandular autoinmune. El dolor abdominal intenso y la ortostasis profunda, pueden estar indicando insuficiencia suprarrenal secundaria a hemorragia suprarrenal grave.

Esta patología se confirma con niveles bajos de cortisol de la mañana menores de 3 µg/dl (83 mmol/L) en reposo. En el segundo y tercer trimestre, el cortisol se eleva a niveles de 2-3 veces superiores a los del estado no gestante, por lo que se deben consultar tablas de referencia para cada tipo de población.

La hidrocortisona, que no cruza la placenta, es el tratamiento de elección, y la fludrocortisona se utiliza como reemplazo de mineralocorticoides en pacientes con enfermedad primaria.

Hiperplasia suprarrenal congénita

La hiperplasia suprarrenal congénita (HSC) es un trastorno autosómico recesivo debido a un déficit de 21-α hidroxilasa (CYP17) como la forma más común de la enfermedad.

El tratamiento de elección para las mujeres embarazadas afectadas con esta enfermedad es la hidrocortisona y fludrocortisona que se añade para aquellos casos con la forma perdedora de sal de la enfermedad. Si el feto está en riesgo de HSC clásica, el tratamiento con dexametasona puede ser utilizado antes del nacimiento para evitar la masculinización de los genitales en una lactante. Debido a que la dexametasona atraviesa la placenta, no se debe utilizar para tratar a mujeres embarazadas con HSC si el feto no está en riesgo de la enfermedad.

Bibliografía

1. Lekarev O, New MI. Adrenal disease in pregnancy. Best Pract Res Clin Endocrinol Metab. 2011;25:959-73.
2. Albert E, Dalaker K, Jorde R, et al. Addison's disease and pregnancy. Acta Obstet Gynecol Scand. 1989;68:185-7.

3. Yuen KC, Chong LE, Koch CA. Adrenal insufficiency in pregnancy: challenging issues in diagnosis and management. Endocrine. 2013;44:283-92.

Capítulo 28. Obesidad mórbida

Dr. Hugo Mendieta Zerón

Generalidades

El rápido ascenso de la prevalencia de la obesidad a nivel mundial ha alcanzado proporciones alarmantes y de características pandémicas. La prevalencia de la obesidad mórbida (IMC> 40 kg/m^2) se incrementó en un 50% entre 2000 y 2005, con un 8% de las mujeres en edad fértil clasificadas dentro de este grupo. Además, el porcentaje de mujeres con un IMC de 50 kg/m^2 o más ha aumentó cinco veces en 20 años.

La obesidad se considera un factor de riesgo importante para desarrollar complicaciones en el embarazo. Por ejemplo, la incidencia de embolia pulmonar y hemorragia postparto primaria se incrementa, a su vez, las complicaciones relacionadas con la anestesia son frecuentes, lo mismo que la presencia de consecuencias neonatales tales como aumento de la frecuencia de anomalías congénitas, mortinatos y macrosomía.

Complicaciones gestacionales

Está sin discusión la mayor incidencia de preeclampsia/eclampsia en caso de sobrepeso-obesidad (Ver Capítulo 21), así como hipertensión inducida por el embarazo y diabetes gestacional. Otras adversidades son aumento de abortos

Complicaciones durante la atención obstétrica

Existe una relación directa entre el bloqueo unilateral y la distancia piel-espacio epidural, pues generalmente si es más de 6 cm, es mayor la incidencia de bloqueo unilateral, por desvío de la aguja que llega a colocarse en la parte lateral del espacio epidural. Las pacientes obesas presentan un mayor riesgo de bloqueo epidural fallido, potenciado por las dificultades técnicas.

Complicaciones en el posparto

En las pacientes con obesidad mórbida, la incidencia de la endometritis es casi tres veces mayor que en las pacientes de peso normal. La incidencia de infección de la herida es más del doble en las pacientes obesas.

La incidencia de hemorragia posparto varía de ningún incremento a un aumento del 70% en las mujeres con obesidad mórbida. En este mismo grupo, la pérdida de sangre durante la cesárea es previsiblemente mayor que en las mujeres de peso normal. La enfermedad tromboembólica es también más frecuente en las mujeres obesas. Cuando se administran anticoagulantes profilácticos, la dosis debe estar relacionada con el peso corporal de la mujer. Esto puede lograrse dando heparina de bajo peso molecular una vez al día. La administración inicial es más eficaz cuando se administra <2 horas antes de la cirugía y de seis a ocho horas después de la operación. La duración de la terapia anticoagulante profiláctica después de la cirugía es aún objeto de debate. En las pacientes con enfermedad aguda, el riesgo de tromboembolismo venoso es similar al de las pacientes quirúrgicas. En estas pacientes, por lo general se recomienda un mínimo de dos semanas de tratamiento anticoagulante profiláctico.

Las molestias urinarias postparto, como la incontinencia de esfuerzo son más frecuentes entre las mujeres obesas, pero también están relacionados con la paridad y tipo de parto. La infección postoperatoria del tracto urinario también es más frecuente en las mujeres obesas.

El aumento de peso excesivo durante el embarazo se asocia con el desarrollo de la obesidad en el período post-parto. La pérdida de peso posparto, por lo tanto, es esencial para prevenir el aumento de peso de forma permanente.

Repercusiones en el neonato

Los neonatos nacidos de mujeres con obesidad mórbida tienen un riesgo incrementado de complicaciones independientemente del tipo de resolución obstétrica, y esto es agregado al conocido fenómeno de macrosomía fetal. Además, históricamente se ha documentado la mayor incidencia de malformaciones fetales.

También es importante mencionar que por cambios epigenéticos, se programa al bebé a tener alteraciones metabólicas y cardiovasculares a más temprana edad que niños nacidos de madres de peso normal.

A partir de una colaboración entre el Centro de Investigación en Ciencias Médicas (CICMED) y el HMPMPS, en una cohorte de mujeres embarazadas agrupadas por peso normal o sobrepeso-obesidad, hemos analizado cambios en el índice de metilación del

ADN en la región M3 del promotor del gen que codifica el receptor proliferador peroxisomal activado gamma (PPARγ).

Manejo

El pimer paso es atender las medidas dietéticas con aporte calórico de acuerdo al peso ideal y enfocado a mantener una ganancia ponderal recomedada para su IMC pre-embarazo.

La prescripción de actividad física individualizada es otro paso a tomar en consideración.

Una vez establecido el plan de dieta y seguimiento de actividad física se monitorizará metódicamente a las pacientes en mayor de tener complicaciones por su sobrepeso-obesidad con estudios de laboratorio enfocados a la detección oportuna de hiperglucemia, proteinuria, otros marcadores predictivos de preeclampsia, así como registros de la presión arterial.

En los buscadores bibliográficos como PubMed, *Isi Web of Science*, etc., se encuentran cada vez más publicaciones que hablan de los efectos de la cirugía bariátrica y embarazo y quedan más allá de los alcances de este texto.

Bibliografía

1. Marshall NE, Guild C, Cheng YW, et al. Maternal superobesity and perinatal outcomes. Am J Obstet Gynecol. 2012;206:417.e1-6.
2. Machado LS. Cesarean section in morbidly obese parturients: practical implications and complications. N Am J Med Sci. 2012;4:13-8.
3. Fernández Martínez MA, Ros Mora J, Villalonga Morales A. Fallos en la analgesia epidural obstétrica y sus causas. Rev Esp Anestesiol Reanim. 2000;47:256-65.
4. Blomberg M. Maternal obesity, mode of delivery, and neonatal outcome. Obstet Gynecol. 2013;122:50-5.
5. Casamadrid Vázquez RE. Metilación en PPARγ en el binomio madre-hija en casos de sobrepeso gestacional. Tesis de Maestría en Ciencias Químicas. Tutores. Amaya Chávez A, Mendieta Zerón H. Facultad de Química, UAEMex. 2013.
6. Van Eerden P. Obesity in pregnancy. S D Med. 2011;Spec No:46-50.

Capítulo 29. Pancreatitis aguda

Dra. Paola Cristhiane Pavón García

Dr. Jose Luis Rodríguez Chávez

Generalidades

Es la inflamación aguda reversible del páncreas, puede ser edematosa (leve) o necrotizante (severa); puede comprometer por contigüidad estructuras vecinas e incluso desencadenar disfunción de órganos y sistemas distantes. Se produce por activación intracelular (intraacinar) de enzimas pancreáticas, especialmente proteolíticas (tripsina) que generan autodigestión de la glándula.

Esta patología representa un reto diagnóstico en pacientes con dolor abdominal y, en caso de complicaciones eleva la morbilidad, mortalidad y costos hospitalarios.

Aunque la pancreatitis no es un padecimiento frecuente en la mujer gestante o puérpera, sí es una enfermedad que puede complicar el embarazo o el postparto, con una mortalidad materno-fetal hasta de un 50%, así como riesgo de parto prematuro en caso de requerir cirugía durante el tercer trimestre.

La incidencia varía según la población, con diferencias desde 10 a 20, hasta 150-420 casos por cada millón de habitantes. La pancreatitis aguda leve se presenta en 80% de los casos y la pancreatitis aguda severa en el 20% restante. La mortalidad por pancreatitis aguda leve es menor de 5-15%, y por pancreatitis aguda severa es hasta 25-30%. La mortalidad asociada con necrosis pancreática varía cuando es estéril (10%) o está infectada (25%). Puede ocurrir pancreatitis, principalmente biliar, que se presenta según diversos autores desde uno en 1,000 hasta uno en 12,000 partos.

La mortalidad global de la pancreatitis es del 10%, para pancreatitis alcohólica también es del 10% y de pancreatitis litiásica es del 10 al 25%.

La causa más común en mujeres es por litiasis vesicular (sólo en el 20-30% de los casos se encuentra el cálculo enclavado en la papila). En una paciente joven se deben sospechar causas hereditarias, infecciones o traumatismo. Sólo 10 a 20% de los casos es idiopática. La pancreatitis por medicamentos es rara (1.4-2%). Otras causas son: alcoholismo (cada vez más frecuente en mujeres), post-CPRE, postquirúrgica, hipertrigliceridemia >1,000 mg/dl (mecanismo desconocido), infecciones (VIH, citomegalovirus, parotiditis, Coxackie, virus Epstein-Barr, rubeola, varicela, adenovirus, *Mycoplasma*, *Salmonella*, *Campylobacter*, *Legionella*, *Leptospira*, *Mycobacterium*, áscaris, fasciola hepática), metabólica (hipercalcemia, insuficiencia renal), obstructiva (obstrucción de la papila de Water (tumores periampulares, divertículo yuxtacapilar, síndrome del asa aferente, enfermedad de Crohn duodenal), coledococele, páncreas divisum, páncreas anular, tumor pancreático, hipertonía del esfínter de Oddi, tóxicos (organofosforados, veneno de escorpión), vasculitis (LES, PAN, PTT), hipotensión, hipertensión maligna, émbolos de colesterol, miscelánea (pancreatitis hereditaria, úlcera duodenal penetrada, hipotermia, trasplante de órganos, fibrosis quística, quemaduras, carreras de fondo).

Diagnóstico

Datos clínicos

El dolor suele ser agudo, en la mitad superior del abdomen, persistente, irradiado en banda hacia los flancos (50% de pacientes), y acompañado de náuseas y vómitos en 90% de los casos.

En la pancreatitis aguda biliar el dolor puede ser intenso, epigástrico, súbito, lancinante y transfictivo. Si aparece ictericia debemos sospechar coledocolitiasis persistente o edema de la cabeza del páncreas. En miembros pélvicos raramente se puede presentar poliartritis, paniculitis (necrosis grasa) o tromboflebitis. La pancreatitis indolora aparece tan sólo en 5 a 10% y es más común en pacientes bajo diálisis peritoneal o en postrasplantados de riñón.

Los signos de Grey-Turner y de Cullen aparecen en 1% de los casos, y no son diagnósticos de pancreatitis hemorrágica, pero sí implican un peor pronóstico. Los datos clínicos de alarma son la persistencia de sed, taquicardia, agitación, confusión, oliguria, taquipnea, hipotensión, y ausencia de mejoría clínica en las primeras 48 h.

Laboratorio

Marcadores séricos

Amilasa: Su elevación mayor de tres veces el valor superior normal hace sospechar pancreatitis. La amilasa se eleva en las 6 a 12 h posteriores al inicio, tiene una vida media de 10 h, y persiste elevada por 3 a 5 días. Es importante saber que la amilasa pancreática representa 35 a 50%, y la salival el resto, pues otras enfermedades pueden causar hiperamilasemia, tales como parotiditis, traumatismo, cirugía, radiación, acidosis, insuficiencia renal, embarazo ectópico roto, salpingitis, alcoholismo, cirrosis, colecistitis aguda, pseudoquiste, post-CPRE, ascitis pancreática, obstrucción o infarto intestinal, y la anorexia nerviosa.

Lipasa: Es más específica, se eleva más temprano y dura más días que la amilasa. Su sensibilidad es de 85 a 100%, aunque su elevación no se asocia con la gravedad del cuadro. Una relación lipasa/amilasa mayor de 2 sugiere pancreatitis aguda alcohólica (sensibilidad 91%, especificidad 76%). La elevación de TGP mayor de 150 UI/L sugiere pancreatitis aguda biliar (sensibilidad 48%, especificidad 96%), y si es mayor de tres veces el límite superior normal sugiere pancreatitis aguda biliar con un valor predictivo positivo de 95%. Aunque también se sabe que 15 a 20% de pacientes con pancreatitis aguda biliar tendrán TGP en valores normales.

Se pueden medir otras enzimas (fosfolipasa A, tripsina, tripsinógeno, co-lipasa, etc.), pero su uso aún no está validado para el diagnóstico de pancreatitis aguda.

Hematócrito

El Hto deberá medirse a las 0, 12 y 24 h desde el ingreso de la paciente. Una cifra mayor de 44% es un factor de riesgo independiente para necrosis pancreática.

Proteína C reactiva

Sensibilidad 40%, especificidad 100%. Las concentraciones de PCR mayores de 150 mg/dl, medidas a las 48 h, predicen pancreatitis aguda severa. Si bien concentraciones tan bajas como ≥ 19.5 mg/dl se han relacionado con pacientes con pancreatitis aguda necrotizante.

Procalcitonina

Sensibilidad 93%, especificidad 88%. La procalcitonina es capaz de identificar, con mayor sensibilidad que la PCR, a pacientes en riesgo de padecer necrosis infectada y muerte, si su valor es ≥ 3.5 ng/ml en dos días consecutivos.

Gabinete

Ultrasonido

Especialmente útil para descartar litiasis vesicular. El USG endoscópico tiene mayor sensibilidad que la RMN para detectar barro biliar o microlitiasis.

El páncreas hipoecoico y aumentado de tamaño, diagnóstico de pancreatitis, no se observa en 35% de las pacientes debido a la presencia de gas intestinal, suele observarse sólo en 25 a 50% de pacientes con pancreatitis aguda.

Tomografía

Se debe realizar TAC con doble contraste a las 48 h a toda paciente que no mejore con el manejo conservador inicial o si se sospecha alguna complicación (las complicaciones locales se observan mejor al cuarto día).

Las áreas de necrosis miden más de 3 cm y se observan hipodensas (menos de 50 U Hounsfield) después del contraste IV. La TAC tiene sensibilidad de 87 a 90% y especificidad de 90 a 92% (Tabla 29.1).

Tabla 29.1. Clasificación tomográfica de la pancreatitis

Grado	Hallazgos	Puntos
A	Páncreas normal, tamaño normal, bien definido, contornos regulares, reforzamiento homogéneo.	0
B	Aumento de tamaño focal o difuso del páncreas, contornos irregulares, reforzamiento no homogéneo.	1
C	Inflamación pancreática con anormalidades peripancreáticas intrínsecas.	2
D	Colección única de líquido intra o extra-pancreático.	3
E	Dos o más colecciones de líquido o gas en páncreas o retroperitoneo.	4

% de necrosis	Puntuación
0	0
< 33	2
33-50	4
≥ 50	6

Resonancia magnética

La colangiopancreatografía por resonancia magnética (CPRM) simple o contrastada tiene una buena correlación con la TAC contrastada. Sus ventajas son: ausencia de nefrotoxicidad y mejor diferenciación para saber si la colección líquida es hemorragia, absceso, necrosis o pseudoquiste. De elección en el embarazo.

Estratificación de riesgo

El *Panc 3 score* predice con tres criterios (Hto ≥ 44%, IMC ≥ 30 kg/m^2, y derrame pleural demostrado en Rx de tórax), la severidad en pancreatitis aguda.

Ranson (1974)

Sensibilidad 63%, especificidad 76%. Cuando se tienen ≥ 3 puntos es pancreatitis aguda severa. La mortalidad varía según la puntuación del 0.9% (0-2 puntos), 16% (3-4 puntos), 40% (5-6 puntos) y 100% (7-8 puntos). En la Tabla 29.2 se anotan los criterios de Ranson, y entre paréntesis los Ranson modificados para pancreatitis no alcohólica.

Tabla 29.2. Criterios de Ranson para pancreatitis*

Datos al ingreso	Datos a las 48 h después de su ingreso
Edad > 55 años (> 70)	Disminución Hto > 10% (> 10)
Leucocitos > 16,000/mm^3	Ca < 8 mg/dL (<8)
Glucemia > 200 mg/dL (> 220)	Elevación BUN > 5 mg/dL (> 2)
DHL > 350 UI/L (> 400)	Déficit de base > 4 mEq/L (> 5)
TGO > 250 UI/L o > 6x de lo normal (> 250)	Secuestro de líquidos > 6 L (> 4L)
	PaO_2 < 60 mmHg (no cuenta para pancreatitis no alcohólica)
BUN: nitrógeno ureico; DHL: deshidrogenasa láctica; Hto: hematocrito; PaO_2: presión arterial de oxígeno; TGO: transaminasa glutámico-oxalacética.	

*Entre paréntesis los criterios modificados para pancreatitis no alcohólica

Glasgow (Imrie, 1984 y 1997)

Sensibilidad 72%, especificidad 84%. Los datos pueden recolectarse en el transcurso de las primeras 48 h, y una puntuación ≥ 3 puntos predice pancreatitis aguda severa. Los valores son: leucocitosis > 15,000/mm^3, glucosa > 180 mg/dl, Ca < 8 mg/dl, PaO_2 < 60 mmHg, TGO/TGP > 200 UI/L, DHL > 600 UI/L, albúmina < 3.2 g/dL.

Atlanta (1992)

Cualquier condición coexistente indica pancreatitis aguda severa: insuficiencia orgánica múltiple, complicaciones sistémicas o locales, Ranson ≥ 3 o APACHE-II ≥ 8 (Tabla 29.3).

Tabla 29.3. Criterios de gravedad de pancreatitis

Falla orgánica	Choque Insuficiencia pulmonar Insuficiencia renal	PAS < 90 mmHg PaO_2 ≤ 60 mmHg Crea > 2 mg/dL
Complicaciones sistémicas	CID Trastorno metabólico	Plaquetas < 100,000/mm^3 Fibrinógeno < 1 g/L Dímero-D > 80 µg/dL Ca ≤ 7.5 mg/dL
Complicaciones locales	Necrosis, absceso, pseudoquiste	
CID: coagulación intravascular diseminada; Crea: creatinina; PaO_2: presión arterial de oxígeno; PAS: presión arterial sistólica.		

APACHE (1985, validado para pancreatitis aguda en 1990)

Los datos pueden recolectarse en los primeros tres días de su ingreso, y repetirse c/24 h. Una puntuación ≥ 8 predice pancreatitis aguda severa.

POP-SCORE (2007)

Harrison y su grupo presentaron la *Pancreatitis Outcome Prediction* (POP) *Score*, una escala para estratificar a pacientes con riesgo de pancreatitis severa, que es un modelo nuevo y con mayor sensibilidad que el APACHE-II y el Glasgow. Además, tiene la ventaja que las variables se recolectan en las primeras 24 h. No ha sido validado prospectivamente (Tabla 29.4).

APACHE-O, SOFA, Marshall

El APACHE-O (APACHE-II + obesidad) tiene sensibilidad de 82% y especificidad de 86%. Se ha observado que pacientes con IMC ≥ 30 kg/m^2 pueden padecer pancreatitis aguda severa.

También es muy utilizado el sistema *Sepsis-related Organ Failure Assessment* (SOFA), el cual incluye la valoración de 6 sistemas (pulmonar, hematológico, hepático, renal, cardiovascular y nervioso central), considerando diariamente los peores valores, con rangos de 0 (normal) a 4 (lo más anormal). El sistema Marshall valora tres sistemas orgánicos (pulmonar, cardiovascular y renal), dando puntuación desde 0 (normal) a 4 (anormal).

Tabla 29.4. POP-SCORE

Puntuación	0	1	2	3	4	5	6	7	8	9	10
Edad (años)	16-29	30-39		40-49		50-59		60-69	≥ 70		
PAM (mm Hg)	≥ 90	80-89		60-69	50-59		40-49		< 40		
PaO_2/FiO_2	≥ 225			≥ 75-224	< 75						
pH arterial	≥ 7.35	7.30 - 7.35	7.25 - 7.29		7.20 - 7.24	7.10 - 7.19	7.00 - 7.09				< 7.0
Urea (mg/dL)	< 14	14-22.3		22.4 - 30.7	30.8 - 47.5		≥ 47.6				
Ca (mg/dL)	8.0-9.19	7.2-7.99	6.4-7.19 o 9.2-9.99		< 6.4 o ≥ 10						

Clasificación

Pancreatitis leve: Aquella en la que existe una disfunción mínima o ninguna disfunción multiorgánica, y la recuperación se produce sin complicaciones locales.

Pancreatitis grave: Aquella que se manifiesta como insuficiencia de órgano (incluyendo choque, insuficiencia respiratoria o renal) o complicaciones locales como necrosis o absceso.

Criterios de pancreatitis grave (Simposio Atlanta 1992, Conferencia Consenso Pamplona 2004)

Insuficiencia de órgano
Choque: PAS < 90 mmHg
Insuficiencia respiratoria: $PaO_2 \leq 60$ mmHg
Insuficiencia renal: CreaP >2 mg/dl tras adecuada rehidratación
Hemorragia digestiva: > 500 ml/24h.

Complicaciones locales
Necrosis
Absceso

Signos pronósticos tempranos desfavorables
≥ 3 signos de Ranson o de Glasgow
> 8 puntos APACHE-II

Efectos sobre el embarazo

La pancreatitis aguda puede complicar cualquier etapa del embarazo. Durante el primer trimestre se ha demostrado ascaridiasis o bien un ataque agudo de pancreatitis crónica reciente debido a litiasis biliar, por ejemplo. También se han descrito casos idiopáticos complicando al segundo trimestre. Los casos más numerosos se detectan en el tercer trimestre del embarazo.

Muchas pacientes experimentan mejoría del cuadro pancreático después de la resolución del embarazo vía vaginal o cesárea. Sin embargo, se han reportado casos en el puerperio inmediato complicado con eclampsia, o sin ella.

La pancreatitis en el embarazo es usualmente leve y responde a terapia médica incluyendo ayuno, administración de líquidos IV, analgesia, y posiblemente succión gástrica. El meperidino es el medicamento de elección para la analgesia porque no causa contracción del esfínter de Oddi, parece ser seguro por su vida media corta durante el embarazo.

La pancreatitis severa con un flemón, absceso, sepsis o hemorragia necesita monitoreo en una UCIO, terapia antibiótica, nutrición parenteral total y posible debridamiento quirúrgico.

Otras medidas terapéuticas utilizadas con menor frecuencia o con más restricciones incluyen el uso de atropina, glucagón, fluorouracilo y calcitonina para disminuir la secreción pancreática, indometacina para reducir el nivel de prostaglandinas y de aprotinina, y gabexato para inhibir proteasas. Pseudoquistes pancreáticos persistentes y grandes requieren drenaje endoscópico, radiológico o cirugía.

El embarazo no debe retrasar la aspiración o cirugía. La esfinterotomía endoscópica puede realizarse durante el embarazo con mínima exposición del feto. La colecistectomía raras veces es necesaria durante el embarazo tanto para la colecistitis aguda como para la pancreatitis biliar, pero puede hacerse si es necesario en una forma más segura después del primer trimestre. La papilotomía endoscópica y la remoción de un lito son posibles durante el embarazo y pueden ser el tratamiento de elección para esta condición inusual. La cirugía abierta con drenaje o bien resección pancreática parcial o total raras veces resultan necesarias.

La mortalidad materna es baja en pancreatitis no complicada pero excede el 10 % en pancreatitis complicada. La pancreatitis durante el primer trimestre se asocia a desgaste fetal y durante el tercer trimestre se asocia a trabajo de parto prematuro.

Tratamiento

No hay un consenso general sobre el tratamiento ideal, dividiéndose las opiniones entre tratamiento médico a todas las pacientes o utilizar el recurso de la cirugía, aunque se ha observado una disminución de la mortalidad materno-fetal con el manejo implementado en unidades de cuidados intensivos.

Los principios clave del tratamiento son mantener a la paciente a dieta absoluta, aporte de líquidos y electrolitos, junto con la analgesia.

La nutrición enteral distal al ángulo de Treitz iniciada 48 h tras el ingreso obtiene mejores resultados que la nutrición parenteral, es mejor tolerada, no empeora la enfermedad y sus costes son menores.

En resumen:

1. El diagnóstico clínico depende de buena historia clínica y buen examen físico. La lipasa sérica, la amilasa y la p-amilasa son útiles en la confirmación de la sospecha clínica. El USG abdominal debe hacerse desde los primeros momentos en urgencias.

2. Hecho el diagnóstico y dispuesto el tratamiento inicial, debe clasificarse la severidad de la enfermedad utilizando el índice de Apache II, los criterios de Ranson y la PCR.
3. La pancreatitis asociada al embarazo debe tratarse en la UCIO.
4. La mayoría de las causas de pancreatitis aguda son de origen biliar.
6. Si es necesaria, la colecistectomía (laparoscópica) debe realizarse durante la misma hospitalización.
7. El tratamiento concomitante incluye nutrición parenteral, descompresión nasogástrica cuando haya distensión o íleo.
8. La RMN está indicada para estadificar e identificar necrosis.
10. En caso de necrosis pancreática infectada el uso de imipenem está indicado y la paciente debe llevarse a cirugía para practicar necrosectomía con drenaje abierto.
11. En todos los casos se debe procurar llegar a diagnóstico etiológico.
13. Pacientes con colecciones deben ser sometidos a drenaje percutáneo.

Bibliografía

1. Díaz-Pizarro Graf JI, Mijares García JM, Cárdenas-Lailson LE. Prevalencia de la pancreatitis aguda durante el embarazo y puerperio. Cir Gen 2003;25:152-7.
2. Sánchez RM. Pancreatitis aguda. Rev. Med. Int. Med Crit. 2004;1:1-16.
3. Malangoni MA. Gastrointestinal surgery and pregnancy. Gastroenterol Clin North AM 2003;32:181-200.
4. Li HP, Huang YJ, Chen X. Acute pancreatitis in pregnancy: a 6-year single center clinical experience. Chin Med J (Engl). 2011;124:2771-5.
5. Turhan AN, Gönenç M, Kapan S, et al. Acute biliary pancreatitis related with pregnancy: a 5-year single center experience. Ulus Travma Acil Cerrahi Derg. 2010;16:160-4.
6. Jain P. Acute pancreatitis in pregnancy: an unresolved issue. World J Gastroenterol. 2010;16:2065-6.

Capítulo 30. Cirugía general en la paciente obstétrica grave

Dr. Ricardo Mauricio Malagón Reyes

Generalidades

Para ofrecer un verdadero apoyo a las pacientes obstétricas graves, se requiere de un conocimiento más que básico de la anatomía y fisiología de la mujer. El cirujano general, se enfrenta a patologías quirúrgicas no obstétricas que por la localización y estado gestacional de la paciente, dificultan el diagnóstico y retrasan el tratamiento, incrementando la morbilidad y mortalidad del binomio. A continuación comentamos brevemente las causas más comunes de atención por parte de cirugía general en el HMPMPS.

Apendicitis aguda

Es la primera causa de cirugía no obstétrica en mujeres embarazadas con frecuencia de 1:1,500-2,000 embarazos, con igual frecuencia en cada trimestre; constituye la primera causa de pérdida fetal.

Colecistitis crónica agudizada

Es la segunda causa de cirugía no obstétrica en mujeres embarazadas (Figura 30.1).

Etiopatogenia: El embarazo predispone a la formación de litos, encontrándose en hasta un 19% en mujeres con 2 o más embarazos versus 7% en nulíparas. Hasta 1-8 de 10,000 mujeres embarazadas sufrirán colecistitis aguda y requerirán tratamiento quirúrgico.

Complicaciones: hidrocolecisto, piocolecisto, pancreatitis que incrementa la mortalidad fetal y morbilidad materna.

Tratamiento: A) Manejo conservador: ayuno, antibióticos, analgésicos, antiespasmódicos y adecuada hidratación. B) En las pacientes que no responden al manejo conservador y presentan recidivas, se valora la intervención quirúrgica, siendo el 2o trimestre como el período más óptimo.

Figura 30.1. Imagen que ilustra un caso de colecistitis crónica agudizada con abundante litos.

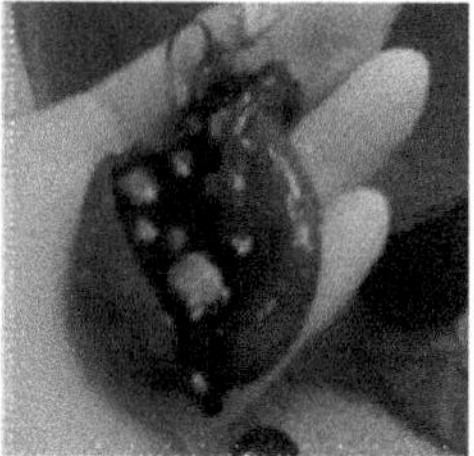

Oclusión intestinal

Es la tercera causa de laparotomía no obstétrica (Figura 30.2). Se presenta en 1 de cada 1,500-3,000 embarazos. El cuadro se caracteriza por dolor abdominal agudo, vómito y distensión abdominal. Las causas más frecuentes son bridas y adherencias, vólvulos del sigmoides, hernias, neoplasias, cirugía general en pacientes obstétricas graves.

Figura 30.2. Radiografía de abdomen en caso de oclusión intestinal

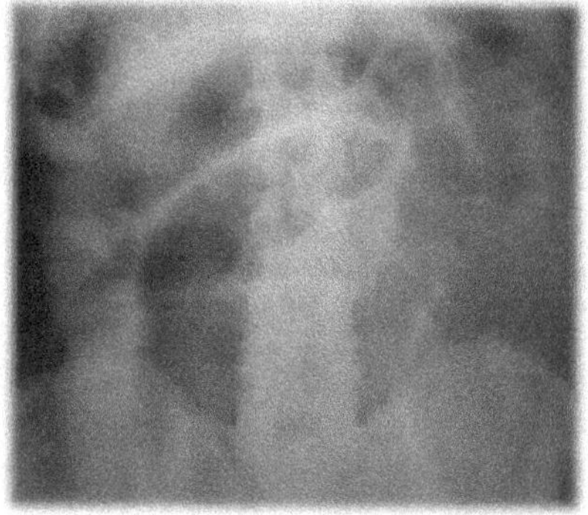

Placenta percreta

Es la invasión del trofoblasto a todo el espesor del miometrio, con perforación de la serosa e infiltración vesical (5% de los casos). Constituye un desafío a la obstetricia actual dada la asociación frecuente con cicatrices uterinas previas. Por el incremento de cesáreas; se espera un aumento en la frecuencia de presentación.

Diagnóstico: Antecedentes clínicos, USG doppler, RMN, cistoscopía, control bioquímico.

Tratamiento: Ligadura de arterias uterinas, extracción del producto con histerotomía corporal o arciforme, no remover placenta *in situ*, histerorrafia, ligadura de arterias hipogástricas, histerectomía con resección de pared posterior de vejiga por trofoblasto infiltrante, puntos transfictivos. En este momento estamos llevando a cabo un estudio para esclerosar el lecho placentario.

Hemorragia y hematoma hepático

La hemorragia hepática espontánea con formación de un hematoma subcapsular hepático (Figura 30.3) y ruptura de la cápsula de Glisson es una complicación poco frecuente del síndrome de MATHI (incidencia de 1 en 40 a 250 mil embarazos), pero que alcanza una mortalidad materna del 18-86% en casos de ruptura.

Figura 30.3. TAC de abdomen superior en caso de hematoma hepático.

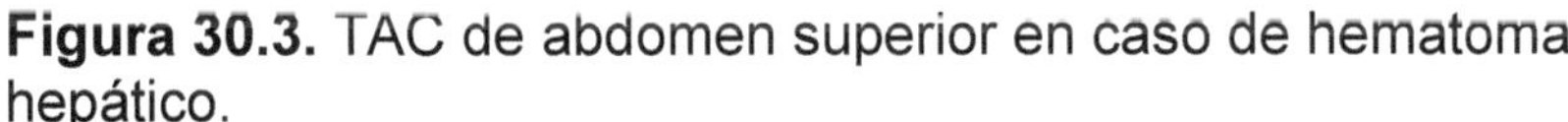

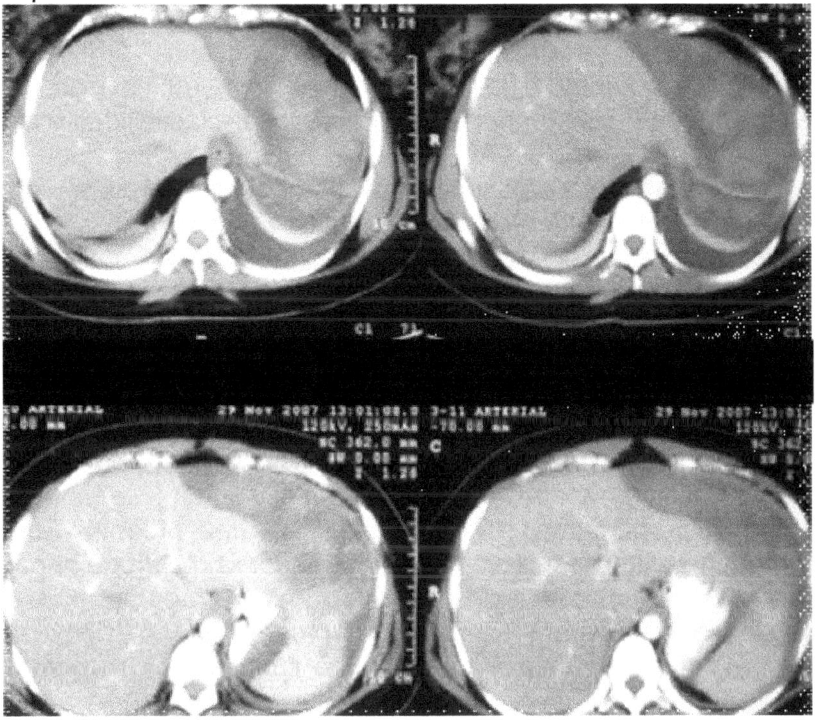

Esta complicación consiste en un proceso de infarto local iniciado por depósitos de fibrina, hipervascularización, ruptura de vasos, microhemorragia intrahepática, lesión del tejido, con la consecuente formación del hematoma subcapsular ocasionando ruptura de la cápsula de Glisson. La lesión hepática clásica desde el punto de vista histopatológico es la necrosis del parénquima con zonas periportales o focales de depósitos hialinos.

Factores de riesgo: edad media 30 años, multiparidad, 3er trimestre (36 SDG), puerperio inmediato, síndrome de MATHI, preeclampsia severa o eclampsia 30%.

Cuadro clínico: dolor severo en hipocondrio derecho, en barra, irradiado a región dorso-lumbar, epigastralgia severa que confunde con enfermedad ácido-péptica, náuseas, vómito, distención abdominal con hepatomegalia, irritación peritoneal, hipotensión-taquicardia en casos de choque, algunos muestran ascitis y derrame pleural derecho, hematoma con empaquetamiento.

Diagnóstico: énfasis en hemoglobina, Hto, plaquetas, tiempos de coagulación, transaminasas, fosfatasa alcalina, DHL, GGT. USG hepático y obstétrico (identificar líquido libre en cavidad, búsqueda intensionada de lesión hepática). En casos de factibilidad y estabilidad hemodinámica realizar TAC.

Tratamiento: Las pacientes hemodinámicamente estables sin evidencia de alteraciones clínicas pueden ser manejadas conservadoramente. Transfusiones sanguíneas, corrección de tiempos de coagulación, seguimiento ultrasonográfico o tomográfico. Si existe evidencia clínica de ruptura del hematoma con inestabilidad hemodinámica, la cirugía se hace de emergencia: empaquetamiento hepático y colocación de drenajes, parches de colágena, segmentectomía, ligadura de arteria hepática, técnica laparotomia subxifoidea suprapúbica línea media, aspirar hemoperitoneo, y localizar lesión hepática, luxar hígado, sección de ligamento falciforme y triangular para mejor visualización del área cruenta. En caso de ruptura hepática segmento VI se hace ligadura de arteria hepática.

La atención de esta complicación deberá de ser en tercer nivel siguiendo el flujograma propuesto en la Figura 30.4. Tiene mortalidad alta en unidades hospitalarias que no cuentan con recursos para su atención.

Figura 30.4. Algoritmo sugerido para el manejo de hematoma hepático

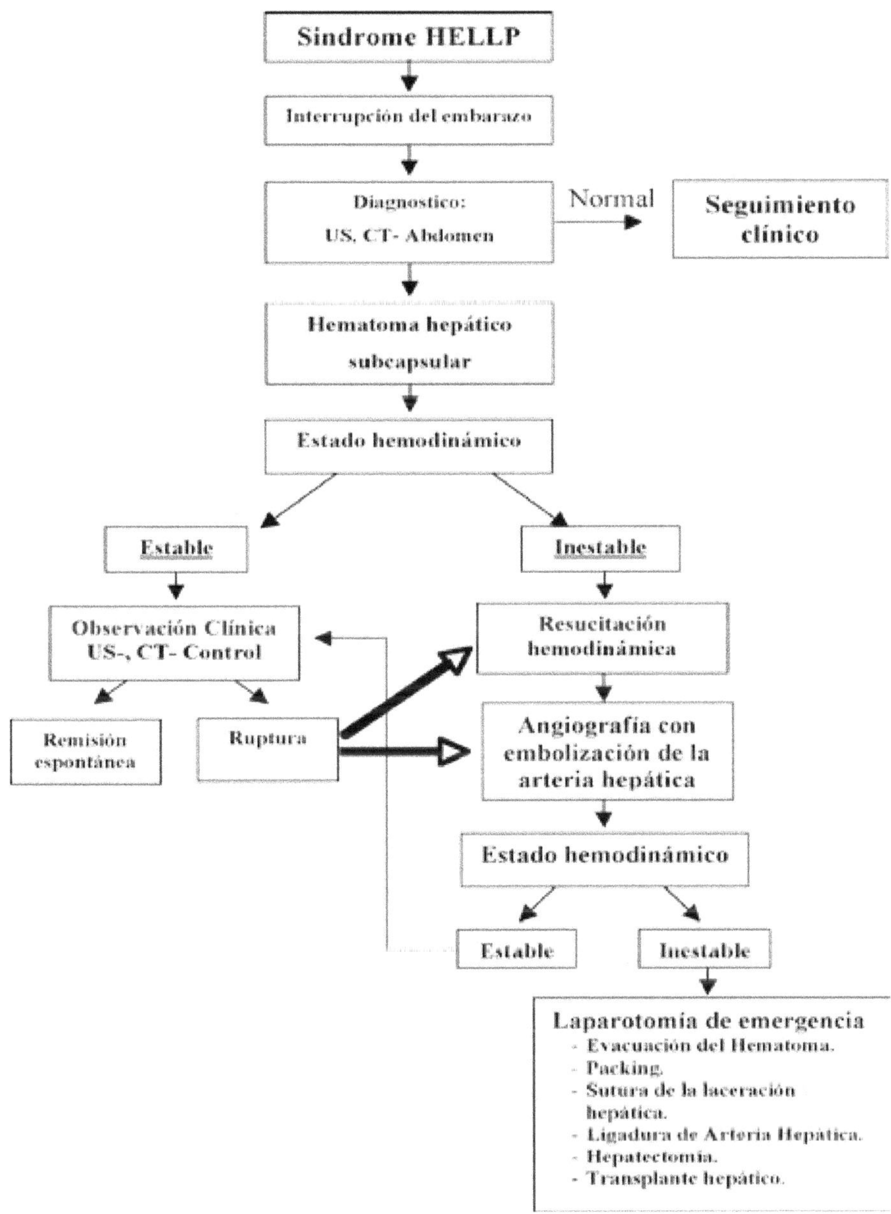

Otras atenciones

En la UCIO, en pacientes indicadas se realizan traqueostomías y gastrostomías, colocación de sonda de pleurostomía, tiroidectomías, nefrectomía, etc. Un problema de atención relativamente frecuente es el manejo de abdomen abierto (dehiscencia de herida quirúrgica y sepsis abdominal principalmente), Figuras 30.5.A y 30.5.B respectivamente.

Figura 30.5.A

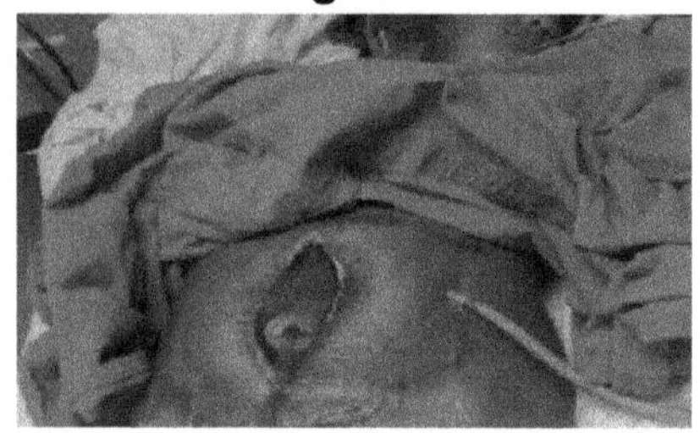

Figura 30.5.B

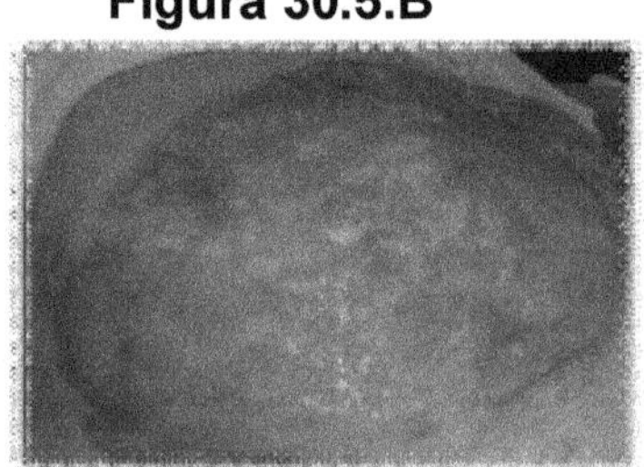

Para el manejo de abdomen abierto la UCIO ha introducido la bolsa MALA (mayor absorción de líquido abdominal). Esto consiste en poner una bolsa estéril a la que se abren tres de sus esquinas y se coloca cubriendo la mayor área abdominal posible. Se puede ir retirando de manera progresiva y evita así la formación de adherencias, fístulas, a su vez que permite un adecuado registro del líquido abdominal.

Bibliografía

1. Parangi S, Levine, Henry A, et al. Surgical gastrointestinal disorders during pregnancy. Am J Surg. 2007;193:223-32.
2. McKellar DP, Anderson CT, Boynton CJ, et al. cholecystectomy during pregnancy without fetal loss. Surg Gynecol Obstet. 1992;174:465-8.
3. Gilat T, Konikoff F. Pregnancy and the biliary tract. Can J Gastroenterol 2000;14(suppl D):55D-59D.
4. Macejko AM, Schaeffer JA. Asymptomatic bacteriuria and symptomatic urinary tract infections during pregnancy. Urol Clin North Am. 2007;34:35-42.
5. Santos I, Borges A, Serrano F, et al. [Kidney abscess during pregnancy. A case report]. Acta Med Port 2006;19:427-30.
6. Malagón Reyes RM, Reyes Mendoza LE, Angeles Vásquez Mde J, Mendieta Zerón H. Experience of the MALA Bag in the Open Abdomen Management in an Obstetrical Intensive Care Unit. Acta Med Port. 2013;26:699-704.

Capítulo 31. Sistema Nervioso Central

Dr. Oscar Perfecto González Vargas

Dr. Sergio Antonio García Barrios

Dr. Hugo Mendieta Zerón

Enfermedad cerebrovascular en embarazo

El evento vascular cerebral (EVC) puede clasificarse como isquémico o hemorrágico y causa 3.5-26 casos de disfunción neurológica por 100,000 embarazos. Algunos estudios sugieren que el período postparto se asocia con mayor riesgo de evento isquémico.

EVC isquémico

El EVC isquémico representa el 85% de todos los EVC. Las causas en el embarazo pueden ser agrupadas en 2 categorías: 1) etiologías específicas de embarazo y 2) otras causas en jóvenes. La primera categoría incluye causas como preeclampsia/eclampsia, que está presente en el 24-47% de los EVC isquémicos y en el 14-44% de las hemorragias intracraneales. Otras causas específicas de embarazo incluyen coriocarcinoma, embolia de líquido amniótico, cardiomiopatía del periparto, y angiopatía cerebral del postparto. Esta última ocasiona el estrechamiento de los vasos sanguíneos, que pueden conducir a isquemia pero es rara y reversible.

Las causas de EVC en una persona joven incluyen etiologías aterotrombóticas, eventos cardioembólicos, enfermedad lacunar, otras vasculopatías (por ej. displasia fibromuscular, disección arterial, arteritis), trastornos hematológicos, medicinas o drogas (por ej. efedrina, pseudoefedrina, fenilpropanolamina, heroína, cocaína, anfetaminas, y el alcohol), migraña, y causas desconocidas.

Particularmente el Lupus Eritematoso Sistémico (LES) aumenta el riesgo de EVC debido a hipercoagulabilidad asociada con anticuerpos antifosfolípido o vasculitis. El tratamiento del síndrome antifosfolípido por lo general consiste en la anticoagulación. Hay otros estados hipercoagulables como deficiencia de antitrombina III, proteína C o S, resistencia a la proteína C activada, disfibrinogenemia, homocisteinemia, y deficiencia de proteína activadora de plasminógeno.

La vasculitis cerebral puede causar síntomas no focales como cefalea y encefalopatía. La vasculitis primaria del SNC es sumamente rara. La disección arterial causa los síntomas de EVC secundario a fragmentos embólicos del sitio de disección. Las causas de una disección incluyen displasia fibromuscular, trauma, hipertensión o etiologías espontáneas. El tratamiento para vasculopatía puede implicar la anticoagulación o la intervención quirúrgica.

La localización más frecuente de isquemia cerebral en casos de preeclampsia/eclampsia es en la zona occipital.

EVC hemorrágico

Las mujeres con mayor riesgo de hemorragia intracerebral en el embarazo son aquellas con eclampsia, vasculitis, aneurisma o malformación vascular. La hipertensión es el factor de riesgo más importante para la hemorragia intracraneal en el embarazo.

La hemorragia subaracnoidea ocurre en uno a dos por 10,000 embarazos y el 85% de estas hemorragias ocurre en el segundo o tercer trimestre.

Derivado de los descontroles hipertensivos del embarazo existe un alto riesgo de complicaciones por hemorragia cerebral.

Trombosis venosa cerebral

La trombosis cerebral venosa, por lo general asociada con la trombosis de seno dural, ha sido asociada tradicionalmente con el embarazo.

Hay factores de riesgo asociados con la trombosis cerebral venosa como los son la edad materna, hiperemesis, cesárea, infección intercurrente e hipertensión materna.

La cefalea es el síntoma más común y ocurre en el 95% de las pacientes. Otras manifestaciones incluyen focalizaciones (47%), paresia (43%), papiledema (41%), alteración del estado de conciencia (39%) y la hipertensión intracraneal aislada (20%). El diagnóstico es hecho por TAC contrastada que muestra los infartos bilaterales que son a menudo hemorrágicos. El signo clásico de trombosis de seno superior sagital es el signo de delta vacío, donde los márgenes dural de la parte posterior del seno superior sagital son realzados por el medio de contraste pero el coágulo en el lumen es visto como un defecto de relleno triangular. Menos comúnmente, la trombosis afecta el sistema profundo cerebral venoso, produciendo infarto talámico bilateral y de ganglios basales.

El tratamiento de la trombosis del seno venoso cerebral con HNF o HBPM es seguro y eficaz, aún en pacientes con una hemorragia intracraneal preexistente. El TPT es mantenido en dos veces el valor basal. Para las pacientes comatosas o cuyas condiciones se deterioran a pesar de la heparina, algunos centros han intentado trombolisis local con microcatéteres colocados en el seno trombosado. El factor tisular recombinante (rTF) y la urokinasa han sido usados con éxito variable. El tratamiento de apoyo incluye medidas para reducir la presión intracraneal, la administración de drogas anticomisiales, y la hidratación adecuada.

La mortalidad hospitalaria para la trombosis cerebral de seno cerebral venosa relacionada con el embarazo es del 25-30%.

Evaluación clínica

Historia y examen físico

La obtención de una historia clínica y examen físico completos son aspectos cruciales para abordar estas patologías. Puntos importantes incluyen el dolor (cefalea, dolor de cuello), el trauma, fluctuación de síntomas neurológicos, cambios de estado mental, fiebre, uso de medicamentos.

Estudios complementarios

La TAC es el estudio más útil para excluir una hemorragia aguda. Es también útil en la evaluación de un evento isquémico. La angiografía y venografía y también pueden ser útiles en la evaluación de la vasculatura cerebral.

La evaluación de sangrado debido a aneurismas rotos intracraneales o malformaciones arteriovenosas (MAVs) pueden requerir estudios de imagen extensos, incluyendo arteriografía cerebral.

La RMN es útil en la evaluación de un EVC en una embarazada. Esto no lleva el riesgo de radiación, y el material de contraste requerido para algunos estudios es asociado con pocos informes de reacciones adversas, a diferencia del material de contraste usado para estudios de TAC.

Otras pruebas diagnósticas que pueden ser usadas para evaluar a una paciente con EVC incluyen: USG doppler de carótida, ecocardiografía transesofágica o transtorácica, ECG y USG doppler transcraneal.

Examen de laboratorio

Los estudios de laboratorio a solicitar dependerán de la causa del EVC y de si el sistema arterial o venoso está implicado. Los estudios pueden incluir electroforesis de Hb, determinación en ayuno de homocisteína, perfil de lípidos, anticardiolipina, antifosfolípido, TT para descartar disfibrinogenemia, factor V Leiden, análisis de mutación G20210A de protrombina, proteína C, proteína S, antitrombina III, etc.

Tratamiento

EVC isquémico

El tPA pertenece a la categoría C en el embarazo. El tratamiento intraarterial podría ser más seguro que otras rutas, pero el procedimiento representa riesgo de radiación al feto debido al empleo de fluoroscopía.

La heparina se considera categoría C en el embarazo pero se usa rutinariamente cuando la anticoagulación es necesaria porque no cruza la placenta.

La warfarina se considera categoría X en el embarazo, cruza la placenta y puede causar complicaciones en la organogénesis. Puede presentarse sangrado materno-fetal y haber abortos espontáneos.

Los agentes antiplaquetarios incluyen aspirina, clopidogrel, y una terapia combinada con dipiridamol y aspirina. El tratamiento prolongado con altas dosis de aspirina puede causar complicaciones fetales. El clopidogrel y dipiridamol se consideran categoría B en el embarazo.

EVC hemorrágico

Las medidas generales incluyen la interrupción de antitrombóticos o anticoagulación. De acuerdo a su volumen deberá decidirse el drenaje del mismo (Figura 31.1).

Figura 31.1. TAC de cráneo que ilustra un EVC hemorrágico

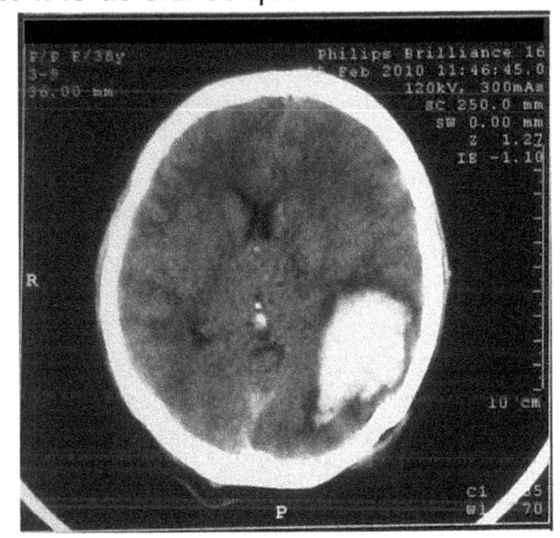

Las pacientes tratadas de manera temprana con cirugía tienen mejores resultados que aquellas tratadas de manera conservadora. Las pacientes más conscientes con menos déficits severos pueden ser sometidas a resección del aneurisma dentro de los 4 primeros días después del sangrado. Las pacientes con déficits neurológicos severos son tratadas con la terapia médica de apoyo hasta que su condición mejore porque la mortalidad vigente es sumamente alta entre estas pacientes.

Las hemorragias más pequeñas pueden ser tratadas de manera conservadora y la intervención quirúrgica puede ser aplazada hacia el final del embarazo. Los aneurismas rotos o MAVs que ha sangrado pueden tener que ser tratados urgentemente con cirugía abierta o con intervención endovascular.

La hemorragia de una MAV representa casi el 50% de hemorragias intracraneales en embarazadas. Después de la hemorragia inicial, el 27-30% de MAVs tiende a resangrar en el embarazo. El diagnóstico es hecho por TAC o RMN y angiografía cerebral. El tratamiento inmediato consiste en la administración de medicinas antiepilépticas y reducir la presión intracraneal. El tratamiento definitivo es la cirugía, aunque el tratamiento endovascular y radiocirugía son opciones valiosas en casos seleccionados.

Prevención

Todas las mujeres pueden disminuir su riesgo de EVC evitando fumar, manteniendo un IMC óptimo, no consumiendo alcohol en exceso, evitando el empleo de todas las drogas ilegales, y vigilando su presión arterial. A su vez, hay riesgos particulares para mujeres con diabetes o dislipidemia.

Las mujeres con patología cerebrovascular conocida que planean embarazarse deben extremar medidas de control con el neurólogo para disminuir el riesgo de EVC.

En pacientes con aneurisma cerebral conocido, este se debe intervenir lo antes posible. Considere la realización de cesárea. En pacientes con MAV, también se debe intervenir o embolizar.

Las opiniones en cuanto al mejor tratamiento de mujeres con estados hipercoagulables divergen. Las pacientes que antes tomaron warfarina debido a acontecimientos venosos trombóticos recurrentes tienen que ser convertidas a heparina. Algunos añaden la aspirina a dosis baja para manejar trombofilias relativamente severas.

Angiopatía cerebral postparto

La angiopatía cerebral postparto (ACP) es una enfermedad cerebrovascular que se caracteriza por la vasoconstricción multifocal reversible de las arterias cerebrales.

Las características clínicas de la ACP incluyen cefaleas recurrentes agudas graves, náuseas, vómitos, fotofobia, convulsiones, hipertensión, confusión y déficits neurológicos focales. Esta patología suele ser autolimitada. En algunos casos, puede estar asociada ya sea con hemorragia intracraneal o accidente cerebrovascular isquémico. La hemorragia subaracnoidea es una secuela menos común. A pesar de su carácter generalmente benigno, la ACP puede producir déficits neurológicos graves, que obligan a los médicos a iniciar un tratamiento rápido y agresivo.

Estado epiléptico

El estado epiléptico se ha reportado que ocurre en aproximadamente el 2% de las mujeres embarazadas con epilepsia y tiende a distribuirse de manera uniforme sobre los 3 trimestres.

El diagnóstico diferencial de las convulsiones durante el embarazo es diverso e incluye a la eclampsia, hemorragia intracraneal, estado epiléptico, meningitis y EVC, entre otras, lo cual crea un dilema en el actuar de la emergencia.

Evidentemente, ante la presencia de un cuadro de estado epiléptico, está indicada la intubación para brindarle O_2 a la paciente, lo cual significada sedarla, generalmente con benzodiacepina en lo que se tienen los estudios de imagen. Si bien es cierto, que los sedantes deprimirán en alguna medida al feto, conservar la vida materna es el objetivo número uno.

Lo ideal, una vez controlado el cuadro, es mantener inhibidos los focos epileptógenos con fenitoína y carbamazepina, ajustando las dosis según la frecuencia de las crisis y las concentraciones séricas de los fármacos.[2]

Si pese a dosis óptimas de los fármacos antiepileptógenos observamos la persistencia de movimientos musculares, consideramos pertinente indicar relajantes musculares, pues los movimientos tónico-clónico generalizados ocasionan proteinuria con potencial de dañar el riñón. Los relajantes musculares deben indicarse a las menores dosis posibles, pues tienen como efecto indeseable ocasionar miopatía, incluso con afección del movimiento diafragmático y por ende compromenten la ventilación espontánea.

El dominio del tema por parte de los médicos, hace ver que si existe un cuadro de hipertensión, se debe indicar antihipertensivo IV pensando en que sea eclampsia hasta no demostrarse lo contrario.

Meningitis y absceso cerebral

Los cuadros de meningitis en pacientes embarazadas, generalmente se deben a inmunocompromiso, la otra explicación plausible sería en procesos como punción lumbar, procesos dentales y diseminación a partir de otros procesos infecciosos.

Los casos de absceso cerebral, que tienen un pronóstico ominoso, pueden deberse a una contaminación al hacer procesos como trepanación, craniectomía, etc.

---

[2] En nuestro medio es poco usual solicitar niveles séricos de antiepilépticos debido al tiempo de entrega de los resultados. No obstante, el Laboratorio de Hemato-Oncología del Hospital para el Niño, del Instituto Materno-Infantil del Estado de México (IMIEM), cuenta con el equipo necesario para hacerlo, por lo que el compilador de este libro sugiere que se establezcan los convenios necesarios para soporte de otras unidades.

Muerte cerebral

Un diagnóstico devastador es el de muerte cerebral que en la mayoría de los casos atendidos en nuestra unidad han sido debidos a cuadros de hemorragia cerebral y ya llegando las pacientes con midriasis, sin poderse revertir el cuadro pese a hacer drenaje inmediato.

Cuando nos enfrentamos a un caso de muerte cerebral en embarazo, los médicos deben centrarse principalmente en salvar la vida del feto. Por lo tanto, es bioéticamente correcto mantener los signos vitales de la madre con muerte cerebral hasta que pueda nacer el bebé.

Criterios

Los criterios de muerte cerebral son aquellos que publicó el grupo de Harvard y que a la fecha se siguen considerando como fundamentales.

1. Falta de receptividad y de respuesta a estímulos. Incluso estímulos muy intensos no ocasionan movimiento alguno o balbuceos.
2. Ausencia de movimientos o respiración: La publicación original en JAMA hablaba de falta de movimiento por al menos una hora, buscada intencionadamente por un facultativo. Si la persona está en ventilación mecánica, debe haber ausencia de estímulo respiratorio por al menos 3 min con el ventilador apagado.
3. Ausencia de reflejos. La pupila estará fija y dilatada y no responderá al estímulo directo de la luz. El movimiento ocular y el parpadeo estarán ausentes, lo mismo que la deglución y los reflejos corneal y faríngeos.
4. Electroencefalograma plano.

Bibliografía

1. Khan M, Wasay M. Haemorrhagic strokes in pregnancy and puerperium. Int J Stroke. 2013;8:265-72.
2. Yang L, Bai HX, Zhao X, et al. Postpartum cerebral angiopathy presenting with non-aneurysmal subarachnoid hemorrhage and interval development of neurological deficits: a case report and review of literature. Neurol India. 2013;61:517-22.
3. Esmaeilzadeh M, Dictus C, Kayvanpour E, et al. One life ends, another begins: Management of a brain-dead pregnant mother-A systematic review-. BMC Med. 2010 Nov 18;8:74. doi: 10.1186/1741-7015-8-74.

4. Escudero D, Matesanz R, Soratti CA, et al. [General considerations on brain death and recommendations on the clinical decisions after its diagnosis. Red/Consejo Iberoamericano de Donación y Trasplante]. Med Intensiva. 2009;33:450-4.
5. A definition of irreversible coma. Report of the Ad Hoc Committee of the Harvard Medical School to Examine the Definition of Brain Death. JAMA. 1968;205:337-40.
6. Enye S, Ganapathy R, Braithwaite O. Proteinuria in status epilepticus or eclampsia; a diagnostic dilemma. Am J Emerg Med. 2009;27:625.e5-6.

Capítulo 32. Nutrición

Dr. Hugo Mendieta Zerón

Generalidades

El soporte nutricional especial en un hospital debe ser provisto a través de un grupo multidisciplinario constituido por un médico, una enfermera, una nutrióloga y un químico-farmacéutico. Es deseable que toda unidad médica de alta especialidad cuente con una unidad metabólica.

Parámetros de evaluación

Antropometría

A todas las pacientes en una UCIO se les debe pesar diariamente y aplicar en base a ello fórmulas usuales para evaluar un paciente crítico. Utilizaremos siempre el peso real, peso ideal y obtendremos el balance de líquidos para restar el acumulado positivo que arroje falsos datos de peso corporal. De entre todas las fórmulas para evaluar el peso, la más aceptada es la del IMC, no obstante, existen diversas circunstancias (el edema es una característica de la pre-eclampsia), en las cuales se pierde confiabilidad en el peso, por lo que es necesario tener otras alternativas para evaluar a una paciente hospitalizada. Nuestro grupo de investigación ha propuesto la medición de leptina como un estudio de laboratorio valioso (ver capítulo 40).

Laboratorio

Los estudios de rutina para la evaluación y seguimiento de pacientes en nutrición parenteral deben ser: biometría hemática, glucosa, creatinina, BUN, albúmina, bilirrubinas, transaminasas, fosfatasa alcalina, colesterol, triglicéridos, Na, K, Cl, Ca, Mg, P. En caso de estancia prolongada los estudios a completar son: Zn, Cu, ferritina, vitamina B12, tocoferol, folato, caroteno.

Tablas nutricionales

Tendremos a la mano las tablas de peso ideal para talla, así como los valores de referencia de creatinina urinaria para estatura. En la literatura se encuentran los ítems mencionados en la Tabla 32.1 como útiles para evaluar el estado nutricional.

Tabla 32.1. Parámetros de evaluación nutricional en mujeres

Compartimento	Parámetro	Estándar	Desnutrición		
			Leve	**Moderada**	**Severa**
Proteico y calórico	Índice peso/talla (%)	90-110	89-85	84-75	< 75
Calórico	Pliegue subcutáneo en tríceps (mm)	16.5	65-55%	54-40%	< 40
Proteico	Circunferencia muscular del brazo (cm)	23.2	90-85%	84-75%	< 75%
	Índice creatinina/talla (%)*	≥ 90%	89-75%	75-40%	< 40%
	Albúmina (g/dL)	> 3.5	3.4-3	2.9-2.5	< 2.5
	Transferrina (mg/dl)	> 200	199-100		< 100
	Prealbúmina (mg/dl)	> 20	< 10		
	Proteína fijadora de retinol (µg/dl)	> 3	< 3		
	Linfocitos totales (X mm³)	> 2,000	1,999-1,500	1,499-1,200	< 1,200
	Antígenos cutáneos (número de respuestas positivas de un total de 5)	≥ 2	< 2		0

* Índice creatinina/talla (%) = CreaU en 24 h (mg)/CreaU ideal para talla (mg). Ver Tabla 32.2.

Índice Creatinina/talla

Este índice es útil ya que ajusta el valor de creatinina urinaria de acuerdo a la estatura de las pacientes (Tabla 32.2). Los resultados indican normalidad: 90-100%, depleción leve: 89-75%, depleción moderada: 40-75% y depleción severa: < 40%.

Tabla 32.2. Creatinina ideal en orina de 24 h en mujeres

Estatura (cm)	Creatinina ideal (mg)
147.3	830
149.9	851
152.4	875
154.9	900
157.5	925
160.0	949
162.6	977
165.1	1006
167.6	1044
170.2	1076
172.7	1109
175.3	1141
177.8	1174
180.3	1206
182.9	1240

Fórmulas

Reserva grasa (% pliegue de tríceps) = (pliegue de tríceps actual X 100)/pliegue de tríceps ideal.

Masa muscular (circunferencia del brazo en cm) = perímetro del brazo (cm) – [0.314 X pliegue del tríceps (cm)].

Balance nitrogenado = Nitrógeno administrado (g/24 h) – (NUU (g/24 h) + 4).

Medición del gasto energético

La energía consumida por el cuerpo es el equivalente al gasto energético. Puesto que la medición de esta energía en una cámara metabólica termoneutra (calorimetría directa) es poco práctica, se utilizan algunas de las siguientes opciones (calorimetría indirecta).

La energía consumida en condiciones normales se puede determinar por la sumatoria de la Tasa Metabólica Basal (TMB), la Termogénesis Dietaria (TD) y la Termogénesis de Actividad Física (TAF). En pacientes hospitalizados se agrega la Termogénesis por Lesión (TI). Las fórmulas para determinar el gasto energético a través de calorimetría indirecta o determinación de VO_2 son:

a) Por calorimetría indirecta.
Gasto energético (Kcal/día) = 1.44 (3.9 $\tilde{V}O_2$ + 1.1 $\tilde{V}CO_2$) – 2.17 NUU.
Donde: $\tilde{V}O_2$ = consumo de O_2 (ml/min), $\tilde{V}CO_2$ = producción de CO_2 (ml/min), NUU = nitrógeno ureico urinario (g/día).
b) Por consumo de O_2.
Gasto energético (Kcal/día) = 4.85 X $\tilde{V}O_2$.
Donde: $\tilde{V}O_2$ = consumo de O_2 (L/día).

El NUU se relaciona con el grado de estrés (Cuadro 32.1). Debido a la dificultad para contar con calorimetría indirecta o medición de O_2 en L/día, la OMS recomienda las fórmulas de la Tabla 32.3 y el resultado se multiplica por el factor de incremento de la Tabla 32.4 y se suma un 10% más correspondiente a la TD.

Cuadro 32.1. Relación entre NUU y grado de estrés

Grado de catabolismo	NUU (g/día)	% de aumento del gasto metabólico
Normal	< 5	0
Leve	5-10	0-20
Moderado	10-15	20-50
Severo	> 15	> 50

Tabla 32.3. Tasa metabólica basal (Kcal/día) en mujeres*

Rango de edad (años)	Fórmula
10-18	(12.2 X Kg) + 746
18-30	(14.7 X Kg) + 496
30-60	(8.7 X Kg) + 829

* Fórmula recomendada por la OMS.

Tabla 32.4. Factor de incremento en mujeres

Tipo de actividad	Factor de incremento
Ligera	0.56
Moderada	0.64
Intensa	0.82

Otras fórmulas para calcular la TMB son:
Ecuación de Harris-Benedict =655 + (9.7 X Peso en Kg) + (1.8 X talla en cm) – (4.7 X edad en años).
Según peso = (70 X Peso en Kg)$^{3/4}$
De acuerdo a la excreción urinaria de Crea = (0.48 X CreaU en 24 h en mg) + 964.

La calorimetría indirecta también se puede hacer con calorímetros, que permiten cuantificar el $\tilde{V}O_2$ y $\tilde{V}CO_2$ de forma no invasiva. Existen de dos tipos, de circuito abierto y de circuito cerrado.

Cociente respiratorio

El cociente respiratorio (RQ) es la relación $\tilde{V}CO_2/\tilde{V}O_2$. Su resultado está en relación con el tipo de sustrato energético, 1.0 para los carbohidratos, 0.7 para las grasas y 0.8 para las proteínas.

Si se descuenta del $\tilde{V}CO_2$ y del $\tilde{V}O_2$ lo correspondiente a la proteína, se obtiene el cociente respiratorio no proteico (RQnp). Con esto se consulta la Tabla de Lusk para determinar empíricamente los sustratos utilizados (Tabla 32.5). La segunda opción para lograr este fin es con fórmulas.

Fórmulas para estimar la utilización del sustrato

a) Estado de ayuno
Carbohidratos (g/min) = -2.991 $\tilde{V}O_2$ + 4.12 $\tilde{V}CO_2$ – 2.56 NUU
Grasa (g/min) = 1.69 ($\tilde{V}O_2$ – $\tilde{V}CO_2$) – 1.94 NUU
Proteína (g/min) = 6.25 NUU

b) Estado post-absortivo
Carbohidratos (g/min) = -2.854 $\tilde{V}O_2$ + 4.06 $\tilde{V}CO_2$ + 2.468 NUU
Grasa (g/min) = 1.805 ($\tilde{V}O_2$ – $\tilde{V}CO_2$) – 1.681 NUU
Proteína (g/min) = 6.25 NUU

c) Exceso de energía (cuando el RQnp es > 1.0
Carbohidratos (g/min) = 1.36 $\tilde{V}O_2$ – 0.16 $\tilde{V}CO_2$ – 7.47 NUU
Grasa (g/min) = 1.67 ($\tilde{V}O_2$ – $\tilde{V}CO_2$) + 2 NUU
Proteína (g/min) = 6.25 NUU
GE = 3.88 $\tilde{V}O_2$ + 1.16 $\tilde{V}CO_2$ – 2.09 NUU

d) Déficit energético
Grasa (g/min) = 0.7 $\tilde{V}CO_2$ – 3.39 NUU
Proteína (g/min) = 6.25 NUU
Cuerpos cetónicos = 2.54 $\tilde{V}O_2$ – 3.59 $\tilde{V}CO_2$ + 2.05 NUU
GE = 4.36 $\tilde{V}O_2$ + 0.45 $\tilde{V}CO_2$ – 1.57 NUU

Tabla 32.5. Tabla de Lusk

RQnp	Gramos carbohidrato /L O_2	Gramos grasa /L O_2	Calorías /L O_2
0.70	0.000	0.502	4.686
0.71	0.016	0.497	4.690
0.72	0.055	0.482	4.702
0.73	0.094	0.465	4.714
0.74	0.134	0.450	4.727
0.75	0.173	0.433	4.739
0.76	0.213	0.417	4.751
0.77	0.243	0.400	4.764
0.78	0.294	0.384	4.776
0.79	0.334	0.368	4.788
0.80	0.375	0.350	4.801
0.81	0.415	0.334	4.813
0.82	0.456	0.317	4.825
0.83	0.498	0.301	4.838
0.84	0.539	0.284	4.850
0.85	0.580	0.267	4.862
0.86	0.622	0.249	4.875
0.87	0.666	0.232	4.887
0.88	0.708	0.215	4.899
0.89	0.741	0.197	4.911
0.90	0.793	0.180	4.924
0.91	0.836	0.162	4.936
0.92	0.878	0.145	4.948
0.93	0.922	0.127	4.961
0.94	0.966	0.109	4.973
0.95	1.010	0.091	4.985
0.96	1.053	0.073	4.998
0.97	1.093	0.055	5.010
0.98	1.142	0.036	5.022
0.99	1.185	0.018	5.035
1.00	1.232	0.000	5.047

Elecciones de dieta en la UCIO

El brindar una dieta oportuna y balanceada en las pacientes críticas es de primordial importancia para mantener el funcionamiento del tracto intestinal, del sistema inmune y del proceso de cicatrización.

Algunas de las fórmulas de nutrición más habituales en nuestro medio son las del Cuadro 32.2. En la medida de lo posible se trata de dar preferencia a una nutrición enteral sobre la parenteral al mismo tiempo que se restringe al máximo el período de ayuno de las pacientes pues la desnutrición conlleva riesgos que ponen en peligro la vida de las pacientes. Para calcular el requerimiento proteico se usa la fórmula: g/día = [NUU (g) + 4] X 6.25.

Cuadro 32.2. Fórmulas nutricionales usuales

Fórmula	Descripción
Enterales	
Alitraq	Fórmula con alto contenido de proteína en forma de aminoácidos libres y péptidos, enriquecida con L-glutamina (27% del total de la proteína). Bajo aporte de lípidos de los cuales 53% son triglicéridos de cadena media. Baja en residuo. 1 Kcal/ml, osmolaridad: 480 mosm/L, osmolalidad: 575 mosm/Kg de agua a dilución estándar. Para complemento o como fuente única de alimentación en pacientes que requieren además de una dieta elemental un aporte adicional de glutamina.
Enterex	Fórmula polimérica estándar que contiene baja osmolaridad, bajo contenido en colesterol, baja concentración de Na, distribución nutrimental 1 kcal/1ml, proteína de 4 a 5 g/100 ml, grasas de 4 a 5 g/100 ml, hidratos de carbono 14 a 16 g/100 ml de fácil digestión, vitaminas y minerales.
Enterex Diabetic	Mismas características que Enterex pero se agrega fibra dietética de 1.4 a 1.5 g/100 ml.
Enterex Hepatic	Fórmula polimérica especializada para hepatópata, la cual debe contener baja concentración de Na, K y P, y baja osmolaridad, distribución nutrimental 1 a 1.5 kcal/1ml, proteína de 11 a 13 g/100

	ml, grasas de 10 a 11 g/100 ml, hidratos de carbono 40 a 50 g/100 ml, vitaminas y minerales.
Enterex renal	Fórmula polimérica especializada para nefrópata, la cual debe contener baja concentración de Na, K y P, y baja osmolaridad, distribución nutrimental 1.8 a 2.3 kcal/1ml, proteína de 7 a 8 g/100 ml, grasas de 9 a 10 g/100 ml, hidratos de carbono 22 a 30 g/100 ml, vitaminas y minerales.
Fresubin D	Fórmula polimérica especializada para paciente diabético, la cual debe contener baja concentración de Na, K y P, y baja osmolaridad, distribución nutrimental 1 kcal/1ml, proteína de 4 a 5 g/100 ml, grasas de 3 a 4 g/100 ml, hidratos de carbono 11 a 13 g/100 ml, vitaminas y minerales.
Inmunex	Fórmula especializada para pacientes hipercatabólicos, semielemental inmunomoduladora, 1 ml/Kcal, glutamina, arginina, aminoácidos de cadena ramificada, omega 3, nucleótidos, 30 a 35 g de proteína por cada 100 g, 8 a 9 g de lípidos por cada 100 g, hidratos de carbono de absorción lenta.
Parenterales	
Kabiven	Nutrición en bolsa tricámara (aminoácidos*, lípidos, glucosa), emulsión de lípidos al 20%, aminoácidos del 8.5 al 11%, glucosa en porcentaje variable de acuerdo a la presentación.
Oliclinomel	Nutrición en bolsa tricámara (aminoácidos, lípidos, glucosa).

* L- alanina, L-arginina, glicina, L-histidina, L-isoleucina, L-leucina, L-lisina, L-metionina, L-fenilalanina, L-prolina, L-serina, L-treonina, L-triptófano, L-tirosina, L-valina.

Un modelo general de nutrición parenteral toma en cuenta los parámetros del Cuadro 32.3.

Cuadro 32.3. Parámetros a tomar en cuenta para preparación de nutrición parenteral

Aminoácidos	
Levamin 10% ___ g/día	Levamin 80 CR ___ g/día
Levamin 8.5% ___ g/día	Nephramine % ___ g/día
Carbohidratos	
Dextrosa al 50% ___ g/día	
Lípidos	
Lipofundín 10% ___ g/día	
Lipofundín N 20% ___ g/día	
Sales	
NaCl (3 mEq/ml Na) ___ mEq/día	KCl (4 mEq/ml K) ___ mEq/día
Acetato de sodio (4 mEq/ml Na) ___ mEq/día	Acetato de potasio (2 mEq/ml K) ___ mEq/día
$NaPO_4$ (4 mEq/ml Na, 3 mEq/ml PO_4) ___ mEq/día	KPO_4 (2 mEq/ml K, 1.11 mEq/ml PO_4) ___ mEq/día
MgSO4 (0.81 mEq/ml) ___ mEq/día	Gluconato de calcio (0.465 mEq/ml) ___ mEq/día
Aditivos	
Albúmina (0.25 g/ml) ___ g	Albúmina (0.20 g/ml) ___ g
Carnitina (200 mg/ml) ___ mg	Cu (0.4 mg/ml) ___ mg
Cr (0.4 µg/ml) ___ µg	Heparina (1000 UI/ml) ___ UI
Insulina (100 UI/ml) ___ UI	Mn (100 µg/ml) ___ µg
MVI adulto ___ ml	Ranitidina (25 mg/ml) ___ mg
Se (40 µg/ml) ___ µg	Tracefusin ___ ml
Vitamina C (100 mg/ml) ___ mg	Zn (1 mg/ml) ___ mg
Vitamina K (10 mg/ml) ___ mg	

Existen diversas complicaciones metabólicas de la nutrición parenteral, entre las cuales están: esteatosis hepática, colestasis, colecistitis acalculosa y colelitiasis, lesiones hepáticas por nutrición parenteral prolongada (fibrosis, colestasis, inflamación, esteatohepatitis), disfunción de la barrera intestinal, inmunosupresión, alteraciones de oligoelementos y electrolíticas.

Mención aparte está el fenómeno de hiperalimentación parenteral, en el cual se produce CO_2 en demasía, cuando la fuente energética es alta en carbohidratos. Esto se evita al dar una nutrición con fuente energética con mayor proporción de lípidos. Este fenómeno es particularmente importante en las pacientes con AMV pues se puede presentar dificultad en el manejo de CO_2.

Bibliografía

1. Mora R. Soporte nutricional especial. Colombia. Editorial Médica Panamericana. 2002.

Capítulo 33. Evaluación preanestésica y complicaciones de la anestesia

Dr. Hugo Mendieta Zerón

Generalidades

La adecuada valoración e intervención anestésica en obstetricia tiene como objetivo reducir la morbi-mortalidad materna como máxima prioridad.

Historia clínica

Como en cualquier historia clínica se obtienen datos de patologías, alergias, medicación y se determina el riesgo individual. A su vez, se dictan directrices para mejorar el estado de la paciente, sin olvidar que es el primer paso de la relación médico-paciente. El fin último es definir la estrategia anestesiológica.

Objetivos

Con la valoración anestésica se pretende informar a la paciente, obtener el consentimiento informado, lograr una planificación excelente que evite cancelaciones y elegir premedicación. Otras estrategias paralelas al hacer la valoración preoperatoria son modificar el tratamiento perioperatorio, preveer complicaciones y cumplir con recomendaciones de "Protección legal".

El dolor del trabajo de parto afecta a la embarazada y al feto. La hiperventilación materna durante las contracciones es seguida de un período de hipoventilación que disminuye la transferencia de O2 al feto; esta situación es generalmente bien tolerada en una gestación normal, pero puede agravar la situación de un feto previamente comprometido.

El estado hiperadrenérgico provocado por el dolor incrementa la presión arterial y el GC, con la posibilidad de disminuir el flujo uterino; esto lleva a un aumento del trabajo del ventrículo izquierdo, el cual es bien tolerado en las gestantes sanas, pero no así en la paciente cardiópata, hipertensa o preeclámptica.

Debido a lo anterior, la analgesia obstétrica tiene como misión aliviar el dolor materno sin afectar su seguridad ni el proceso de parto y por supuesto no comprometer el bienestar fetal ni el del recién nacido.

Exploración física

Se evalúa la coloración, facies, signos vitales, auscultación cardiopulmonar, valoración de extremidades, espalda, déficits neurológicos. Resulta de particular importancia para el anestesiólogo la valoración de la vía aérea, movilidad de la columna cervical, distancia tiromentoniana, apertura de la boca, estado de las piezas dentarias, grados de Mallampati.

Complicaciones

Se habla de fallo o fracaso de la analgesia epidural obstétrica cuando no se obtiene el nivel analgésico suficiente y obliga a repetir la técnica o a buscar alternativas. Puede presentarse ya desde la instauración del bloqueo o en cualquier momento durante el proceso del parto o cesárea. Existe una gran variedad en su presentación clínica, desde el bloqueo insuficiente de un determinado dermatoma o segmento hasta la ausencia total de analgesia. Así, se puede presentar como un bloqueo parcial limitado a uno o dos dermatomas, y que proporciona analgesia sólo en una pequeña área, acompañado a veces de un bloqueo simpático lumbar unilateral y cierta debilidad del cuádriceps. Este fallo, que es característico del escape transforaminal del catéter, se confunde a menudo con un bloqueo unilateral que provoca una ausencia total o parcial de analgesia en un hemicuerpo.

La complicación más frecuente tras anestesia subaracnoidea o punción accidental de la duramadre al intentar realizar un bloqueo epidural es la cefalea postpunción dural (CPPD). La incidencia de punción accidental de la duramadre tras analgesia epidural es variable, del 0.5 al 6%, admitiéndose como razonable una frecuencia del 1 al 2.5%. Entre el 76 y el 85% de estas pacientes desarrollan CPPD.

La inserción intratecal inmediata, de un catéter epidural, después de la punción dural accidental durante la atención obstétrica, se ha propuesto como una técnica profiláctica efectiva para prevenir la CPPD.

Las complicaciones más temidas son las derivadas de la administración inadvertida subaracnoidea o intravascular del anestésico local, por el grave compromiso neurológico y cardiovascular maternofetal que pueden originar. La administración subaracnoidea se relaciona con la perforación dural por la aguja o catéter. Los casos de punción inadvertida subaracnoidea deben diferenciarse correctamente de otras complicaciones por su compromiso neurológico, en especial EVC. Ante un cuadro de cefalea intensa el médico no puede permaneces tranquilo hasta descartar eclampsia, hemorragia o isquemia cerebral.

La punción de una vena epidural es más frecuente en la gestante por la ingurgitación del plexo venoso epidural. Una complicación menos grave es la hipotensión, y otra, menos frecuente, afortunadamente, es la lesión de una raíz nerviosa durante la introducción de la aguja o catéter.

Bibliografía

1. Solsona Dellá B. Evaluación preoperatoria. factores y escalas de riesgo. anestésico. http://www.acmcb.es/files/425-3840-DOCUMENT/Solsona-4-15Oct12.pdf.
2. Fernández Martínez MA, Ros Mora J, Villalonga Morales A. Fallos en la analgesia epidural obstétrica y sus causas. Rev Esp Anestesiol Reanim. 2000;47:256-65.
3. Cánovas L, Morillas P, Castro M, et al. Tratamiento de la punción dural accidental en la analgesia epidural del trabajo de parto. Rev Esp Anestesiol Reanim. 2005;52:263-6.
4. Dennehy KC, Rosaeg OP. Intrathecal catheter insertion during labour reduces the risk of post-dural puncture headache. Can J Anaesth. 1998;45:42-5.

Capítulo 34. Escalas de evaluación pronóstica

Dra. Lourdes Abdhanary Blanco Esquivel

Dr. Hugo Mendieta Zerón

Generalidades

Entre el 50-80% de los casos, las mujeres embarazadas requieren ingreso en UCIs debido a una causa obstétrica directa, y el resto se refieren a causas médicas. La necesidad de apoyo de cuidados críticos para uno o más fallos orgánicos por lo general resulta del desarrollo de un trastorno multisistémico tales como choque, sepsis, SDRA.

La actividad de una UCI involucra, para el personal que labora en ella, la toma de decisiones diariamente, tanto por el personal médico, como de enfermería. Diariamente el personal médico y paramédico de una UCI realiza, consciente o inconscientemente, una evaluación, análisis o juicio sobre el pronóstico o posibles desenlaces de las pacientes a su cargo. La predicción de pronósticos o desenlaces basados solo en "juicios clínicos" es cuestionada debido a ser subjetiva, a no ser reproducible, y a que tiende a sobreestimas o subestimar el riesgo de muerte. La capacidad de predecir desenlaces en pacientes críticos depende de muchas variables. Entre las que se deben considerar la experiencia, conocimientos y capacidad de análisis, así como los valores éticos, la formación humanística y otras características tan individuales como impredecibles. Ante esta situación, un tanto compleja, han surgido las escalas genéricas (aplicables a diversas patologías) de evaluación y calificación de severidad de enfermedad y mortalidad.

Escalas

Entendiendo como escala un conjunto de signos, síntomas, mediciones, variables o estadios a los que se les asignan representaciones numéricas según la gravedad biológica y en el que el resultado final de sus combinaciones, puede expresar la proporción del compromiso de algún órgano, sistema o la estratificación de una condición patológica.

En general, las pacientes obstétricas admitidas a UCI tienden a tener baja tasa de mortalidad en comparación con pacientes con condiciones médicas generales. La definición más aceptada de mortalidad materna es la propuesta por la OMS: muerte de una mujer durante el embarazo o durante los 42 días posteriores al parto, independientemente de la duración y sitio del embarazo, siendo cualquier causa relacionada con el agravamiento del embarazo o su manejo, pero no por causas accidentales o incidentales.

Las escalas pronósticas tales como APACHE II, APACHE III, y la Escala Fisiológica Simplificada Aguda (SAPS II) no han sido adecuadas prediciendo pronóstico en pacientes obstétricas. Existen estudios donde se ha encontrado que el APACHE II sobreestima la mortalidad materna y esto debido a que las variables fisiológicas contenidas en esta escala están alteradas en pacientes embarazadas normales (frecuencia cardíaca, frecuencia respiratoria, pH, volumen sanguíneo). Además, la afección que ocurre en embarazadas críticas, se resuelve rápidamente, sobre todo después del parto o cesárea.

La mayor limitación del APACHE II es la inhabilidad para predecir mortalidad por categoría de enfermedad. El APACHE III incluye más variables, y es capaz de predecir el riesgo de mortalidad para 95% de los pacientes, basado en severidad de la enfermedad en las primeras 24 h. El programa requiere la compra de una fórmula patentada y software. Por su parte, SAPS II predice mortalidad basado en 12 variables fisiológicas, la edad del paciente y el diagnóstico. Su mayor limitante ocurre por no poder predecir riesgo de mortalidad en aquellos que no son admitidos por enfermedad cardiovascular. Otra escala es la de *Mortality Probability Model II* (MPM II-0), al ingreso en UCI, la cual no sólo considera variables fisiológicas sino también toma en consideración el uso de RCP, la necesidad de soporte ventilatorio y el diagnóstico agudo y crónico.

El término "Near Miss" hace referencia a las mujeres que escapan de la muerte a pesar de estar en condiciones críticas. Sin embargo, como puede pueden existir discapacidades a largo plazo; por ejemplo, hemorragia asociada con pre-eclampsia/eclampsia, el término morbilidad materna severa, es ahora más comúnmente usado.

En diversos estudios multicéntricos se ha utilizado la escala *Sequential Organ Failure Assessment* (SOFA) para evaluar MODS como la falla funcional de dos o más órganos de la economía, en la cual la homeostasis de los mismos no puede mantenerse sin ningún tipo de intervención. Se ha visto que la escala SOFA es la que tiene mayor capacidad predictiva en pacientes obstétricas críticamente enfermas, sin embargo en aquellas con trastornos hipertensivos del embarazo no es de utilidad.

Diversos autores han evaluado la aplicabilidad de estas escalas en pacientes embarazadas críticamente enfermas, pero debe notarse que ninguno de los sistemas pronósticos arriba mencionados incluye ajustes para los cambios fisiológicos normales del embarazo, tal como disminución de la presión arterial e incremento de la frecuencia respiratoria; tampoco están incluidos resultados de laboratorio, tales como pruebas de función hepática elevadas y trombocitopenia y que pueden limitar su potencial de aplicabilidad.

Aportación propia

En un estudio de 253 pacientes que ingresaron a la UCIO del HMPMPS, registramos diversas variables antropométricas, de laboratorio, así como condiciones médicas. Por análisis de regresión lineal, los resultados de nuestro estudio arrojaron que las variables con mayor determinación hacia el evento "muerte materna" fueron el índice de Kirby, el FiO_2 y la cantidad de plaquetas. En este momento estamos en la fase de constructo de nuestra propia escala pronóstica de riesgo de muerte materna.

Bibliografía

1. Blanco Esquivel L. Aplicación de escala de riesgo obstétrico: morbimortalidad materna extrema y valoración secuencial de falla orgánica en pacientes de Unidad de Cuidados Intensivos Obstétricos del Hospital Materno Perinatal Mónica Pretelini Sáenz". TESIS Para Obtener el Diploma de Subespecialidad en Medicina Crítica Obstétrica. Tutor: Mendieta Zerón H. Facultad de Medicina, UAEMex. 2014.
2. Mendieta Zerón H, Trejo-Morales JL. Utilidad de la escala APACHE III en los Servicios de Medicina Interna. Rev Esp Med Quir 2003;7:21-2.

Capítulo 35. Neoplasias

Dr. Hugo Mendieta Zerón

Generalidades

En nuestro país, el cáncer cérvico-uterino es un problema de salud pública al ser responsable del segundo porcentaje más alto de mortalidad en mujeres en edad fértil. Pero además de esta neoplasia, el médico que atiende pacientes en una UCI con camas para pacientes obstétricas, se enfrentará a una amplia variedad de neoplasias.

Cáncer cérvico-uterino

Las pacientes con cáncer cervical asociado al embarazo, a menudo presentan sangrado irregular, que puede ser fácilmente mal diagnosticado como aborto o amenaza de aborto.

El cáncer cérvico-uterino es la neoplasia maligna más común asociada con el embarazo, con una tasa de incidencia de 0.45 a 1 por cada 1,000 embarazos. El manejo de las pacientes embarazadas con cáncer de cuello uterino no está bien definido. Se debe con considerar lo siguiente: la etapa del tumor, la presencia de metástasis en los ganglios linfáticos, los tipos histológicos, la edad gestacional, y la opinión de la misma paciente.

Un manejo expectante con una supervisión constante puede ser factible para las pacientes que ya están cerca del término del embarazo o en pacientes con principios de la etapa I (Ia y Ib1), es decir, enfermedad sin afectación ganglionar. Por otro lado, cuando se diagnostica cáncer avanzado durante el primer trimestre, la interrupción del embarazo es considerado por algunos autores como una opción, aunque no está claro si se podría mejorar el resultado materno. Para las pacientes con el firme deseo de posponer la terapia para optimizar el resultado fetal, la quimioterapia neoadyuvante puede convertirse en una opción valiosa en un esfuerzo para alcanzar una viabilidad fetal.

Los estudios preclínicos han demostrado que el paso trasplacentario del taxol es mínimo. Aparentemente el cisplatino es seguro después del primer trimestre. Hasta la fecha, hay pocos casos reportados de cáncer cérvico-uterino estadios IB1-IIIB que hayan recibido quimioterapia neoadyuvante.

Cáncer de mama

El cáncer de mama afecta a aproximadamente 1 de cada 3,000 embarazadas y es la segunda neoplasia maligna más común durante embarazo. La estrategia de tratamiento adecuado debe se adoptará sobre la base de la etapa del tumor, edad gestacional, y la preferencia de la paciente. Para las pacientes con menos de 12 semanas de gestación, el tratamiento podría ser administrado después de la terminación del embarazo pues no se altera el pronóstico.

Las opciones quirúrgicas son opción en aquellas mujeres candidatas y que deseen continuar con el embarazo, a su vez, la quimioterapia debe ser administrada después de las 14 semanas de gestación. Para las pacientes con metástasis a distancia y una edad gestacional mayor a 12 semanas, se debe administrar quimioterapia neoadyuvante. Las pacientes sin metástasis a distancia deben recibir tratamiento quirúrgico o cirugía combinada con quimioterapia.

Leucemia

La leucemia en el embarazo sigue siendo un desafío. La prevalencia es baja, del orden de 1 de cada 10,000 embarazos. La experiencia reportada es de pocas series de casos por lo que existe un campo importante de investigación. El abordaje de las leucemias en el embarazo requiere de una estrecha colaboración entre expertos de obstetricia y neonatología. La decisión de iniciar o retrasar la quimioterapia debe basarse en el impacto sobre la supervivencia y la morbilidad materna y fetal. Invariablemente, la leucemia aguda diagnosticada en el primer trimestre requiere quimioterapia intensiva que tiene probabilidades de inducir malformaciones fetales. En esta etapa, la opción de retrasar el tratamiento suele ser inadecuada. En casos de leucemia aguda diagnosticada después del segundo trimestre, la interrupción terapéutica del embarazo no es inevitable y, a menudo, el enfoque de manejo puede ser semejante al de mujeres no gestantes.

Cáncer renal

Como recomendación más usual se elige la nefrectomía radical; pero más recientemente se ha sugerido que se realice una cirugía simultánea conservadora de nefronas (NSS) y cesárea cuando ya sea el tiempo pertinente.

Tumoración cerebral

Los tumores cerebrales son raros durante el embarazo, pero pueden aumentar de tamaño debido a la activación de receptores hormonales en las superficies de las células tumorales, retención de agua y congestión vascular.

La decisión de proceder con la neurocirugía durante el embarazo depende de la localización, tamaño, tipo de tumor (los más comunes en embarazo son gliomas y meningiomas), los signos y síntomas neurológicos, la edad del feto, y deseos de la paciente.

Como manejo, los corticosteroides se han recomendado ampliamente, ya que son seguros durante el embarazo, promueven la madurez pulmonar fetal y reducen el edema cerebral.

Durante el primer y segundo trimestre, si la paciente está estable, es aceptable esperar hasta principios del segundo trimestre y realizar entonces la cirugía. También es posible administrar radioterapia, radiocirugía y cirugía guiada por imágenes después del primer trimestre. La neurocirugía se recomienda en cualquier caso que la paciente esté inestable.

A finales del segundo trimestre se puede seguir con vigilancia, pero si la paciente tiene un estado neurológico que empeora se puede optar por la radioterapia con la finalidad de retrasar la cirugía. Si la paciente está inestable y muestra síntomas de la hernia inminente, se recomienda el uso de anestesia general para tener al bebé por cesárea, seguido por descompresión quirúrgica.

Ya a término, en una paciente estable, la inducción de un parto vaginal es posible. Una segunda etapa más corta se puede lograr con anestesia epidural. La cesárea tiene las mismas indicaciones que en cualquier embarazo, aunque en pacientes inestables sí se debe llevar a cabo este procedimiento.

Cáncer de tiroides

El cáncer de tiroides ha tenido una prevalencia creciente en los últimos años y representa un reto extraordinario cuando se diagnostica durante el embarazo. Aunque en la mayoría de los casos, en pacientes embarazadas, se trata de carcinoma papilar bien diferenciado, que puede extirparse hasta el puerperio, en casos raros de tumor avanzado o de rápido crecimiento, o en casos de cáncer medular o anaplásico, la cirugía debe llevarse a cabo durante el embarazo.

Bibliografía

1. Milojkovic D, Apperley JF. How I treat leukemia during pregnancy. Blood. 2014;123:974-84.
2. Gietka-Czernel M, Dębska M, Stachlewska-Nasfeter E, et al. Thyroid cancer diagnosed and treated surgically during pregnancy - a case report. Endokrynol Pol. 2013;64:158-63.
3. Liu Y1, Liu Y, Wang Y, et al. Malignancies associated with pregnancy: an analysis of 21 clinical cases. Ir J Med Sci. 2014 Feb 23. [Epub ahead of print]
4. Abd-Elsayed AA, Díaz-Gómez J, Barnett GH et al. A case series discussing the anaesthetic management of pregnant patients with brain tumours [v2; ref status: indexed, http://f1000r.es/2hn] F1000Research 2013,2:92 (doi: 10.12688/f1000research.2-92.v2)

Capítulo 36. Enfermería en terapia intensiva obstétrica

Lic. en Enf. Liliana Alarcón Ramírez

Lic. en Enf. Odette Areli Farfan Villanueva

Lic. en Enf. Fabiola Remigio Torres

Generalidades

La enfermería contemporánea, hoy por hoy, ha incursionado de manera asertiva en el desarrollo de diversas áreas, por tal motivo reconoce la necesidad de extender las bases de sus conocimientos, estar preparada técnica y científicamente para brindar una atención de calidad de acuerdo a las necesidades de cada paciente.

En este capítulo se dan a conocer diferentes diagnósticos e intervenciones de enfermería, que se llevan a cabo en la UCIO de manera holística a la paciente que requiere atención materno-perinatal en estado crítico.

Estos diagnósticos son parte del pensamiento crítico de enfermería encaminadas dentro del rango científico y basado en evidencias, con el propósito de identificar los problemas reales de la paciente. Hemos tomado como referencia para la elaboración del presente tema a los diagnósticos enfermeros clasificación NANDA (nombre original *Nor American Nursing Diagnosis Association*) y los diagnósticos clínicos médicos frecuentes de la UCIO.

Cabe destacar que al ingreso de la paciente a la UCIO las intervenciones de enfermería estandarizadas son: monitorización continúa de signos vitales, cateterismo venoso central, cateterismo vesical, cateterismo arterial, glucometría capilar, apoyo en autocuidado de baño y alimentación, llevar a cabo el protocolo de los indicadores de calidad.

Alteración de la díada materno/fetal

Definición: Alteración de la díada simbiótica materno-fetal como resultado de comorbilidad o condiciones relacionadas con el embarazo.

Relacionado con: complicaciones del embarazo, compromiso del transporte de O_2, deterioro del metabolismo de la glucosa, efectos colaterales relacionados con el tratamiento.

Manifestado por: hemorragia, convulsiones, hipertensión, hipotensión, hiperglucemia, hipoglucemia, cirugía, sufrimiento fetal, pérdidas trasvaginales, hipoxemia.

Intervenciones de Enfermería:

a) Asegurar una adecuada ventilación.
b) Evaluar el estado neurológico y de consciencia
c) Monitorización de frecuencia cardíaca fetal.
d) Monitorización hemodinámica.
e) Posición decúbito lateral izquierdo.
f) Registro tococardiográfico.
g) Terapéutica farmacológica.
h) Terapia IV.
i) Toma de glucometría capilar.
j) Valorar diámetro y reacción pupilar cada hora.
k) Vigilar cantidad y características de pérdidas trasvaginales.
l) Vigilar datos de edema.

Ansiedad

Definición: Sensación vaga e intranquilizadora de malestar o amenaza acompañada de una respuesta automática (el origen de la cual con frecuencia es inespecífico o desconocido para el individuo); sentimiento de aprensión causado por la anticipación de un peligro. Es una señal de alerta que advierte de un peligro inminente y permite al individuo tomar medidas para afrontar la amenaza.

Relacionado con: ambiente hospitalario, procedimientos invasivos, terapéutica farmacológica, dificultad respiratoria y proceso de extubación.

Manifestado por: irritabilidad, insomnio, sobre-excitación, taquicardia, dilatación pupilar, espasmos musculares, confusión, náuseas, anorexia, temor, aprensión, diaforesis, desequilibrio electrolítico.

Intervenciones de Enfermería:

a) Brindar un ambiente de confianza.
b) Evaluar causas desencadenantes.
c) Explicar todos los procedimientos a realizar.
d) Facilitar reposo y sueño.

e) Favorecer visita de familiares.
f) Manejo ambiental.
g) Terapéutica farmacológica.
h) Terapia de relajación simple.
i) Utilizar terapia ocupacional.

Déficit de volumen de líquidos

Definición: Disminución de líquido intravascular, intersticial y/o intracelular. Se refiere a la deshidratación o pérdida sólo de agua, sin cambio en el nivel de sodio.

Relacionado con: disminución de la volemia, pérdida activa de volumen de líquidos, deterioro y fallo de los mecanismos reguladores.

Manifestado por: oliguria, aumento de la concentración de la orina, taquicardia, hipotensión arterial, disminución del turgor de la piel y la lengua, disminución del llenado venoso, mucosas deshidratadas, confusión, pérdida de conciencia.

Intervenciones de Enfermería:

a) Análisis de resultados de laboratorio.
b) Control estricto de líquidos.
c) Evaluar el estado neurológico y de conciencia
d) Evaluar llenado capilar.
e) Manejo y monitorización de electrolitos.
f) Monitoreo continuo de la PVC.
g) Monitoreo hemodinámico.
h) Monitorización de frecuencia cardíaca fetal.
i) Monitorización de las características macroscópicas y cantidad de orina.
j) Monitorizar condiciones de mucosas y turgencia de piel.
k) Terapéutica farmacológica.
l) Terapia IV con cristaloides y coloides.
m) Vigilar cantidad y características de pérdidas trasvaginales.
n) Vigilar involución uterina.
o) Vigilar nutrición.

Desequilibrio de la temperatura corporal

Definición: Fallo en el mantenimiento de la temperatura corporal dentro de lo límites normales.

Relacionado con: agente infeccioso, efecto de anestesia, deshidratación, lesión o trastorno que afecta a la función del hipotálamo, alteración de la tasa metabólica, enfermedad que afecta a la regulación de la temperatura, sedación, medicamentos que provocan vasoconstricción.

Manifestado por: aumento o disminución de la temperatura corporal, taquicardia, taquipnea, piloerección, diaforesis, rubicundez de tegumentos, cianosis del lecho ungueal.

Intervenciones de Enfermería:

a) Control con medios físicos: frío o calor.
b) Control estricto de líquidos.
c) Evaluar catéteres, sondas y drenajes instalados que se encuentren sin signos de infección.
d) Evaluar llenado capilar.
e) Monitoreo continuo del equilibrio entre la termogénesis y termólisis.
f) Monitorización de frecuencia cardíaca fetal.
g) Retirar exceso de indumentaria en caso de aumento de la temperatura corporal.
h) Terapéutica farmacológica.
i) Terapia IV.
j) Uso de indumentaria adecuada generadora de calor.
k) Vigilar cantidad y características de pérdidas trasvaginales.
l) Vigilar coloración de tegumentos.
m) Vigilar estrictamente para evitar lesiones secundarias por la utilización de medios físicos.

Deterioro de integridad cutánea

Definición: Estado en que el individuo presenta alteraciones de la epidermis, de la dermis o de ambas.

Relacionado con: alteración de la circulación sanguínea, hipotermia, hipertermia, factores mecánicos (fricción, presión), déficit de líquidos, inmovilización física, déficit nutricional, exposición a productos químicos irritantes, alteración del estado metabólico, humedad.

Manifestado por: lesión por destrucción tisular, alteración de las capas de la piel.

Intervenciones de Enfermería:

a) Administración de medicación: tópica.
b) Ayuda con el autocuidado: aseo.
c) Cambios posturales.

d) En caso de intubación endotraqueal realizar cambio de posición de cánula c/12 h.
e) Evaluar grado de daño.
f) Manejo de líquidos y electrolitos.
g) Manejo de nutrición.
h) Mantener ojos lubricados, cerrados en caso sedación.
i) Mantener piel libre de irritantes.
j) Piel limpia, seca y lubricada.
k) Prevención de caídas.
l) Prevención de úlceras por presión.
m) Protección de prominencias óseas.
n) Terapéutica farmacológica.
o) Vigilar coloración de tegumentos.
p) Vigilar piel.

Deterioro de la respiración espontánea

Definición: Disminución de las reservas de energía que provoca la incapacidad de la persona para sostener la respiración adecuada para el mantenimiento de la vida.

Relacionado con: factores metabólicos y fatiga de los músculos respiratorios.

Manifestado por: disnea, taquicardia, agitación creciente y aprensión, disminución de la SaO_2, disminución de la PaO_2 y aumento de la PCO_2, empleo de la musculatura respiratoria accesoria, polipnea, diaforesis, cianosis distal.

Intervenciones de Enfermería:

a) Análisis de resultados de gabinete y laboratorio.
b) Análisis de resultados de gasometría arterial o venosa.
c) Asegurar una adecuada ventilación.
d) Asistir en la intubación de vía aérea.
e) Auscultación de campos pulmonares.
f) Cambiar de posición el tubo endotraqueal c/12 h.
g) Colocar en posición que favorezca la ventilación.
h) Diámetro y reacción pupilar.
i) Enseñar técnica respiratoria para el uso de inspirómetro.
j) Evaluar el estado de conciencia.
k) Evaluar llenado capilar.
l) Evaluar repuesta de apoyo de O_2 y ventilación.
m) Evaluar saturación capilar.

n) Fijación adecuada de cánula endotraqueal o traqueostomía.
o) Manejo de la vía aérea.
p) Mantener inflado el globo de la cánula endotraqueal o traqueostomía.
q) Mantener vía aérea permeable.
r) Monitorización respiratoria.
s) Precaución para evitar la aspiración.
t) Terapéutica farmacológica.
u) Valorar cantidad y características de secreciones.

Disminución del gasto cardiaco

Definición: La cantidad de sangre bombeada por el corazón es inadecuada para satisfacer las demandas metabólicas del cuerpo.

Relacionado con: alteración de la frecuencia o ritmo cardiaco, desequilibrio entre la termogénesis y la termólisis, alteraciones de la volemia.

Manifestado por: arritmias, fatiga, aumento o disminución de la PVC, cambios del ECG, aumento o disminución de la presión del enclavamiento en la arteria pulmonar, edema, diaforesis, disnea, oliguria, prolongación del llenado capilar, disminución de pulsos periféricos, cambios de coloración de tegumentos, aumento o disminución de la RVS, alteraciones conductuales y emocionales.

Intervenciones de Enfermería:

a) Análisis de resultados de gabinete y laboratorio.
b) Control de hemorragias.
c) Control estricto de líquidos.
d) Cuidados de embolismo periférico.
e) Cuidados de embolismo pulmonar.
f) En caso de catéter de fluctuación y termodilución vigilar datos de infección, obstrucción del catéter, migración del catéter, tromboembolismo venoso. Manipulación mínima manteniendo técnica estéril.
g) Evaluar el estado neurológico y de conciencia.
h) Evaluar ubicación y extensión de edema.
i) Mantener alineación de la cabeza y elevación a 30°.
j) Monitoreo continuo del equilibrio entre la termogénesis y termólisis.
k) Monitorización de frecuencia cardíaca fetal.
l) Monitorización de la PVC.

m) Monitorización de las características macroscópicas y cantidad de orina.
n) Monitorización hemodinámica.
o) Realizar ECG.
p) Realizar taller hemodinámico.
q) Terapéutica farmacológica.
r) Vigilar cantidad y características de pérdidas trasvaginales.
s) Vigilar coloración de tegumentos.
t) Vigilar llenado capilar.
u) Vigilar pulsos periféricos.

Dolor agudo abdominal

Definición: Experiencia sensitiva y emocional desagradable ocasionada por una lesión tisular real o potencial o descrita en tales términos; inicio súbito o lento de cualquier intensidad leve a grave con un final anticipado o previsible y una duración inferior a seis meses.

Relacionado con: interrupción cutánea por laparorrafia y/o histerorrafia, cirugía previa.

Manifestado por: gestos de protección, diaforesis, cambios hemodinámicos, dilatación pupilar, conducta expresiva (agitación, gemidos, llanto e irritabilidad), distensión abdominal.

Intervenciones de Enfermería:

a) Auscultación de peristalsis.
b) Colocar sonda gastrointestinal.
c) En caso de drenajes pasivos vigilar gasto en cantidad y características.
d) Evaluar escala de valoración del dolor.
e) Medir perímetro abdominal.
f) Medir presión intraabdominal a través de cateterismo vesical trilumen.
g) Terapéutica farmacológica.
h) Vigilar involución uterina.
i) Vigilar cantidad y características de pérdidas trasvaginales.
j) Vigilar datos de sangrado en sitio quirúrgico.

Exceso de volumen de líquidos

Definición: Aumento de la retención de líquidos isotónicos.

Relacionado con: aumento en retención de líquidos, exceso de aporte de líquidos, exceso de aporte de sodio, alteración de los mecanismos reguladores.

Manifestado por: edema que puede progresar a anasarca, disnea, ortopnea, estertores, crepitantes, congestión pulmonar, derrame pleural, alteración de hemodinamia, elevación de PVC, oliguria, cambios en estado mental (agitación, ansiedad), disminución de hemoglobina y hematocrito, desequilibrio electrolítico, cambios en la densidad de la orina, azoemia.

Intervenciones de Enfermería:

a) Análisis de resultados de laboratorio y de gabinete.
b) Auscultación de campos pulmonares.
c) Control estricto de líquidos.
d) Evaluar el estado neurológico y de conciencia.
e) Evaluar llenado capilar.
f) Evaluar saturación capilar.
g) Evaluar ubicación y extensión de edema.
h) Manejo del peso.
i) Monitorización de las características macroscópicas y cantidad de orina.
j) Monitorización de líquidos y electrolitos.
k) Monitorización de PVC.
l) Monitorización hemodinámica.
m) Monitorización respiratoria.
n) Observar presencia de cianosis central y periférica.
o) Restricción de líquidos.
p) Terapéutica farmacológica.
q) Terapia de diálisis peritoneal.
r) Terapia de hemodiálisis o hemodiafiltración.
s) Vigilar condiciones de mucosas y turgencia de piel.

Limpieza ineficaz de la vía aérea

Definición: Incapacidad para eliminar las secreciones u obstrucciones del tracto respiratorio para mantener las vías aéreas permeables.

Relacionado con: mucosidad excesiva, infecciones respiratorias, retención de secreciones, disfunción neuromuscular, espasmo de vías aéreas, presencia de una vía aérea artificial.

Manifestado por: disnea, sibilancias, estertores, crepitantes, cianosis, tos ausente o improductiva, agitación, producción de esputo, ortopnea, taquicardia, cambios en la frecuencia y ritmo respiratorio, diaforesis, hipoxia e hipoxemia, fatiga.

Intervenciones de Enfermería:

a) Análisis de resultados de gabinete y laboratorio.
b) Análisis de resultados de gasometría arterial o venosa.
c) Asegurar una adecuada ventilación.
d) Asistir en la intubación de vía aérea.
e) Aspiración de la vía aérea con técnica aséptica.
f) Auscultación de campos pulmonares.
g) Ayuda con los autocuidados: aseo bucal.
h) Cambiar de posición el tubo endotraqueal c/12 h.
i) Cuidados de cánula endotraqueal o traqueostomía.
j) Drenaje postural.
k) Enseñar técnica respiratoria para el uso de inspirómetro.
l) Evaluar saturación capilar.
m) Fijación adecuada de cánula endotraqueal o traqueostomía.
n) Fisioterapia respiratoria.
o) Intubación de las vías aéreas.
p) Mantener inflado el globo de la cánula endotraqueal o traqueostomía.
q) Mejorar tos.
r) Monitorización respiratoria.
s) Posición que favorezca la ventilación (cabecera mayor a 30°).
t) Precauciones para evitar la aspiración.
u) Proporcionar O_2 al 100% pre y postaspiración.
v) Terapéutica farmacología.
w) Valorar cantidad y características de secreciones.

Motilidad gastrointestinal disfuncional

Definición: Aumento, diminución, ineficacia o falta de actividad peristáltica en el sistema gastrointestinal.

Relacionado con: agente infeccioso, intervención quirúrgica previa, debilidad de los músculos abdominales, efectos adversos a fármacos, alimentación por sonda gastrointestinal, presencia de parásitos, inmovilidad corporal.

Manifestado por: sonidos intestinales hiperactivos, dolor abdominal, urgencia de evacuación, flatulencia grave, cólicos intestinales, nausea, emésis, distensión abdominal, irritabilidad conductual, estrés, alteración del apetito, defecación dificultosa.

Intervenciones de Enfermería:

a) Aplicación de enema.
b) Apoyo para la ingesta de líquidos.
c) Ayuda con el autocuidado: aseo.
d) Colocar sonda gastrointestinal.
e) Cuidados de la piel: tratamiento tópico.
f) Cuidados de ostomía.
g) Etapas en la dieta.
h) Evaluar capacidad de masticar y deglutir.
i) Manejo de líquidos y electrolitos.
j) Manejo de nutrición.
k) Manejo del peso.
l) Medir perímetro abdominal.
m) Medir presión intraabdominal a través de cateterismo vesical trilumen.
n) Monitoreo continuo del equilibrio entre la termogénesis y termólisis.
o) Registrar cantidad y características de eliminación.
p) Terapéutica farmacológica.
q) Valorar aceptación y tolerancia a dieta.

Nivel de glucemia inestable

Definición: Riesgo de variación de los límites normales de los niveles de glucosa.

Relacionado con: embarazo, estrés, manejo de medicación, descontrol alimenticio durante el embarazo, diabetes mellitus descontrolada.

Manifestado por: diaforesis, taquicardia, poliuria, palidez de tegumentos, pérdida de la conciencia, náusea, polidipsia, polifagia, emésis, diarrea, pérdida de la turgencia de la piel, letargia, cambios de la visión, cefalea, hipotermia, estupor, respiración de Kussmaul.

Intervenciones de Enfermería:

a) Análisis de resultados de laboratorio.
b) Asegurar una adecuada ventilación.
c) Control estricto de líquidos.
d) Evaluar el estado neurológico y de conciencia.
e) Manejo de líquidos y electrolitos.
f) Manejo de nutrición.

g) Monitoreo continuo del equilibrio entre la termogénesis y termólisis.
h) Monitorización de frecuencia cardíaca fetal.
i) Monitorización de glucemia capilar.
j) Monitorización hemodinámica.
k) Monitorización respiratoria.
l) Terapéutica farmacológica.
m) Vigilar cantidad y características de pérdidas trasvaginales.

Perfusión tisular inefectiva cerebral

Definición: Riesgo de disminución de la circulación tisular cerebral.

Relacionado con: EVC, edema, convulsión durante o posterior al estado de gravidez.

Manifestado por: limitación motora, alteración de la percepción sensorial, cambios en las reacciones pupilares, cambio en diámetro pupilar, cambios conductuales, disminución del estado de alerta, cefalea, emesis.

Intervenciones de Enfermería:

a) Asegurar una adecuada ventilación.
b) Disminuir en lo posible estímulos que aumenten la presión intracraneana (PIC).
c) En caso de craneotomía vigilar pulso a nivel temporal, coloración, edema y datos de infección.
d) En caso de existir catéter de ventriculostomía vigilar características del gasto, datos de infección, altura y posición del drenaje.
e) Evaluar el estado neurológico y de conciencia.
f) Evaluar llenado capilar.
g) Evaluar saturación capilar.
h) Mantener alineación de la cabeza y elevación a 30° ó 35°.
i) Mantener PAM entre 90 y 110 mmHg.
j) Monitoreo continuo del equilibrio entre la termogénesis y termólisis.
k) Monitorización cardíaca fetal.
l) Terapéutica farmacológica.
m) Valorar diámetro y reacción pupilar cada hora.
n) Valorar tono y fuerza muscular.

Perfusión tisular inefectiva periférica

Definición: Disminución de la circulación sanguínea periférica que puede comprometer la salud.

Relacionado con: hipovolemia, hipervolemia, alteración de la presión sanguínea por debajo de los parámetros aceptables, deterioro del transporte de O_2 a través de la membrana capilar, disminución de la hemoglobina.

Manifestado por: edema, pulso débil o ausente, cambios en el color y en la temperatura de la piel, disminución de las pulsaciones arteriales en extremidades, palidez al elevar una extremidad que no recupera el color al bajarla.

Intervenciones de Enfermería:

a) Análisis de resultados de laboratorio y de gabinete.
b) Asegurar una adecuada ventilación.
c) Cuidados circulatorios en insuficiencia arterial.
d) Cuidados circulatorios en insuficiencia venosa.
e) Evaluar el estado neurológico y de conciencia.
f) Cuidados de catéter central insertado periféricamente.
g) Evaluar el llenado capilar periférico.
h) Evaluar estado neurológico.
i) Manejo de líquidos y electrolitos.
j) Monitoreo continuo del equilibrio entre la termogénesis y termólisis.
k) Monitorización de frecuencia cardíaca fetal.
l) Monitorización de PVC.
m) Terapéutica con compresor neumático secuencial intermitente en extremidades inferiores.
n) Terapéutica farmacológica.
o) Vigilar cantidad y características de pérdidas trasvaginales.
p) Vigilar coloración de tegumentos.
q) Vigilar pulsos periféricos.

Perfusión tisular inefectiva renal

Definición: Disminución de la circulación sanguínea renal que puede comprometer la salud.

Relacionado con: disminución de la hemoglobina, alteración de la presión sanguínea por encima o por debajo de los parámetros aceptables, agentes infecciosos, hipovolemia, hipervolemia, cambios patológicos durante el embarazo.

Manifestado por: oliguria, anuria, hematuria, aumento de la relación BUN/creatinina, hipotensión o hipertensión arterial severas, confusión mental, dolor, irritabilidad, azoemia, edema, cambios en la coloración de tegumentos, aumento de la PVC

Intervenciones de Enfermería:

a) Análisis de los datos de laboratorio.
b) Control estricto de líquidos.
c) Evaluar estado de conciencia.
d) Evaluar ubicación y extensión de edema.
e) Manejo de catéter de diálisis peritoneal.
f) Manejo de catéter Mahurkar.
g) Manejo de hipovolemia o hipervolemia.
h) Manejo de líquidos y electrolitos.
i) Manejo de nutrición.
j) Monitorización de frecuencia cardíaca fetal.
k) Monitorización de las características macroscópicas y cantidad de orina.
l) Monitorización de PVC.
m) Monitorización hemodinámica.
n) Terapéutica farmacológica.
o) Terapia de diálisis peritoneal.
p) Terapia de hemodiálisis o hemodiafiltración.
q) Vigilar cantidad y características de pérdidas trasvaginales.
r) Vigilar coloración de tegumentos.

Riesgo de sangrado

Definición: Disminución del volumen de sangre que puede comprometer la salud.

Relacionado con: CID, deterioro de la función hepática, coagulopatía, complicaciones postparto (atonía uterina, retención de la placenta), complicaciones relacionadas con el embarazo (placenta previa, embarazo molar, desprendimiento prematuro de placenta), efectos secundarios relacionados con el tratamiento (quimioterapia, cirugía, medicamentos).

Intervenciones de Enfermería:

a) Análisis de resultados de laboratorio.
b) Asegurar una adecuada ventilación.
c) Control estricto de líquidos.
d) Evaluar el estado neurológico y de conciencia.
e) Evaluar el llenado capilar periférico.
f) Evaluar saturación capilar.
g) Monitorización de frecuencia cardíaca fetal.

h) Monitorización de las características macroscópicas y cantidad de orina.
i) Monitorización de PVC.
j) Monitorización hemodinámica.
k) Monitorizar condiciones de mucosas y turgencia de piel.
l) Posición decúbito lateral izquierdo.
m) Registro tococardiográfico.
n) Terapéutica farmacológica.
o) Terapia IV con cristaloides y coloides.
p) Toma de glucometría capilar.
q) Valorar diámetro y reacción pupilar cada hora.
r) Vigilar cantidad y características de pérdidas trasvaginales.
s) Vigilar coloración de tegumentos.
t) Vigilar pulsos periféricos.

Bibliografía

1. Villalva M. Nuevo Manual de Enfermería. Ed. Oceano. Año 2009. pp. 1200.
2. Ortega Vargas MC. Manual de evaluación y calidad del servicio de enfermería. Ed. Panamericana. Año 2009. pp. 240
3. NANDA Internacional Diagnósticos Enfermeros. Ed. Elsevier. Año 2009-2011. pp. 431

Capítulo 37. Biología molecular y terapia intensiva obstétrica

Dr. Hugo Mendieta Zerón

Generalidades

La Biología Molecular trata de entender y explicar el funcionamiento de una célula. Para este fin se han desarrollado diversas técnicas que continúan avanzando con el transcurrir de los años. Las herramientas de la biología molecular cada vez están más extendidas y su aplicación clínica es un hecho cotidiano en países desarrollados.

Laboratorios de Biología Molecular en Toluca

En la Ciudad de Toluca el primer laboratorio de Biología Molecular fue el habilitado en la Facultad de Medicina de la UAEMex en la década de 1990, cuya función ha sido de investigación. Posteriormente se instalaron en el año 2010 dos laboratorios de manera casi simultánea, uno en el Laboratorio Estatal de Salud Pública, ISEM y otro en el CICMED de la UAEMex. En el año 2013 se terminó el Laboratorio de Hemato-Oncología del Hospital para el Niño, IMIEM. Cabe mencionar que cuando se construyó el HMPMPS en el año 2008, el Dr. Carlos Briones tuvo la visión de habilitar un espacio para fungir como Laboratorio de Investigación pero cuya expansión está pendiente de continuar.

Técnicas

Algunas de las técnicas de biología molecular más usuales son:
Cultivo celular: es el proceso mediante el que células, ya sean células procariotas o eucariotas, pueden cultivarse en condiciones controladas. En la práctica el término "cultivo celular" se usa normalmente en referencia al cultivo de células aisladas de eucariotas pluricelulares, especialmente células animales. El enfoque clínico ha sido para el cultivo de órganos pero su potencial es mayor, por ejemplo para el estudio de la eficacia de medicamentos. Una ventaja es que mediante el uso de líneas celulares se pueden probar varias hipótesis de trabajo sin poner en riesgo innecesario a un ser humano.

Electroforesis: Este método se utiliza para analizar la amplificación de productos de PCR.

Ensayo por inmunoabsorción ligado a enzimas (ELISA): una técnica de inmunoensayo en cual un antígeno (Ag) inmovilizado se detecta mediante un anticuerpo (Ac) enlazado a una enzima capaz de generar un producto detectable como cambio de color o algún otro tipo.

Hibridación en situ: permite visualizar una secuencia de ADN o ARN justo en el sitio físico en el que se encuentra, permitiendo analizar su distribución en células y tejidos.

Inmunohistoquímica: es un procedimiento histopatológico que se basa en la utilización de anticuerpos que se unen específicamente a una sustancia que se quiere identificar (anticuerpo primario). Estos anticuerpos pueden tener unida una enzima o esta puede encontrarse unida a un anticuerpo secundario que reconoce y se une al primario. Aplicado a un tejido orgánico, el anticuerpo primario se une específicamente al sustrato y se aprovecha la actividad enzimática para visualizar la unión. De esta manera se consigue un complejo sustrato-anticuerpos-enzima unido al lugar donde se encuentre el sustrato y mediante la activación de la enzima con la adición de su sustrato se genera un producto identificable donde se encuentre el complejo.

Radioinmunoanálisis (RIA): Técnica utilizada para determinar la concentración de un antígeno, anticuerpo u otra proteína del suero. Se mezcla una cantidad constante de Ag marcado radioactivamente y una cantidad constante de un Ac para ese antígeno, produciéndose la reacción entre Ag-Ac. Se separa la fracción de antígeno que se ha unido de la que permanece libre y se cuantifica la radioactividad.

Reacción en cadena de la polimerasa (PCR): Esta técnica se fundamenta en la propiedad natural de los ADN polimerasas para replicar hebras de ADN, para lo cual se emplean ciclos de altas y bajas temperaturas alternadas para separar las hebras de ADN recién formadas entre sí tras cada fase de replicación y, a continuación, dejar que las hebras de ADN vuelvan a unirse para poder duplicarlas nuevamente.

Secuenciación: es un conjunto de métodos y técnicas bioquímicas cuya finalidad es la determinación del orden de los nucleótidos (A, C, G y T) en un oligonucleótido de ADN.

Western Blot: Es una técnica analítica usada para detectar proteínas específicas en una muestra determinada. Mediante una electroforesis en gel se separan las proteínas atendiendo al criterio que se desee: peso molecular, estructura, hidrofobicidad, etc.

Aplicaciones

El fenotipo final de varias patologías genéticas es determinado por penetrancia incompleta por lo que pueden pasar desapercibidas. Las pruebas genéticas pueden ser útiles en:

- Miocardiopatías y canalopatías, como síndromes de QT largo.
- Cuando otros miembros de la familia se ven afectados.
- Cuando la paciente tiene rasgos dismórficos, retraso del desarrollo/retraso mental.
- Cuando es identificado un síndrome como los de Marfan, Williams-Beuren, Alagille, Noonan y de Holt-Oram o deleción 22q11.

Para un número cada vez mayor de defectos genéticos, la investigación genética por biopsia de vellosidades coriónicas se puede ofrecer en la semana 12 de embarazo.

Aportaciones propias

Algunos ejemplos de la aplicación de la Biología Molecular, que el grupo de investigación del CICMED ha llevado a cabo en colaboración con el HMPMPS son los siguientes:
En un estudio de cohorte hemos demostrado que los valores de leptina (medidos por RIA) superiores a 40 ng/ml, en el segundo trimestre de embarazo en caso de un IMC > 40, sirve como pronóstico de preeclampsia.
En otro estudio de cohorte documentamos que el bajo promedio de actividad física durante el embarazo en mujeres mexicanas, no es suficiente para modificar los niveles de leptina y de adiponectina (medidas por ELISA) hacia rangos que pudieran ser benéficos.
Otro proyecto más de estrés oxidativo en placenta, demostró que cambios en la expresión del inhibidor del factor nuclear Kappa-B (IKK) (mediciones hechas con PCR en tiempo real), estarían asociados con un estado de estrés oxidativo en pacientes preeclámpticas. Esta línea de investigación la hemos continuado con un proyecto más, donde estamos por publicar los cambios que presenta la expresión del factor nuclear Kappa-B (NFKB) cuando existen antecedentes familiares de preeclampsia o no.

Bibliografía

1. http://es.wikipedia.org/wiki/Cultivo_celular.
2. Mendieta Zerón H, García Solorio VJ, Nava Díaz PM, et al. Hyperleptinemia as a prognostic factor for preeclampsia: a cohort study. Acta Medica (Hradec Kralove). 2012;55:165-71.
3. Mendieta Zerón H, Garduño Alanís A, Nava Díaz PM, et al. Low activity in pregnancy does not modify neither adiponectin nor leptin serum levels. Gazzetta Medica Italiana - Archivio per le Scienze Mediche. 2013;172:773-9.

Capítulo 38. Bioética

Dr. Hugo Mendieta Zerón

Generalidades

En la página web de la Asociación de Bioética de la Comunidad de Madrid, hacen referencia a la defición de Bioética a aquella establecida en la *Encyclopedia of Bioethics* como "el estudio sistemático de la conducta humana en el ámbito de las ciencias de la vida y del cuidado de la salud, examinada a la luz de los valores y de los principios morales".

Aplicaciones

En la UCIO se encuentran circunstancias limítrofes en la toma de decisiones. Se presentan patologías en las que se debe dar prioridad a la conservación de la vida materna por sobre el feto, debido a que la pérdida de la vida de una madre significa que toda una familia se pueda quedar sin sustento y en muchos casos dejar huérfanos a más hijos, lo que genera un efecto multiplicador de desgracias que en nada es deseable abonar para las condiciones adversas de crecimiento humano en las que nos encontramos inmersos.

Indudablemente, la decisión debe ser tomada con la opinión de la mujer cuando esto es posible pero cuando son menores de edad y se encuentran en estado de gravedad extrema que no les permita hablar, se le debe tomar la opinión al familiar o al responsable legal. Por ejemplo, cuando se diagnostica un cáncer renal en paciente gestante del segundo trimestre, sería pertinente la interrupción de la gestación para ofrecerle a la madre el tratamiento indicado, de lo contrario, al permitir llegar a término la gestación, se le condena a la mujer a quedar fuera de tratamiento una vez que haya avanzado la neoplasia y habremos condenado a una paciente a una muerte segura, además de que una familia más quedará destruida. Conclusión: el embarazo no es sinónimo de "dejar de hacer" sino de hacer lo necesario para garantizar la vida materna.

Cuando se ha llegado al final del camino de la vida, por ejemplo, en casos de eclampsia con muerte cerebral por hemorragia masiva, no se puede dejar de comentar a los familiares la posibilidad de donación de órganos.

Por otra partre, en el proceso de generación de conocimiento se implementan líneas de investigación y un servicio de terapia obstétrica no está excluido de esta dinámica, pero en todo caso debe hacerse un registro de los estudios ante un Comité de Ética e Investigación, tal y como exigen los principales institutos de investigación del mundo, así como las principales revistas científicas. En nuestra experiencia, nuestros protocolos los registramos a manera interna en el propio hospital y además en *Clinical Trials*.

Experiencia propia

En el HMPMPS en el año 2009 se conformó un comité de Bioética integrado por el Dr. José Meneses Calderón, entonces Director del Hospital "Josefa Ortiz de Domínguez" (nombre previo del HMPMPS); Dr. Octavio Márquez, como experto externo; un servidor y otras autoridades del hospital. Debido a los cambios subsecuentes de administración se reintegró el Comité en el año 2012. No podemos dejar de mencionar que hasta el momento de escribir estas líneas el único Comité de Bioética del Valle de Toluca, registrado ante la Comisión Federal de Protección y Riesgos Sanitarios (COFEPRIS), es el conformado en el CICMED.

Bibliografía

1. http://www.abimad.org/documentaci%C3%B3n-por-temas/1-bio%C3%A9tica-general-y-deontolog%C3%ADa/bio%C3%A9tica-una-nueva-definici%C3%B3n/
2. Sgrecia Elio, Manual de Bioética, Editorial Diana, México, 1994.
3. http://clinicaltrials.gov/

Capítulo 39. Recomendaciones para realización correcta de estudios tomográficos en obstetricia

T.R. Israel García Gómez

AngioTAC-cerebral

Medio de contraste concentración 350 cantidad 100 ml. Inyección A: 4.5 ml/s, retardo de disparo de 18 s. Corte de 0.4 mm. Canalización del lado derecho preferentemente pliegue.

Referencias anatómicas, medio cm abajo de la silla turca, abarcando 6 cm por arriba de ésta.

Inyección B: Solución salina 4.5 ml/s con un total de 50 cc a presión de 2.75 pci.

Estructuras a mostrar: carótidas, cerebrales medias, polígono de Willis (comunicante anterior, cerebral anterior, cerebral media, carótida interna, comunicante posterior, basilar).

AngioTAC-carotídeo

Cortes desde cayado aórtico hasta la base del cráneo con un grosor de 0.8 mm con una inyección de 5 ml/s a una cantidad de 100 cc de medio de contraste. Inyección B: 5 ml/s de solución salina, total de 70 cc a una presión de 275 pci, con un retardo de disparo de 14 s.

Estructuras a mostrar: nacimiento de las carotídeas desde el cayado aórtico, arterias vertebrales, carótidas internas y externas.

AngioTAC-torácica

Cortes de 0.8 mm, una inyección A de 4.5 ml/s de medio de contraste concentración 350, cantidad 125 ml con un retardo de inyección de 27 s avanzando desde encima de la clavícula hasta hemidiafragmas. Inyección B a 4.5 ml/s para 90 cc de solución salina pci 275.

Estructuras a mostrar: aorta torácica desde su nacimiento en ventrículo izquierdo hasta aorta abdominal.

AngioTAC-pulmonar

Cortes de 0.6 mm desde los hombros hasta abajo de arcos costales con una inyección de 5 ml/s, cantidad de medio de contraste

125 cc con un retraso de disparo de 33 s y la inyección B de 90 ml de solución salina a 5 ml/s, pci 275.

Estructuras a mostrar: arterias pulmonares.

Ventajas: posibilidad de realizar reconstrucciones tridimensionales 3D y reconstrucción multiplanar (MPR) a 0.9 mm tanto sagitales como coronales.

Páncreas dinámico (3D)

Se realiza una fase simple, una segunda fase arterial con 35 s de retardo con las cantidades siguientes: 4.5 ml/s en cantidad de 125 cc de medio de contraste y solución salina a 4.5 ml/s con una cantidad de 100 y finalmente una tercera fase venosa con un retardo de disparo de 120 s de la inyección abarcando exclusivamente ½ cm por arriba de la cabeza del páncreas y ½ cm por abajo de la cola del páncreas.

Uro-TAC

Se realiza una fase simple del abdomen completo (empezando arriba de los hemidiafragmas, hasta el borde inferior del la sínfisis del pubis), haciendo una inyección de contraste para una fase nefrográfica de 45 s después de la inyección del medio de contraste inyectando el medio una cantidad de 125 ml a 4 ml/s con pci de 275, una inyección salina 4 ml/s con una cantidad de 170 cc.

Fase de eliminación. Se realiza de 10 a 15 min después de la inyección.

Estructuras a mostrar: En la fase nefrográfica: riñones, arterias suprarrenales y aorta abdominal. En la fase de eliminación: pelvicillas renales, ureteros en sus tres porciones (distal, unión uretro-vesical y vejiga casi llena).

Experiencia propia

Afortunadamente, a partir de este año, 2014, ya cuenta el HMPMP con su propio tomógrafo, que significa un avance en la atención obstétrica, al proporcionar estudios expeditos que pueden salvar la vida a la paciente (caso insignia sería el de la paciente co hemorragia cerebral candidata a descompresión quirúrgica inmediata).

El contar con este equipo, conlleva disminuir riesgos que no deben correrse ya, tales como de accidentes en la transportación, deterioro respiratorio, cardiohemodinámica y neurológica de una paciente crítica.

Bibliografía

1. Arguis P, Ayuso C, Ayuso JR, et al. Protocolos TC corporal. Consensuado por los Médicos Radiólogos adscritos al área. Noviembre 2004. Consultado en: http://www.hospitalclinic.org/Portals/0/hospital%20clinnic/assistencia/cdic/Protocolos_TC_corporal.pdf.

Anexos. Procedimientos

Toracocentesis

Paso 1. Justificar la punción.

Paso 2. Delimitar el sitio de punción con base a la exploración física (inspección, palpación, percusión, auscultación). Apoyarse en estudios de imagen tales como radiografía de tórax e incluso guiarse por ultrasonido.

Paso 3. Sedar con xilocaína.

Paso 4. Con un catéter gris introducirlo perpendicular a la piel y aspirar hasta obtener la muestra que deberá llevarse a estudio citoquímico (glucosa, DHL, proteínas), citológico y cultivo.

Paso 5. Dejar drenando el resto del líquido, al final de lo cual habrá que reponer un 10% del líquido extraído con solución salina, Hartmann o albúmina un frasco por cada litro extraído.

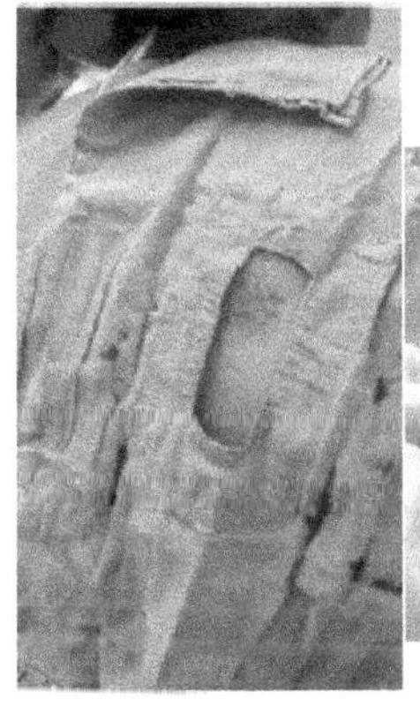

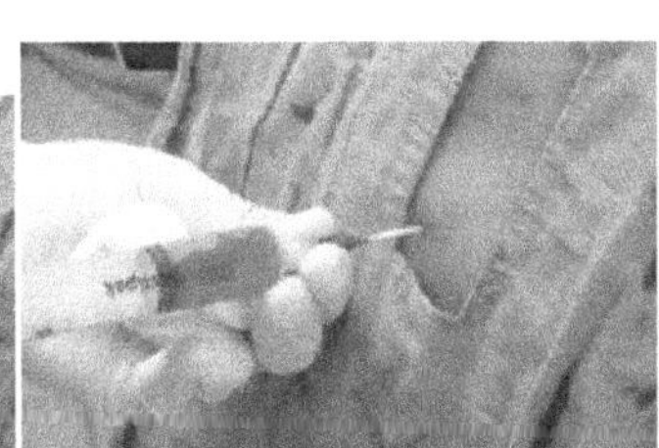

Traqueostomía percutánea[3]

En el HMPMPS indicamos este procedimiento en pacientes ya intubadas a quienes se les pondría en riesgo en caso de movilizarlas a quirófano.

Se realiza asepsia y antisepsia de la región. Se aplica anestesia. Se hace un corte transversal. Se introduce la guía. Se introduce el dilatador, se coloca la cánula (es necesario ir retirando la cánula orotraqueal al sentir la cánula percutánea), finalmente se conectará el ventilador.

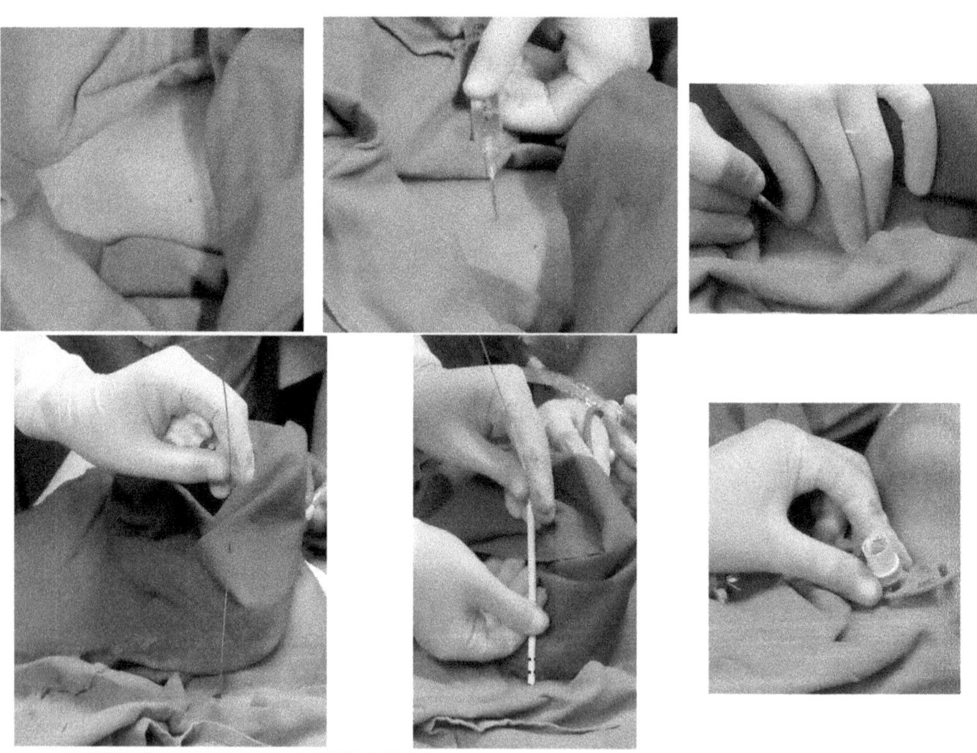

[3] Se puede apreciar esta técnica en el video que ha puesto el servicio de UCIO del HMPMP en Facebook. Nombre del Grupo: Medicina Critica Obstetrica, enlace: https://www.facebook.com/photo.php?v=243700339110181&set=o.178905208926720&type=2&theater

Aspirado de Médula Ósea

Indicación más usual en el HMPMPS para casos de sospecha de enfermedad linfoproliferativa o como protocolo de estudio de síndrome febril.

Los pasos son a) asepsia y antisepsia de la región esternal, b) anestesiar la zona donde se colocará la aguja de aspirado, c) se introduce la aguja de aspirado de manera lenta pero firme, d) se aspira con una jeringa y se pone en laminillas que posteriormente deben extenderse para su estudio por especialista.

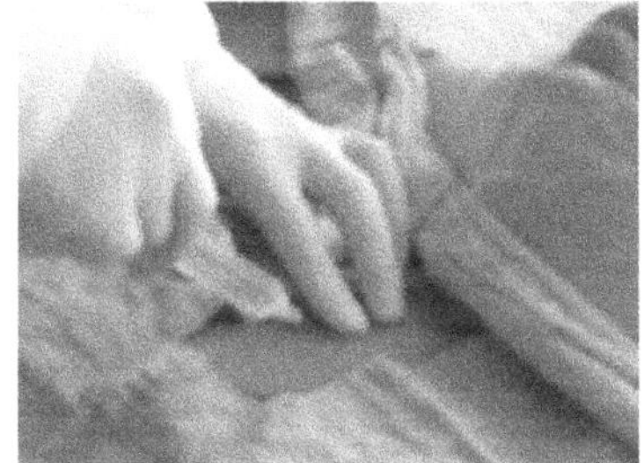

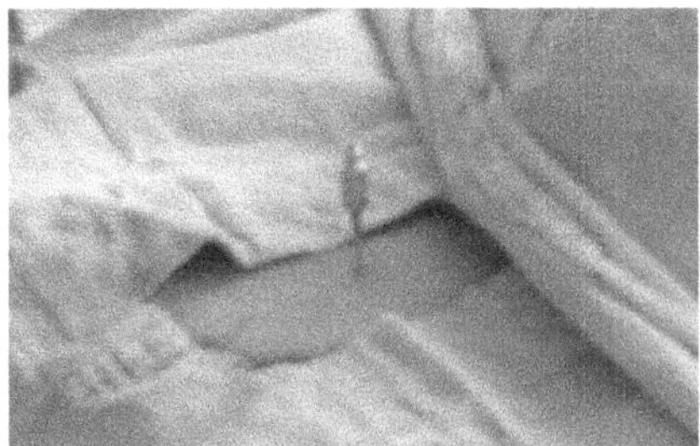

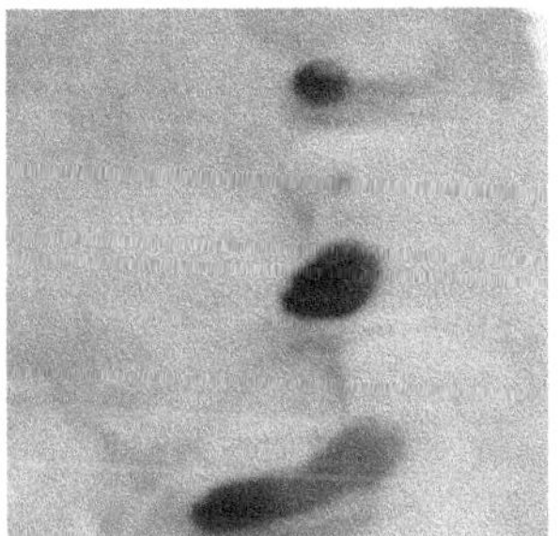

Catéter Mahurkar

En el HMPMPS se elige este procedimiento cuando hay disfunción renal y no es posible hacer diálisis peritoneal por peritoneo inviable.

Los pasos son: a) hacer asepsia y antisepsia de la región inguinal, b) se introduce la guía, posteriormente el dilatador y al final el catéter.

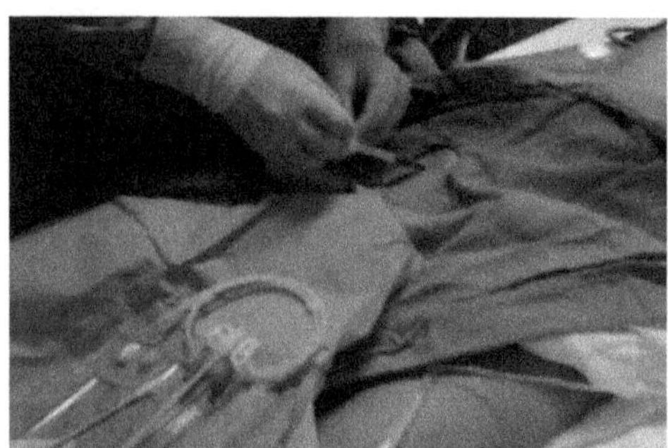

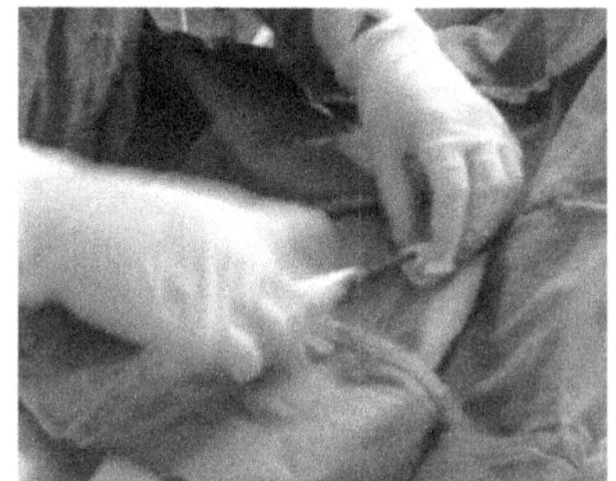

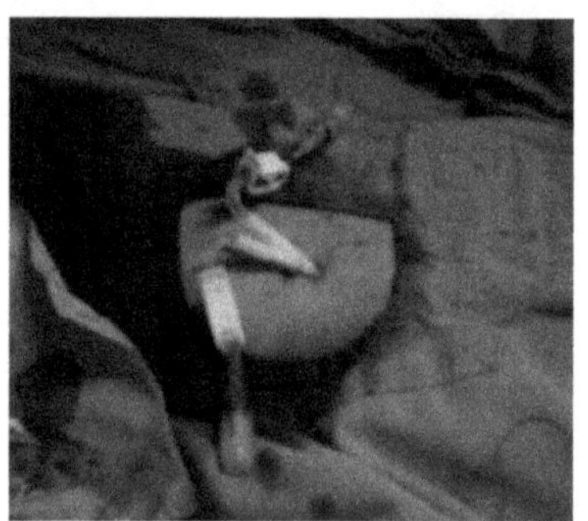

Catéter de Swan Ganz

Monitoreo invasivo: Utilizamos catéter Swan Ganz (Arrow International, Inc., USA.) insertado en la arteria pulmonar con el uso de un fluoroscopio C-arm (BV Pulsera, VP). El gasto cardíaco se mide con el HemoMed Infinity (Dräger, Medical Systems, Inc., USA.). Los valores se muestran en el monitor (Infinity Delta XL, Dräger, USA.).

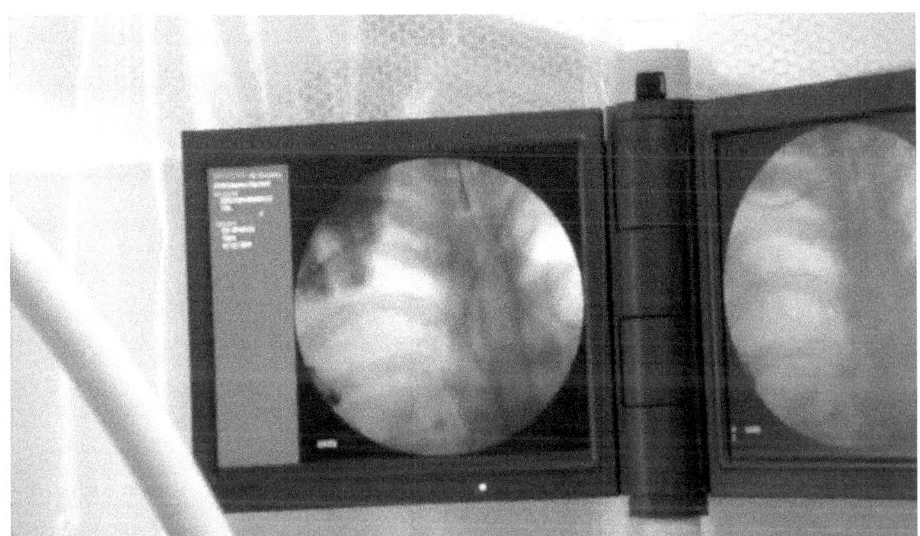

www.ingramcontent.com/pod-product-compliance
Ingram Content Group UK Ltd.
Pitfield, Milton Keynes, MK11 3LW, UK
UKHW021652190726
13853UKWH00001B/209